임상 수의사의
듣기와
말하기

임상 수의사의 듣기와 말하기

발행일	2022년 5월 20일

지은이	조양래, 김은태, 황용현, 최춘기, 이재훈		
펴낸이	손형국		
펴낸곳	(주)북랩		
편집인	선일영	편집	정두철, 배진용, 김현아, 박준, 장하영
디자인	이현수, 김민하, 김영주, 안유경, 한수희	제작	박기성, 황동현, 구성우, 권태련
마케팅	김회란, 박진관		
출판등록	2004. 12. 1(제2012-000051호)		
주소	서울특별시 금천구 가산디지털 1로 168, 우림라이온스밸리 B동 B113~114호, C동 B101호		
홈페이지	www.book.co.kr		
전화번호	(02)2026-5777	팩스	(02)2026-5747

ISBN	979-11-6836-261-1 03520 (종이책)	979-11-6836-262-8 05520 (전자책)	

(주)북랩 성공출판의 파트너

북랩 홈페이지와 패밀리 사이트에서 다양한 출판 솔루션을 만나 보세요!

홈페이지 book.co.kr ● **블로그** blog.naver.com/essaybook ● **출판문의** book@book.co.kr

작가 연락처 문의 ▸ ask.book.co.kr

작가 연락처는 개인정보이므로 북랩에서 알려드릴 수 없습니다.

신뢰받는 수의사를 위한 실무서(요약집)

임상 수의사의
듣기와
말하기

조양래
김은태
황용현
최춘기
이재훈

지음

 북랩

머리말

수의사가 환자와 보호자에 관해 이야기하는 것은 어려운 일입니다. 수의사와 보호자가 서로의 이야기에 귀 기울이며 원활한 대화를 이어가는 것은 더욱 어려운 일입니다. 보호자와의 소통은 환자뿐만 아니라 보호자의 상황까지도 수의사가 충분히 헤아릴 때 잘 이루어지기 때문입니다. 그러려면 보호자와의 관계를 질병이라는 대상에만 묶어두지 않아야 합니다. 임상가가 질병을 넘어서 환자와 보호자를 능동적으로 이해하기 시작할 때 비로소 진정한 의미의 대화가 시작됩니다. 이렇게 수의사와 보호자의 교감에 기반한 대화는 환자의 회복 가능성을 획기적으로 높이는 밑거름이 됩니다.

"보호자가 본인의 상황과 환자의 상태에 대하여 합리적이고 긍정적으로 먼저 이야기할 수 있게 하는 방법은 없을까?" 지난 30년 동안 임상수의사를 하면서 끊임없이 고민했던 과제였습니다. 이 물음은 환자와 보호자에 대한 측은지심 역시 포함하고 있다는 점을 잊은 적이 없습니다. 되돌아보면 환자와 보호자의 아픔을 나의 감정에 빗대어 공감하며 진행한 사례는 진료 결과에 대한 만족도가 매우 높았던 반면, 제가 소통에 잠시 소홀했을 때는 스스로 좌절과 죄책감에 시달리는 경우가 많았습니다. 경험이 누적되면서, 깊어진 수의학적 전문성과 넓어진 보호자와의 교감을 잘 어우러지게 할 수 있었습니다. 그 결과 수의학이라는 단일 무기만으로는 얻을 수 없었던 임상수의사로서 성취감이 훨씬 커졌습니다.

　이 책에서는 이러한 이야기들을 포함한 다양한 상황을 제시하고 있으며, 각각의 상황에 따라 수의사가 능동적으로 사고하고 행동하는 방법을 광범위하게 다루고 있습니다. 수의사 간에 서로 의견을 교환하는 정도로 활용하던 조각난 임상 참고서를 모범생이 잘 정리해 준 요약집 같다고나 할까요? 동물병원에서 발생할 만한 난처한 사례와 그에 적합하게, 일목요연하게 나열된 대처법은 임상에서 어려움을 겪는 수많은 수의사에게 생생한 교육이 되리라 확신합니다. 또한, 주제마다 배치된 상황극은 임상수의사들에게 성찰의 기회를 제공할 것으로 생각합니다. 이 책이 수의학도들에게 임상의 길을 안내하는 탄탄한 좌표가 되기를 희망합니다.

2022년
저자 일동

조양래

· 現 조양래동물의료센터 병원장
· 現 조양래동물의료센터 정형, 일반(종양)외과 담당

우리는 수많은 사람과의 관계 속에서 살아가고 있습니다. 그리고 다양한 상황에서 선택하며 살아가야만 합니다. 이 책에서 소개되는 내용의 모든 부분이 정답일 수는 없습니다. 정답이 있다면 수많은 사람과의 관계 속에서 스트레스를 받으며 살지 않아도 됩니다. 왜냐하면 수많은 사람과 소통할 때, 다양한 상황을 대하는 당사자들의 눈높이가 다르고 사고 유형도 달라 어려움이 많기 때문입니다.

우리는 일상에서 항상 선택하면서 살아가고 있습니다. 그게 완벽한 선택인지? 완벽하지 않은 선택인지? 고민하며 선택하고 있습니다. 미래를 볼 수 있는 능력이 있다면 선택을 해야 하는 상황에서 스트레스를 받으며 살 필요가 없을 것입니다.

여기서 우리가 알아야 할 것이 있습니다. 완벽한 선택은 없다는 것과 완벽하지 않은 선택이라는 것은 없다는 것입니다. 왜냐하면, 모든 선택에는 정답과 오답이 공존하고, 선택했으면 그 선택이 최상의 선택으로 만들어지는 과정을 중시해야 하기 때문입니다.

사람들과 관계를 만들어가야 하는 것 자체가 스트레스이고 선택을 해야 하는 과정 또한 스트레스일 것입니다.

이 책에는 수많은 사례를 통해 이런 스트레스를 줄일 방법들이 소개되어 있지만, 수많은 사람과 원만한 소통을 하기 위해서 전제되어야 할 부분이 있다면 본인 스스로의 사고 영역을 넓혀야 한다는 점이라고 생각합니다. 자신의 틀 안에서 사람들과 상대할 것이 아니라 대화 상대의 틀에서 사고하는 방법을 연습해야 할 것입니다.

대부분의 수의사들은 대학에서 보호자와 상대할 때 조심해야 하는 부분을 교육 받지 못하고 수의사가 되었습니다. 이 책에서 소개되는 내용이 정답은 아니겠지만, 소개되는 내용이 동물병원을 경영하면서 좋은 참고자료임은 틀림없을 것으로 생각합니다.

예비 수의사와 지금 임상에서 활동하시는 모든 분들에게 조금이라도 도움이 되었으면 하는 바람으로 이 책을 출간하게 되었습니다. 책 속의 내용 모든 부분에 도움과 아낌없는 조언을 해주신 경상국립대학교 수의과 대학 이재훈 교수님에게 깊은 감사 드리고, 집필에 함께 해주신 김은태, 최춘기, 황용현 원장님께도 감사의 인사 드립니다.

김은태

· 수의학 박사
· 現 동물은 내친구 병원장
· 現 동물은 내친구 병원 외과 담당
· 現 건국대 수의대 겸임교수
· 전북대 수의대 겸임교수

이 책이 많은 수의사와 수의학도들에게 소개되어 읽히고, 이로 인하여 수의사들의 삶에 조그만 변화가 일어나길 바라봅니다.

수의학과 경영학이 아름다운 매듭이 되어 좋은 결실을 보고, 이 결실로 많은 임상수의사가 사회의 든든한 초석이 되길 기원합니다.

이 책이 수의사들에게 소개되기까지 열정을 다 하신 이재훈 교수님과 조양래, 황용현, 최춘기 원장님께 감사드립니다.

황용현

· 수의외과학 박사
· 現 이든 동물 메디컬 대표 원장
· 現 경상대학교 수의과대학 동물행동학 강사

대화는 어긋남이 기본 속성인가 봅니다. 보호자가 그리는 것을 제가 온전히 담아내지 못할 때는 예외 없이 화음이 깨어져 소음이 되고 맙니다. 보이지 않는 서로의 생각을 그리듯 보여주는 것, 이 책이 우리에게 주고 싶은 따뜻한 정보입니다. 진료 현장의 어려움을 꼼꼼히 살핀 이 책이 저를 비롯한 많은 현장 수의사에게 응급 구조키트로 쓰이길 기대합니다. 본 번역서의 출간을 위해 정성을 들이신 이재훈 교수님과 김은태, 조양래, 최춘기 원장님께 아울러 감사의 말씀을 전합니다.

최춘기

· 수의외과학 박사 수료
· 現 이지동물의료센터 대표원장
· 現 건국대학교 수의과대학 외과재활 겸임교수
· 現 한국동물재활학회 부회장
· 現 수의외과학회 이사
· 現 수의골관절 학회 이사

　복잡해져 가는 사회생활에서 가장 어렵고 힘든 것 중 하나가 좋은 관계를 형성하는 것입니다. 이것은 사람뿐만이 아니라 집단을 이루고 사회생활을 하는 모든 동물에게 적용됩니다. 아무리 좋은 환경이라도 그 구성원 간의 관계 형성이 잘못되어 받게 되는 심신의 고통은 엄청날 수 있습니다. 개인적으로는 참 좋은 사람인데 조직에서는 불화를 만들고 팀워크에 방해가 되는 경우를 어렵지 않게 찾아볼 수 있습니다. 특히 사회생활을 경험해보지 않은 사람의 경우 이러한 인간관계에서 많은 어려움을 겪게 됩니다. 그래서 미리 사회성을 길러야 하고 사람들과 잘 어울리는 법을 알아야 합니다. 그러나 개인 자유주의가 중요시되는 요즘에는 사회성을 만들어가는 데 많은 어려움이 있습니다. 좋은 관계를 형성하기 위해서는 먼저 적절한 의사소통이 이뤄져야 합니다. 의사소통이란 상대방과 대화를 나누거나 문서를 통해 의견을 교환할 때, 상호 간의 전달하고자 하는 의미를 정확하게 전달할 수 있는 능력을 의미합니다. 조직에서의 의사소통은 생산성을 높이고, 사기를 진작시키며 정보를 전달하고 설득하려는 목적을 가지고 있습니다. 동물병원에서 원활한 의사소통은 보호자, 환자 그리고 병원 구성원

간의 좋은 관계를 형성하는 데 매우 중요한 기능을 할 수 있습니다. 의사소통에 사용되는 언어는 생각이나 느낌을 나타내거나 전달하기 위해 사용되는 수단으로 음성이나 문자뿐만 아니라 몸짓이나 표정 또한 매우 중요합니다. 비대면 시대에서 상대방에게 내 생각을 온전히 전달하기 위해서 문자나 음성만으로는 부족한 경우가 많습니다. 특히, 동물병원에서 진료 시 보호자와 환자를 대할 때 감정이 전달될 수 있도록 적절한 표정과 행동을 취하는 것이 보호자와 환자를 안정시키고 신뢰감을 얻을 수 있는 중요한 수단이 될 수 있습니다. 이 책에는 그동안 수의학에서 다루지 않았던 보호자를 포함한 원내 구성원 간의 소통하는 방법과 소통의 부재로 인해 발생할 수 있는 불만 사항에 대처하는 방법 등으로 구성되어 있으며, 이것들은 사회생활과 임상 경험, 의료 의사소통에 관련된 책을 바탕으로 만들어졌습니다. 이 책에 나오는 모든 사항을 다 적용하고 실천할 수는 없지만, 우리 조직에 필요한 작은 부분이라도 하나씩 적용해본다면 좋은 소통의 결과를 맛보게 될 수 있을 것으로 생각합니다. 부족한 부분이 있지만, 책의 집필에 작은 부분을 맡겨주신 공동 저자 조양래 원장님, 김은태 원장님, 황용현 원장님과 이재훈 교수님께 깊이 감사함을 전합니다.

이재훈

· 現 경상대학교 수의과대학 교수(2012.7.~현재)
· 現 미국 AOvet 정회원
· 경상대학교 수의학 학사(2000.2.)
· 건국대학교 수의학 석사(2004.8.)
· 건국대학교 수의학 박사(2007.8.)
· 건국대학교 수의과대학 시간강사(2007~2009)
· Georgetown university(신경과학) 박사 후 과정
  (2010.6.~2011.7.)
· 경상대학교 수의과대학 전임강사(2011.9.~2012.7.)

수의 임상에 종사하고 있는 많은 수의사들은 여러 교육 과정을 거쳐 수의사 국가 고시를 통해 평가받고 그 자격을 얻어서 사회에 발을 들여놓게 됩니다. 임상을 처음 접하는 수의사들은 지금까지 쌓아온 지식으로 많은 질병을 치료할 수 있지만, 사람들과의 의사소통에는 서툴 수밖에 없습니다. 현재 수의학 교육 체계에서는 이와 관련된 교재가 없으며, 교육 과정 또한 일부 학교에서 이제서야 새롭게 생겨나고 있습니다.

이 책을 접하는 많은 임상수의사분들이 직업에 더 만족하고, 삶에 보탬이 되었으면 합니다. 이 책을 통하여 수의사와 동물병원 종사자들이 효과적이고 의료 분쟁의 여지를 줄일 수 있는 의사소통 기술을 익히고, 최종적으로는 진료의 질과 결과, 환자의 생존율, 보호자와의 원만한 관계 유지 및 만족도를 향상하는 데 도움이 되었으면 합니다.

항상 버팀목이 되어주는 나현, 하준, 예진에게 감사하며, 책이 나올 때까지 도움을 주신 경상대 외과학 실험실 구성원들에게도 감사의 말을 전합니다.

목차

머리말   4

저자 소개   6

1장 수의학에서의 의사소통   15

2장 동물병원 의료팀의 관리   47

3장 고객 중심의 대화와 공유 의사 결정을 위한 기술:
고객- 수의사의 의사소통   83

4장 수의학 진료에서의 비언어적 소통   105

5장 의사소통이 어려운 상태에서 소통하기   135

6장 수의 임상에서 진료 비용 청구하기:
왜 돈에 대하여 이야기해야 하는가?   159

7장 수의학적 응급상황에서의 의사소통   187

8장 동정 피로와 수의 의료팀   211

9장 수의임상에서 실망감 전달   237

10장 고객의 진료에서 진료 사항 따르게 하기:
고객을 진료 파트너로 만들기   265

11장 수의 임상에서의 윤리적 딜레마   287

12장 특수 집단과의 커뮤니케이션: 어린이와 노인   317

참고 문헌   346

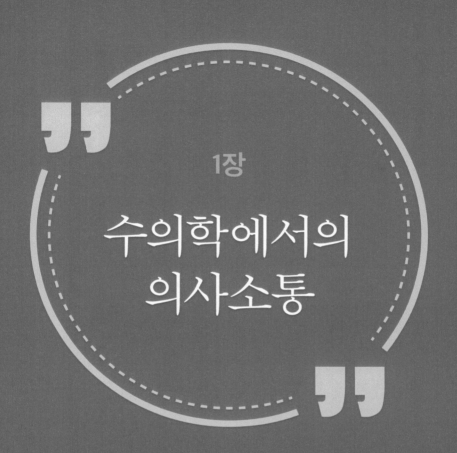

1장

수의학에서의
의사소통

"제 반려묘 '찌부'가 구토를 해서 A 병원으로 데려갔습니다. A 병원은 많은 진료 대기가 있었고, 저는 아무런 설명도 듣지 못한 채 한 시간을 기다려야 했습니다. 진료 상담을 시작했을 때 수의사는 찌부가 어떤지에 대한 관심은 없었으며, 많은 검사와 치료가 필요하다고만 하였습니다. 하지만 왜 그렇게 큰 비용을 내야 하는지에 대해 정확한 설명은 듣지 못했습니다. 그런데 찌부는 치료를 한 후 구토를 더욱더 심하게 하였고, 수의사와 병원 직원들은 아무도 찌부의 상태를 제대로 설명해 주지 않았습니다. 여러 혼란스러운 상황에서 아무런 관심을 받지 못한 채 저와 찌부는 방치되어 있었습니다."

위 이야기는 한국의 지역 병원에서 흔하게 일어날 수 있는 상황이고, 반려동물 커뮤니티에서 한 번쯤 보았을 수도 있는 불만 사항입니다. 이러한 문제는 병원의 의료 시설과 진단 장비, 수의사의 경험이 부족하여 발생한 것이 아닙니다. 반려동물의 보호자는 반려동물이 진료를 받는 동안 수의사나 동물병원의 구성원들과 소통이 되지 않았고, 혼란스러운 본인의 감정을 이해해 주거나 반려동물의 상태가 나빠진 이유에 대하여 자세한 설명을 해주는 사람이 없었기 때문에 불만을 가지게 된 것입니다.

외국에서는 2000년 중반부터 수의학에 대한 연구 분야로 소동물 수의사-고객-환자 상담에 대한 의사소통의 영향을 조사하였습니다.[2] 인의학과 수의학은 명확하게 다름에도 불구하고, 의사소통의 잘못된 유형을 살펴보면 상당히 유사합니다. 고객은 수의 임상 진료 시 의료 장비에 대한 지나친 의존성, 질병 기반의 임상적 접근, 경제적 비용 관련 사항들에서 불만을 가질 수 있으며, 이는 수의사와 고객 상호 관계에 영향을 줄 수 있습니다.

한국에서의 수의 임상 영역에서 의사소통 능력에 대한 교육은 공식적인 대학의 교육과정이나 졸업 후의 평생 교육에 없습니다. 주로 실제 경험을 통해 배운 비공식 커리큘럼의 일부로 신문의 기사와 연재나 토론 형식으로만 다루어지고 있습니다. 즉, 수의학과 관련된 직업 종사자들은 다양한 환경(소동물, 대동물, 기타 임상 관련 업체) 속에서 적절한 의사소통이 필요하지만, 수의과대학의 핵심 교과과정이나 졸업 후 평생교육의 일환으로 의사소통 교육이 필요하다는 인식은 이제서야 조금씩 생기는 상태입니다.

2000년 초반, 외국의 수의 임상 영역에서 연구한 결과를 보면, 수의과대학 학생들에게서 의사소통 능력과 환자 관리 능력이 현저한 차이가 나타나는 것이 확인되었습니다.[3,4] 이들 연구 결과를 바탕으로 미국 수의대 협의회는 수의사의 성공적인 임상을 위해 필요한 역량 중 하나로 고객(보호자)과의 의사소통을 뽑았고, 이를 교육 과정에 포함했습니다. 한국의 수의학 인증원에서도 2016년부터 2020년까지 제시된 세계 동물 보건 기구(OIE)와 세계수의사회(WVA)의 수의학 교육 핵심 역량 및 수의과 교육 인증 기준(OIE recommendation on the competencies of graduating veterinarians)에 따라 '의사소통 기법'에 관련된 과목을 수의과대학의 전공 필수 이수 과목으로 포함하는 것을 권고하고 있습니다.[5] 이 권고 사항은 미국 수의과대학 협회(Association of American Veterinary Medical Colleges, https://www.aavmc.org)의 졸업 역량 체계를 일부 인용하였으며, 세부적으로는 보호자와 대중과의 소통과 협력, 동료 수의사와의 소통, 국내외 전문가와의 소통으로 나누어져 있습니다.

미국에서는 144개국에 회원사를 둔, 세계적인 종합 회계·재무·자문 그룹인 KMPG LPP에 1998년 의뢰하여, 수의사 직업의 경제적 성공, 사회적 요구와 기대 등에 대한 연구를 하였습니다.[4] 이를 바탕으로 한 수의학 교육과정이 수의대 졸업 직후 임상에 적용할 수 있도록 2002년도부터 개발되었습니다.[6] 이후 미국의 27개 수의과 대학 중 23개 학교에서 이 교육과정이 포함되기 시작하였습니다.[7] 이러한 변화는 입학, 오리엔테이션, 교과 과정, 교과목 및 기타 영역에 반영되었고, 기타 범주로 행정, 통합 학위 프로그램 개발(예 수의학과 경영학 통합 석사 DVM-MBA)이 있습니다. 이러한 교육과정 변화는 수의 의료팀 구성, 경영 관리, 마케팅, 전문성과 대인관계 기술, 법률과 윤리, 개인 재정, 의사소통, 기업가 정신 및 생활 기술에 영향을 끼치고 있습니다. 하지만 미국의 각 수의과 대학들이 정확히 동일한 교육을 하는지와 위의 언급한 모든 교육과정을 다루고 있는지, 단지 부분적으로만 같은지의 여부는 조사되어 있지 않습니다.

북미 수의학 컨퍼런스(Conference)를 포함한 대규모 컨퍼런스가 의사소통 능력의 향상을 위해 온종일 대화하는 형식의 워크숍을 매년 제공하고 있습니다. 미국동물병원협회(American Animal Hospital Association, https://www.aaha.org)는 수의 의료팀의 모든 구성원(임상수의사, 매니저, 동물보건사[동물간호사])에게 관련 프로그램을 제공하고 있습니다. 마찬가지로 제약회사 및 반려동물 사료 회사도 우수한 의사소통 능력의 중요성을 인식하고 의사소통 연구 및 대규모 실시 계획에 많은 자금을 투여하고 있습니다. 최근 국가의료심사위원회(National Board of Veterinary Medical Examiners)는 외국에서 훈련된 수의사들에 대한 시험 과정에 임상에서의 의사소통 능력 평가를 포함하는 등 이에 대한 관심이 높아지고 있습니다.

이번 장에서는 의사소통의 기법을 성공적인 수의 임상 결과를 끌어낼 수 있는 핵심 요소로 보고, 치료 과정 및 결과와 연결해 고객과 동료와의 의사소통을 위한 시스템을 설명합니다. 반려동물 카페나 커뮤니티의 고객들이 인터넷의 게시판 등에 실제 수의 임상 영역에 제시하는 불만 사항을 예시로 사용하여 의사소통 능력을 임상적으로 어떻게 적용해야 효과적으로 고객과의 관계를 이끌 수 있는지에 대해서 다루고 있습니다. 수의 임상과 관련한 직업에서 각자의 상황은 다르지만, 다음과 같은 의사소통의 기법들을 바탕으로 기본적인 지식과 간접적인 경험을 만들 수 있기를 바랍니다.

임상 진료에서 의사소통을 위한 모델: 환자와 관계 중심 접근법

인의학에서 1999년에 환자와 관계 중심(relationship-centered)의 면담 효과에 관한 문헌을 종합하여 '4가지 습관적 접근법'이라는 모델을 개발하였습니다.[8] 이 모델은 의사가 임상에서 실제로 행하는 유용한 전략을 바탕으로 만들어졌습니다. 이를 차례대로 얘기하면, (1) 관계는 대화에 참여하는 사람들의 전반적인 특성을 포괄할 수 있어야 하며, (2) 감정이 이러한 관계의 중요한 부분으로 작용하며, (3) 의료제공자와 환자는 서로에게 영향을 줄 수 있으며, (4) 의료적인 측면에서도 진심으로 환자와의 관계를 형성하는 것은 도덕적인 가치를 높인다는 것입니다.[9]

이 원형의 모델은 1996년에 논문으로 출판되어, 2003년에 교육 및 연구 목적으로 발전되었습니다.[10,11] 그 당시에 10,000명 이상의 의사가 이 원칙을 적용한 환자 접근 방식에 대한 교육을 받았고, 이를 통해 원칙이 효과적이고 신뢰할만 하다는 결론을 내렸습니다. 또한, 이 모델에 대한 교육을 받은 의사와 교육을 받지 않은 의사를 비교하였을 때, 교육을 받은 그룹에서 교육 후 6개월 이상 동안 환자의 만족도가 더 높았습니다.[12]

일상생활에서의 체계적인 사고와 행동 패턴을 '습관'이라고 합니다.

임상의가 특정 패턴을 사용하여 질병에 대해 인식하고 진단하는 것과 마찬가지로, 임상의가 효과적인 의사소통 전략을 인식하고 구현할 수 있는 4가지 습관— (1) 처음 시간 들이기, (2) 환자의 견해를 끌어내기, (3) 공감 표현하기, (4) 마무리 시간 들이기—이 있습니다. 4가지 습관을 사용하면 고객과 빠르게 친밀함을 쌓아 신뢰 관계를 구축할 수 있으며, 이를 통해 효과적인 정보 교환을 촉진할 수 있습니다. 또한, 환자에게 관심과 염려를 보여 주어, 긍정적인 진료 협력을 끌어내

고 치료의 효과를 높여줍니다. 인의학에서 사용된 이 4가지 습관 모델은 수의학에도 적용 가능합니다.[13]

환자와 의사의 의사소통이 질병 관리 측면에서 상당히 만족스러운 결과를 얻을 수 있다는 근거들이 제시되고 있습니다.[14] 또한 임상의의 특정 행동이 환자가 원하는 긍정적인 결과를 달성하거나, 반대로 의료 과실과 같은 부정적인 결과가 발생하였을 때 심각한 상황으로 발전될 가능성을 줄일 수 있다는 결과들도 있습니다.[15-19] 한국 수의 임상에서도 이러한 효과적인 의사소통의 습관이나 모델을 통해 고객의 만족도를 높일 수 있으며, 진료에 있어서 성공적인 결과를 가져올 가능성이 높을 수 있습니다.

앞서 밝힌 바와 같이, 외국의 사례와 문헌[18] 그리고 한국 수의과대학의 교육과 인증의 움직임을 보더라도 임상수의사가 의사소통 (커뮤니케이션)에 대한 부분을 가르치고 배우며, 수의 임상 영역에 적용해야 하는 것은 당연하다고 할 수 있습니다.

접근법의 개요

4가지 습관은 (1) 처음 시간 들이기, (2) 환자의 견해를 끌어내기, (3) 공감 표현하기, (4) 마무리 시간 들이기 단계가 있으며, 각 단계에 대한 '기술', '기법과 예시' 그리고 이로써 얻을 수 있는 '효과'로 분류하여 설명합니다.[20] (표 1-1 참고) 습관과 관련된 기술은 상호 중복되기도

하며, 일련의 과정이 서로 밀접하게 관련되어 있습니다. 예를 들어, 보호자 또는 대리인이 동물병원에 방문하면 빠르게 관계를 형성하여, 초기에 고객의 관심을 확인할 수 있고, 적절한 공감을 보여주는 것은 보호자(고객) 교육을 용이하게 하며, 협력적인 의사 결정을 유도하여, 진료와 임상 치료에 적극적으로 참여할 수 있는 환경을 만들어 줄 수 있습니다.

[표 1-1. 의사소통 습관과 기법의 개요[20]]

습관	기술	기법(테크닉)과 그 예	효과
처음 시간 들이기	• 친밀관계 빠르게 만들기 • 고객의 관심 유발 • 고객의 방문 목적에 따른 계획	• 안내하기 • 대기시간 인지시키기 • 이전 내원 또는 문제를 언급하며 환자의 병력에 대한 지식 전달하기 • 환자, 고객을 편안하게 하기 • 보호자를 안정시키기 위해 사회적 이슈를 말하거나 비의학적인 질문을 하기 • 고객의 성향에 따라 자신의 언어, 속도, 자세를 다르게 하기 • 개방형 질문으로 시작하기: "오늘은 무슨 일로 오셨나요?", "무슨 일로 여기에 오셨을까요? 그것에 대해 좀 더 말씀해주시겠어요?", "무엇이 더 필요하실까요?" • 통역프로그램을 이용하는 경우, 고객을 보고 직접 대화하기 • 이해도를 확인하기 위해 반복해서 관심을 표현하기 • 고객이 무엇을 기대하는지 알아보기: "…에 대해 조금 더 이야기를 나누어 볼까요? 검사를 시행한 뒤 치료를 위해 추가적인 검사·방법을 진행하겠어요, 괜찮을까요?" • 필요한 경우, 우선순위를 정하기: "X와 Y에 대해 이야기를 나눠요. 당신도 우리가 Z를 확실히 다루길 원하는 것 같군요."	• 환영하는 분위기를 조성합니다. • 실제 내원 이유에 대한 더 빠른 접근이 가능합니다. • 진단 정확도를 높입니다. • 소모되는 업무량이 줄어듭니다. • 내원이 끝날 때쯤이면 '아, 그건 그렇고…'를 최소화합니다. • 의사 협의를 용이하게 합니다. • 갈등의 가능성을 줄입니다.

습관	기술	기법(테크닉)과 그 예	효과
환자의 견해를 끌어내기	• 고객의 생각을 요청하기 • 특정 요청을 이끌어내기 • 환자(보호자)의 삶에 미치는 영향을 살펴보기	• 고객의 견해를 평가하기: "환자에게 나타난 증상 원인이 무엇이라고 생각하세요?", "이 문제에 대해 가장 걱정되는 것은 무엇인가요?" • 다른 중요한 것들에 대한 생각 질문하기 • 고객이 진료를 받는 목표 설정하기: "당신이 내원을 결심했을 때, 내가 어떻게 돕기를 바랐나요?" • 전후 사정 확인: "질병이 일상 활동에 어떤 영향을 미치는 중인가요?"	• 다양성을 존중할 수 있습니다. • 고객이 중요한 진단적 단서를 제공할 수 있습니다. • 고객의 숨겨진 염려와 관심을 알아낼 수 있습니다. • 대안적 치료의 사용을 밝히며 검사에 대한 요청을 할 수 있습니다. • 우울증 및 불안 진단을 나아지게 합니다.
공감 표현 하기	• 고객의 감정을 받아들이기 • 공감하는 진술을 하나 이상 말하기 • 비언어적 공감표현을 전달하기 • 본인의 반응을 알아차리기	• 바디 랭귀지와 음성 톤의 변화를 평가하기 • 짧은 공감의 코멘트나 제스처를 쓸 기회를 찾기 • 가능성 있는 감정 언급하기: "정말 화가 난 것 같군요." • 문제를 해결하기 위한 노력을 하는 환자에게 칭찬하기 • 머뭇거리기, 접촉 또는 표정을 사용하기 • 고객이 느끼고 있을 감정에 대한 단서로 자신의 감정적 반응을 나타내기 • 필요할 경우 잠시 휴식을 취하기	• 내원의 깊이와 의미가 더해집니다. • 신뢰를 구축하여 더 나은 진단 정보, 치료 준수 및 결과를 제공합니다. • 제한을 설정하거나 '아니요'라고 말하기가 더 쉬워집니다.

습관	기술	기법(테크닉)과 그 예	효과
마무리 시간 들이기	• 진단 정보를 제공 • 교육을 제공 • 의사 결정에 고객을 참여시킴 • 내원 완료	• 고객의 원래 관심에 맞춰 진단 틀 잡기 • 고객의 이해도를 평가하기 • 검사 및 치료의 근거를 설명하기 • 가능한 부작용과 예상되는 회복 과정을 되짚어주기 • 생활습관 변화를 추천하기 • 서면 자료를 제공하고 다른 자료도 언급하기 • 치료 목표를 논의하기 • 선택사항을 더듬어 보고 고객의 선호도를 듣기 • 한계를 정중하게 설정하기: "저는 당신이 그 검사에 대해 어떻게 생각하는지 이해할 수 있습니다. 하지만 제 관점에서는, 그 결과가 진단이나 치료에 도움이 되지 않을 것이므로, 대신 이것을 고려해 보는 것이 좋을 것이라고 생각합니다." • 고객의 계획 수행 능력과 동기를 평가하기 • "혹시 질문이 더 있으실까요?"라는 추가 질문하기 • 만족도 평가하기: "원하시는 대답이 되셨을까요?" • 진행 중인 치료에 대해 고객을 안심시키기	• 고객의 협력 가능성을 높입니다. • 건강 결과에 영향을 미칩니다. • 순응도가 향상됩니다. • 회신 전화 및 내원 횟수를 줄입니다. • 자가 간호를 장려합니다.

습관 1: 처음 시간 들이기

임상의가 고객을 처음 만날 때 세 가지 핵심 기술이 필요합니다. (1) 친밀한 관계를 신속하게 만들고, (2) 환자가 가진 모든 염려 또는 관심사를 끌어내며, (3) 병원에 방문하게 된 이유를 확인하고 이에 대한 계획을 세웁니다.

수의사와 고객과의 첫 만남은 진료와는 무관한 소소한 대화(날씨나 간단한 주제, 보호자의 개인적인 사항 등)로 시작하는 것이 좋습니다. 좁은 시각에서 바라보면 무의미한 시간이라고 생각될 수도 있지만, 대화를 여는 첫 순간은 의사소통의 과정에서 신뢰를 구축하고 환자에게 지속적인 인상을 만들기 위해 필요한 첫 번째 단계입니다.

일단 대화를 시작하고 나면, 진료와 관련된 질문을 시작하게 됩니다. 대부분의 의사는 친밀한 관계를 형성하거나 고객과의 공감대를 형성할 수 있는 개방형 질문이나 의사소통 기법을 사용하지 않는 경우가 많습니다. 예를 들어 영국에서 실시한 수의 임상 연구들[2,18,21]에 의하면, 수의사가 대화에 사용하는 시간의 7% 동안만 개방형 질문을 사용하여 정보를 수집하고 있다고 밝혔습니다. 즉 대다수의 수의사는 단답형의 폐쇄형 답변(예/아니요, 단답형 등)으로 끝나는 의사 중심의 질문 형태로 진료를 마무리 짓는다고 보고되었습니다. 폐쇄형 형식의 질문은 표 1-2에 제시된 수의 임상의 예시에서도 볼 수 있듯이 고객이 추가적인 대답을 하는 것을 제한합니다. 세부 내용을 보면, 질병의 진단에 필요한 의학적 정보를 확인하기 위해서 폐쇄형 질문의 패턴을 사용하는 수의사의 경우, 반려동물의 보호자(고객)가 '예/아니요'로만 대답하게 만들고, 진단과 치료에 있어 추가적인 정보를 제공받을 수 있는 기회가 줄게 됩니다. 이러한 유형의 질문 방식은 수의사가 중심이 되는 대화 접근 방식입니다. 인의학에서 이러한 폐쇄형 질문 접근 방식은 고객(환자)의 순응도와 만족도를 낮추고 신뢰도 형성을 어렵게 만든다고 알려져 있습니다.[18,21]

표 1-2의 개방형 질문의 예는 습관 1의 기법(테크닉)을 사용하여 반려동물 보호자의 모든 관심사를 끌어내는 수의사의 예시를 보여 줍니다. 진료를 시작하기 전에 지난 내원 때 나눈 이야기에 대해 질문하는 것이 관계에 어떠한 영향을 미치는지 주목해야 합니다. 이와 같이 관계가 먼저 형성되고 나면 반려동물의 내원 이유에 대한 직접적인 임상적 질문을 할 수 있는 분위기가 자연스럽게 형성됩니다.

예시에서 볼 수 있듯이, 개방형 질문을 하는 수의사는 보호자로부터 사실적이고 정서적인 정보를 끌어낼 수 있습니다. 또한 수의사는 보호자와 적절한 관계 형성을 촉진하고 의미 있는 임상 정보를 얻기 위해 보호자의 핵심어를 되풀이하는 언어 기법을 사용할 수 있습니다. 보호자가 "최근에 까망이가 기력이 없었어요."라고 말하면 수의사는 '기력이 없었어요.'라는 핵심 단어를 조금 더 위로 올라가는 억양으로 따라 합니다. 이는 보호자들이 반려동물의 상태에 관한 이야기를 더 들려줄 수 있게 하는 여지를 주어 더욱더 많은 정보를 이야기하게끔 합니다.

[표 1-2. 내원한 보호자에게 대한 질문 형태]

개방형 질문	폐쇄형 질문
수의사 안녕하세요, ○○ 씨 다시 뵙습니다. 잘 지내셨나요? 지난번 병원에 오셨을 때 미국에 있는 따님을 만나러 간다고 하셨는데, 잘 다녀오셨나요?	
주인 네, 신경 써 주신 덕분에 잘 다녀왔습니다. 딸도 잘 적응하며 공부하고 있었습니다.	**수의사** 안녕하세요, ○○ 씨. 반려견 까망이는 무엇 때문에 병원에 왔을까요?
수의사 네, 그럼 진료를 볼까요? 까망이는 지난번에 여기 온 이후로 어떤가요?	**주인** 까망이는 요즘 기운이 없어요.
주인 까망이는 요즘 기운이 없어요.	**수의사** 언제부터 시작되었나요?
수의사 기운이 없다고요?	**주인** 약 3일 전부터 시작됐어요.
주인 네, 약 3일 전부터 시작했어요.	**수의사** 그때 즈음 무슨 일이 있나요?
수의사 네… 그렇군요. 무슨 일이 있었나요?	**주인** 산책을 다녀온 후 야생동물을 쫓다가 집으로 다시 돌아왔는데, 그냥 자기 자리로 가서 누웠어요. 그 이후로 좀 무기력해졌어요.
주인 산책하고 돌아오는 길에 집 앞에서 너구리 같은 야생 동물 만났는데, 까망이가 잠시 쫓아갔다가 5분 즈음 있다가 돌아왔습니다. 이후 집으로 돌아와서는 그냥 자기 자리로 가서 누웠습니다. 그때부터 잘 움직이려 하지 않아요. 앞 다리에 물린 자국이 있었는데, 피도 멈추어서 소독만 했습니다.	**수의사** 까망이의 식욕은 괜찮나요?
수의사 음…	**주인** 그런 것 같아요.
주인 너무 걱정이 많이 됩니다.	**수의사** 기침이나 구토 같은 건 없나요?
수의사 (침묵한다)	**주인** 없어요.
주인 야생 동물 중에 너구리 같은 아이들은 광견병을 옮길 수 있다던데, 안락사시키거나, 뭐 그런 걸 해야 되지는 않겠지요?	**수의사** 최근 배뇨 및 음수에 대한 최근 변화는 없나요?
수의사 어떤 부분이 걱정되시는지 알겠습니다. 잠시 후 상처를 살펴보고, 관련 증상이 있는지 확인해 보겠습니다. 그 후에 다시 얘기하도록 하겠습니다. 혹시 다른 걱정되는 부분이 있나요?	**주인** 네.
주인 없습니다.	**수의사** 설사 하는 걸 보았나요?
	주인 아니요.

또한, 보호자가 "약 3일 전에 시작했어요."라는 이야기를 한 후, 수의사는 계속해서 같은 언어 도구를 사용합니다. "네… 그렇군요. 무슨 일이 있었나요?"에서 '그렇군요' 등의 말을 하면서 보호자의 감정과 중요한 내용을 잘 경청하고 있다는 것을 보호자가 알 수 있게 하여, 수의사가 개방형 계속자(open-ended continuer)로서 보호자가 더 많은 이야기를 할 수 있게 도와주는 역할을 합니다. 이 시점에서 수의사가 아무런 반응 없이 침묵하고 있다면 "나는 보호자의 개가 광견병에 걸린 것이 아닌지 너무 무서워 죽겠어요."라고 오해하게 만들 수 있으며 보호자(고객)에게 강한 부정적 인상을 줄 수 있습니다.

개방형 질문의 예에서, 수의사는 보호자(고객)와 대화를 계속해 나가면서, 보호자(고객)가 반려동물을 동물병원에 왜 데리고 왔는지에 대한 더 구체적인 중요한 정보를 얻을 수 있습니다.

이 접근법들 사이에는 시간 차이가 거의 없으며 동시에 일어나기도 합니다. 인의학에서는 문제 또는 질병에 집중하는 것보다 보호자나 환자의 관계 개선과 걱정되는 마음을 표현하는 데 약 1분 정도 더 사용할 것을 장려하고 있습니다.[22] 이 1분을 잘 활용하도록 합니다. 습관적으로 보호자(고객)가 내원할 때마다 개인적인 것을 묻고 각 보호자(고객)의 차트에 기록해서 다음 내원 때 시작 질문으로 사용할 수 있도록 합니다.

습관 1 '처음 시간 들이기'에 따른 효과는 보호자(고객)가 내원 시, 명확하고 뚜렷한 체계, 구성 내에서 환영받고 있음과 편안함을 느끼고, 수의사가 자신의 이야기를 경청하고 있다고 느끼는 것입니다. 인의학에서 이러한 접근법의 습관 가치는 웨스턴 온타리오 대학의 한 연구

그룹[(1)]이 수행한 연구에서 검증 되었습니다.[23] 1년 동안 이루어진 추적 관찰에서 만성 두통 증상을 해결한 가장 강력한 예측 변수는 고객이 처음 방문하였을 때 임상의가 환자의 모든 고민을 듣고 있다는 사실의 인지 여부였습니다. 이처럼 처음 대화를 시작할 때 공들인 시간은 환자와의 상담 분위기를 결정할 수 있으며, 나머지 내원 시간에 대한 계획을 세우는 데 도움이 될 수 있습니다.[23]

습관 2: 환자의 견해를 끌어내기

현재 인의학에서는 높은 수준의 의료 및 정보, 환자에 대한 충분한 정보를 요구하는 분위기에 따라 환자에게 충분한 정보를 제공해야 하며, 이와 관련한 윤리적 또는 법적 기준이 마련되어 있습니다. 특히 소비자의 요구가 부적절하거나 충분하지 못한 의사소통으로 인해 발생하는 의료과실이 많아지고 있어, 환자의 기대에 부응하기 위해 환자가 필요한 것이 무엇인지 끌어내는 과정의 중요성이 부각되고 있습니다. 2006년 7월, 약물치료 과실에 관한 의학 연구소 보고서에서는, 의사 중심에서 환자 및 관계 중심 커뮤니케이션으로 패러다임 전환의 중요성을 언급하면서 "치료 과실을 줄이는 가장 효과적인 방법의 하나로 환자와 의료 서비스 제공자 사이에 더 많은 협력 관계의 의료 모델로

---

(1)   Headache Study Group, University of Western Ontario

전환하는 것이 필요해 보입니다."[24]라고 하였습니다.

이처럼 진료 과정에서 중요한 단계로 받아들여지고 있지만, 실제 많은 의사와 수의사는 면담 중에 협력관계를 구축할 기회를 가지지 못하는 경우가 많습니다. 이러한 기회가 없으면, 보호자(환자)의 순응도 감소 및 약물 투여 등의 실수 위험성을 높입니다. 인의학의 한 연구에서, 59명 중 5명의 1차 진료 의사와 65명의 외과 의사 중 1명만이 환자가 무엇을 원하는지에 대해 확인한 것으로 나타났습니다.[25] 이 연구에 따르면 의사들은 환자가 의사의 결정에 동의하지 않으면, 환자 본인의 의견을 바로 말할 것으로 생각하는 경우가 많고, 이에 비해 환자들은 종종 물어봐야만 의견을 말하곤 합니다. 그러므로 환자(반려동물의 보호자)는 수의사의 지시에 동의하지 않을 수 있으며 수의사에게 추가적인 정보를 얻기 위해 질문을 하는 것이 필요하고 요구할 수 있다는 인식을 가질 수 있게 해주어야 합니다.[25] 예를 들어, "어떻게 생각하세요?"라는 질문을 통해 보호자나 고객의 관점을 함께 나눌 수 있습니다.

습관 2 '환자의 견해를 끌어내기'는 고객의 경험과 특성을 존중하고, 협력 관계를 쌓아가고, 이해도의 공통점과 차이점을 비교하는 등의 중요한 몇 가지 기능이 있습니다. 한 초기 연구[26]에 따르면 천식을 앓고 있는 어린이가 자신에게 필요한 게 무엇인지 알려주었고, 이를 치료계획과 상담 시에 다뤄 줄 경우, 치료에 대한 만족도와 순응도가 향상될 수 있다는 결과를 보여 주었습니다. 성인의 허리 통증과 관련한 연구[27]에서도 비슷한 결과가 보고되었습니다.

일상생활에서 보호자(환자)는 스스로 감별 진단과 유사한 과정을 거치는 경우가 있습니다. 즉, 보호자 스스로가 관찰하고 정보를 수집하여 특정 원인을 제외하고 다른 원인을 포함하기도 합니다. 보호자가 반려동물의 증상에 대해 설명한 것을 구체적으로 이해하면 수의사는 그에 따라 나머지 대화의 틀을 잡을 수 있습니다. 예를 들어, 표 1-2에서처럼 "야생 동물 중에 너구리 같은 아이들은 광견병을 옮길 수 있다던데, 안락사시키거나, 뭐 그런 걸 해야 되지는 않겠지요?"라는 보호자의 말은 의사가 보기에는 증상이 모호하거나 심각한 것이 아닌데 과하게 걱정하는 것처럼 보일 수 있습니다. 고객의 견해(시각)를 끌어냄으로써 고객의 생각 또는 우려의 근원을 찾는 것은 종종 상황을 명확하게 설명하고 관계를 강화할 기회가 될 수도 있습니다.

다음의 내용은 동물병원 치과 치료 중에 일어난 사례이며, 고객의 견해를 확인하는 시기 또는 기회를 놓쳤기 때문에 발생한 상황입니다. 주변에서도 비슷한 상황이 일어날 수 있는 사례입니다.

사례 1-1

수의사 ○○를 고발하기 위해 이 편지를 씁니다. 우리 개 '토루'는 치과 건강 진단과 치료를 수의사 ○○에게 받았습니다. 그는 우리에게 '토루'의 치아를 스케일링할 필요가 있다고 했고, 잇몸이 좋지 않아 치아가 몇 개 뽑힐 수도 있다고 했습니다.

수의사 ○○가 스케일링을 하는 동안 12개의 이빨을 제거했습니다. 그리고 수의사는 스케일링 후에 추가로 구개의 이빨을 제거했습니다. 저는 수의사 ○○에게 '토루'의 이빨을 이렇게 많이 빼는 것을 동의한 적이 없습니다.

이제 우리는 '토루'가 먹을 수 있도록 사료를 물에 불려주어야 합니다. '토루'는 입 한쪽으로 혀가 나와 있습니다. '토루'가 정말로 이빨 19개를 뽑아야 했는지 모르겠습니다.

인의학에서는 자신의 질병을 의사에게 완전히 설명할 수 있는 환자가 더 많은 정보를 기억하고 치료에 더 충실하다는 것을 알아냈습니다.[28] 치료 권장 사항을 더 잘 준수하는 것 외에도 습관 2 '환자의 견해를 끌어내기'로 얻을 수 있는 다른 장점은 보호자(고객)가 반려동물의 건강, 그리고 질병을 어떻게 바라보고 생각하는지에 대해 알 수 있다는 것입니다. 이 정보는 예후 및 치료 정보를 보호자(고객) 및 가족들에게 가장 잘 전달할 방법을 고려할 때 유용하게 사용됩니다. 사례 1-2의 경우, 수의사가 즉각적인 검사가 필요할 정도로 심각한 문제일 가능성이 상대적으로 낮다는 것을 설명함으로써 보호자와의 관계를 구축하려고 시도를 했다면, 검사를 받지 않기로 한 결정이 수의사의 일방적인 결정이 아니라 보호자의 의견이 반영된 것이었을 것입니다. 결과가 달라지지는 않았겠지만, 수의사가 반려견을 방치했고 의료 시스템에 문제가 있었다는 것에 대한 보호자의 인식은 달라질 수도 있었을 것입니다.

'미니'의 열이 내리고 일주일 후인 1월 3일, 우리는 '미니'가 다시 많은 양의 물을 마시고 있다는 것을 알아차렸습니다. 1월 5일에 ABC 동물병원에 전화했고, 나는 접수 담당자 XX에게 '미니'의 상태에 대해('미니'의 최근 병원 병력도 포함해서) 설명했습니다. 일단 '미니'를 살펴보기로 예약을 했습니다. 지난 5월의 혈액 검사도 병원에 보냈습니다. 검사가 끝난 후, 우리는 '미니'의 난소와 자궁 제거에 동의했고, 예약했습니다. 우리는 의사와 함께 검토한 증상에 대한 설명을 들은 후 어떠한 기본 진단도 취해지지 않았고, 수술 당일에 검사하자는 말을 들었습니다. 다음 주 수술을 위해 우리는 병원을 떠났습니다. '미니'가 최근에 열이 났음에도 불구하고 감염이나 자궁축농증을 걱정할 필요가 있다는 어떠한 설명도 듣지 못했습니다. 난소자궁 절제술은 그 다음 주에 시행되었습니다. 수술하는 당일 '미니'의 자궁에 감염이 있다고 했고, '미니'의 상태에 대해 우려가 있다는 말을 듣고, 그날 저녁 '미니'를 만나러 갔습니다. '미니'는 하룻밤을 더 병원에서 지내야 했습니다. 다음 날, '미니'가 패혈증에 걸렸으니 바로 오라는 연락을 받았습니다. 우리는 '미니'가 죽을 때까지 3시간 동안 '미니' 곁을 지켰습니다. 그녀가 죽었을 때 모든 수의사는 점심을 먹으러 병원에서 나갔고, 그녀의 사망을 선언하기 위해 수의사 한 명을 다시 병원으로 호출되어야 했습니다. 의사는 '미니'의 사망원인이 패혈증과 폐쇄형 자궁축농증이라고 말했습니다. 우리는 '미니'를 하늘나라로 보낸 후, 정신과 치료를 받고 있습니다. 적절한 검사를 하고 조치했더라면 그녀는 여전히 살아있으리라 생각합니다. 우리는 여전히 그 애를 잃은 것에 대해 충격을 받고 있습니다. 적절한 검사를 하고 조치했다면, 그 애는 오늘날에도 여전히 살아있으리라 생각합니다. '미니'는 이런 식으로 죽을 이유가 없었습니다.

ABC 동물병원에서의 경험은 다시는 겪고 싶지 않고, 고소할 생각입니다.

습관 3: 공감 표현하기

수 세기 동안 사람과 동물을 치료하는 사람들의 공통된 특징은 '보살핌'과 '연민'이 많다는 것이었습니다. 이러한 보살핌과 연민이라는 감정은 현대 시대에 엄청난 기술 발전과 경제적 상황의 개선 등으로 인해 상대적으로 줄어들었습니다. 인의학 및 수의학 연구에 따르면 내원 시 표현되는 공감 수준이 낮아졌다고 보고되었습니다.[2] 수의학 연구에서, 300마리의 반려동물 진료를 보았는데 보호자 중 7%만이 공감을 표현하였습니다. 인의학의 공감에 대한 연구에서 공감 수준이 더욱더 낮다고 보고하였습니다.[29] 연구자들은 이러한 연구결과를 보살핌 유무와 환자의 만족도, 치료 권장 사항에 대한 순응도 및 소송 성향을 포함한 다양한 결과들과 연결해 보았습니다.[30]

'보살핌'과 '연민'이 치유 관계의 핵심 개념적 기반으로 작용한다면, '공감'은 그것을 실행하는 핵심 기술이라고 할 수 있습니다. (표 1-1 참조) 의학적으로는 이해할 수 있지만, 임상에서는 공감이 자주 발생하지 않습니다. 임상의가 공감을 표현하는 것에 있어 장벽 중 하나는 병원에 방문해서 주호소의 확인과 치료 이외의 다른 시간이 없다는 인식입니다.[2,29,31] 많은 임상의는 시간이 제한된 상황에서 진단과 치료가 아닌 공감을 표현하는 것은 불가능하다고 생각할 수도 있습니다. 이러한 생각과는 달리, 뛰어난 임상의 그룹에서는 의사가 환자들의 걱정과 관심을 알아챘을 때 그 순간에 집중하여 지속해서 환자의 감정에 공감하고자 하였습니다.[31] 유사한 다른 연구에서 환자가 의사가 자신에게 공감한다는 것을 알아챈 경우, 의사를 인정하게 되며 관계에서 그 의미와 깊이를 더한다는 개념이 소개되기도 하였습니다.[32]

얼굴 표정 및 신체 자세와 같은 비언어적 행동을 관찰하고 환자 또는 고객의 목소리 톤을 주의 깊게 듣는 것은 감정을 정확하게 알 수 있는 방법입니다. 인의학에서 환자의 비언어적 감정 표현을 잘알아채는 의사가 환자를 더 만족시킬 수 있었습니다.[33]

마찬가지로, 눈을 적절하게 맞추는 의사는 감정적인 고통을 쉽게 알아차리며 치료에 이를 반영하는 경향이 더 높다고 합니다. 또한 정제된 언어로 대화를 할 때, 적절한 음성톤은 환자가 추후에 치료 권장 사항을 얼마나 잘 따를 것인지에 대한 예측 인자였습니다.[34] 실제로, 이 연구에서 알코올 중독자에게 치료를 권할 때, 상담자의 따뜻하고 솔직한 음성톤은 중독자의 치료 참가율을 높여주었습니다.[34]

종종 환자나 보호자에게 감정을 직접적으로 표현하지 않을 수도 있습니다. "'까망이'가 무기력해 보이네요." 또는 "까망이의 암 수술에 대해 어떻게 생각하세요?"와 같은 문장은 감정을 직접적으로 표현하지는 않습니다. 이러한 대화를 잠재적 공감 기회(PEOs: potential empathic opportunities)로 정의하며, 환자가 자신의 감정에 대해 이야기하는 것이 괜찮을지 확인하기 위해 종종 사용할 수 있습니다.[29] 감정적 단서와 신호에 주의를 기울이는 임상의는 환자와 원활하게 의사소통을 하며 상호 관계를 더욱 좋은 방향으로 발전시킵니다. 마찬가지로 환자의 감정적 단서가 무시되면, 환자가 걱정을 반복하거나 또는 커지거나 진료 시간이 끝날 때까지 이 걱정에 관련한 말만 이야기하게 될 수도 있습니다.

다음은 실제 ○○ 동물병원에 대한 보호자의 인터넷 게시글을 일부 발췌한 내용입니다.

사례 1-3

토요일 아침, 저는 수의사로부터 '동이'가 몸이 좋지 않아서 가능한 한 빨리 병원에 와야 한다는 전화를 받았습니다.

'동이'가 더 버티지 못할 것 같다고 말했습니다. 저는 '동이'가 이 세상을 떠나게 된다면, 장례를 치러 주어야겠다고 생각하고 있었습니다. 어떻게 하면 될지 너무나 무서웠습니다. 바로 병원으로 차를 몰았고, 제가 도착하기 전에 '동이'는 죽었습니다. 병원에 도착한 저는 진료실에서 상자에 담긴 채 저를 기다리는 '동이'를 마주하였습니다.

몇 분 후, 수의사와 수의간호사 2명이 '동이'의 장례 절차와 다음 절차들을 설명하러 들어 왔습니다. 그들은 제게 장례 업체를 소개하는 데 더 많은 관심을 보였습니다. 사랑하는 '동이'가 장지로 출발하기 전에 눈물을 펑펑 쏟고 있는 저에게 수의간호사는 제게 와서 청구서 비용을 어떻게 할 건지 물었습니다.

저의 감정에 아랑곳하지 않고, 청구서를 들이대는 그 간호사의 대담함에 너무나 화가 났습니다.

고객은 정당한 치료와 절차를 거쳤다고 할지라도, 공감이 부족하다고 느끼게 되면 특히, 반려동물의 사망 이후 겪는 상황(예를 들어, 비용청구)에 대해 불만을 가지기 쉬우며, 이는 잠재적으로 더욱 복잡한 상황을 만들 수도 있습니다.

또한, 침묵, 손짓, 시선, 표정 및 신체 자세와 같은 비언어적 행동의 사용은 모두 공감 전달과 관련이 있습니다. 공감을 보여주는 것은 문제의 핵심을 파악하는 데 도움을 줄 수 있고 정서적 고충을 덜어줄 수 있습니다.[34] 위의 사례 1-3에 설명된 수의 간호사가 공감을 표현하며 고객의 강한 감정에 반응했다면, 고객은 반려동물의 죽음을 받아들인 후 기꺼이 '동이'(사례 1-3)를 위한 장례와 치료비용을 결제하려 했을 것입니다.

보호자(고객)가 감정을 직접법으로 솔직하게 표현할 수 있도록 돕는 것이 공감 작업의 일부입니다. 공감을 전하는 5가지 유형을 반영 (reflection), 정당화(legitimization), 지지(support), 협력(partnership), 존중 (respect)으로 나눌 수 있으며, 각각의 유형을 다음과 같은 예시(사례 1-4)로 살펴보도록 하겠습니다.[35]

사례 1-4

반영	'대발이'에 대해 많이 걱정하시는 것 같습니다.
정당화	누구나 무섭고 두려울 것입니다.
지지	무슨 일이 있어도 하고자 하시는 일을 돕겠습니다.
협력	(어려운 이 상황을) 함께 해결할 수 있다고 생각합니다.
존중	당신이 올바른 일을 한 것이고 앞으로도 그럴 것이라고 믿습니다.

공감은 관계에 깊이와 의미를 더하고 신뢰를 구축하기 위해서 필요합니다. 어렵거나 복잡한 결정을 내릴 때, 문제에 대한 정서적인 부분을 찾는다면 보호자로부터 협조를 쉽게 받을 수 있으며, 사실적인 정

보(검사 결과)를 기반으로 어떻게 결정할 것인지 판단하는 데 도움을 줄 수 있습니다.

임상수의학에서 비용 문제는 특히 환자(동물)가 죽은 상황일 경우, 민감한 문제로 남게 됩니다. 환자와 비용에 대해 이야기할 때 "이렇게 된 것에 대해 무척이나 안타까운 마음입니다." (잠시 침묵 후) "하지만 이렇게 일을 마무리 지었으면 합니다." 등의 플랫폼을 통해 공감을 표시한 후, 다른 결정할 사항이나 대안으로 어떤 것들을 선택할 수 있는지에 대하여 설명할 수 있습니다.[35,36] 고객의 한 감정에 대하여 수의사가 의료 파트너로서 공감을 표현한 후에 의료 서비스 및 비용에 대한 사항을 논의하는 것으로 순서를 정해 두어, 신뢰할 수 있는 정서적 협력 관계 내에서 후속 논의가 지속해서 이루어지도록 합니다.

습관 4: 마무리 시간 들이기

앞에서 설명한 세 가지 습관은 정보 수집을 기반으로 하지만, 마지막인 습관 4 '마무리 시간 들이기'는 주로 정보 공유에 중점을 두는 단계입니다. 이는 대화가 끝날 때의 작업, 즉 진단 정보 전달, 의사 결정 참여 권장, 추천된 치료 방법에 대한 환자(보호자)의 이해 정도 확인 등을 포함합니다. 슬픈 소식을 전하는 것은, 환자[동물]의 가족들이 겪어야 할 상황은 정말 어렵습니다. 실제로 연습이 필요할 수도 있는 부분이지만, 많은 의사는 나쁜 소식을 전달하는 방법에 대하여 정식적인 교육 및 훈련을 받지 못했습니다.

다음은 오랜 경력을 가진 의사의 경험담에서 발췌한 것입니다.

사례 1-5

제가 응급 교대 근무 중이던 날이었습니다. 한 가족(할머니, 12살 소녀, 삼촌)이 집에 불이 나서 심하게 화상을 입었습니다. 할 수 있는 최선의 노력에도 불구하고 소녀는 심정지가 오고 말았습니다. 15분가량의 소생술을 실시하였지만 실패하고 말았습니다. 할머니는 살아 있었지만, 치명적인 화상을 입었고, 새까맣게 탄 살냄새가 너무 심했습니다.

보호자로 소녀의 어머니가 도착하였고, 저는 소녀의 어머니께 사인을 명확하게 하려면 부검이 필요하다는 설명을 하기 위해서 갔습니다. 소녀의 어머니에게 소녀의 죽음에 대해 먼저 말하지 않고, "지금 이 시점에 귀찮게 해서 죄송하지만…"이라고 말하고 난 후 부검과 관련된 질문을 했습니다.

그녀는 비명을 지르며 쓰러졌고, 내 앞에서 발작을 일으켰습니다. 저는 어찌할 바를 몰랐으며, 이후 그것이 보호자에게 얼마나 큰 충격을 주었을지 깨닫고 죄책감을 느꼈습니다. 적절한 대응을 하지 못했다는 것을 반성하며 오늘날까지 그 일을 떠올리면 괴롭습니다.

문헌에 따르면 이처럼 좋은 않은 소식을 전달하는 교육 및 훈련을 받지 못한 의사는 이런 종류의 실수를 저지르고 본인 또한 고통을 겪고 있다고 호소하지만, 이런 상황에서 환자 측에서 받는 고통이 어땠을지는 너무 분명합니다. 의도와 관계없이 의료의 결과가 매우 나쁠 수 있으며, 정서적 상처로 인해 환자에게 불만이 생길 수 있으며 과실 소송으로 이어질 수 있습니다.

인터넷 게시글에서 발췌한 다음의 내용은 반려동물에게 간호 및 치료를 진행하는 방법에 대한 충분한 정보가 보호자(고객)에게 전달되지 않고 있는 사례입니다.

사례 1-6

9월에 우리 '소리'는 배 부위에 혹이 생겨서 Y 동물병원에 갔습니다. '소리'는 비만세포 종양으로 진단 되었습니다. 수의사 ○○은 세포 검사 결과가 매우 좋고 합병증 없이 이 종양을 제거할 수 있다고 설명했습니다. 수술 후에 '소리'는 합병증이 없었고, 의사는 모든 종양을 제거했다고 확신했습니다.

그 후 수의사 ○○이 후속적으로 화학 요법이나 추가적인 종양 발생을 예방하기 위한 예방 조치를 해야 한다고 우리에게 설명한 적이 없습니다. 우리 입장에서는 어떤 치료를 더 할 수 있는지, 재발을 확인하기 위해 얼마나 정기적으로 검사를 받아야 하는지에 대한 정보를 받지 못했던 것입니다.

1년 후 '소리'에게는 같은 자리에 또 다른 혹이 발견되었고 우리는 반려견을 같은 의사에게 데려갔습니다. 혈액검사는 실시하지 않았으며 '소리'가 양호한 상태라서 수술을 견딜 수 있다는 정보를 받았습니다.

두 번째 수술을 마치고 '소리'를 데리러 병원에 도착했을 때, 수의 간호사가 '소리'를 데려왔습니다. 의사는 집에 도착하자마자 개를 욕조에서 목욕시키고 나서 '소리'가 감염되지 않도록 과산화수소와 물로 상처 부위를 소독해줘야 한다고 말했습니다. 봉합사를 제거하기 위해 언제 '소리'를 다시 데려와야 하는지 알지 못했고 항생제나 진통제를 처방받지 못했습니다. 우리는 그저 수의사가 시키는 대로 '소리'를 목욕시켰습니다.

수의사는 보호자(상담자)와 상호 합의된 계획을 세워야 하고, 보호자가 이를 얼마나 이해하고 있는지를 확인하는 것은 매우 중요합니다.

공유된 의사 결정 및 후속 조치를 잘 따르게 하는 것 외에도, 이해하고 있는 것을 확인하는 과정을 통해서 얻을 수 있는 다른 장점은 보호자(고객)에게 반려동물의 상태에 대해 교육하고 오해를 바로잡을 수 있는 이상적인 기회를 제공한다는 것입니다. 이해와 합의를 최적화하는 데 도움이 되는 몇 가지 유용한 질문을 아래와 같이 살펴보도록 하겠습니다.[37]

- 다양한 [치료] 옵션에 대해 논의한 후, 제가 놓친 것이 있거나, 이해하시기 어려운 부분이 있을까요?
- 설명한 [치료 또는 진단] 계획이 괜찮으신가요?
- [보호자(고객)가] 계획을 실행하기 어렵거나 장애가 되는 사항이 있을까요?

습관 4 '마지막에 시간 들이기'를 사용하여 의사결정을 하면 의료 서비스 제공자와 고객 간에 협동할 수 있는 부분이 증가하고 이해의 오류 및 불일치할 수 있는 위험이 감소하는 결과를 얻을 수 있습니다. 또한, 진단 결과, 진단 및 치료 지침과 권장 사항에 대한 이해와 순응도에 초점을 맞출 수 있어 원하는 치료 결과에 대한 상호 간의 균형이 잘 맞추어져 의료 사고나 오해로 인한 소송 등의 위험이 줄어들게 됩니다. 마지막으로, 슬픈 소식을 전달할 때의 시간적 여유, 상황, 보호자의 공감 등의 요소를 고려해야 하며, 이에 대한 것은 이 책의 다른 장에서 다루겠습니다.

요약

첫 번째 장에서, 우리는 의사소통과 관계 구축이 치료의 질과 결과에 영향을 미친다는 것을 일관되게 증명해 온 40년 이상의 인 의학 연구와 증거를 훑어보았습니다. 수의학에서는 말을 할 수 없는 반려동물과 말을 할 수 있는 제3자(보호자)에게 임상 치료를 제공하기 때문에 적절한 의사소통은 더욱 도전적인 영역이라고 할 수 있겠습니다. 그렇기에 무엇보다 보호자(고객)와의 의사소통에 대한 교육 및 훈련이 필요하다고 할 수 있습니다. 반려동물 보호자와의 의사소통 개선은 불만 사항 감소, 만족도 증가, 약물 오 처방 및 기타 유형의 오류 감소와 관련이 있습니다.

의사소통 기술 훈련의 필요성에 대한 인식이 높아지면서 수의학 교육자들은 모범 사례에 근거한 명확한 커리큘럼을 개발하게 되었지만, 국내에서는 아직 일부 학교에서만(2020년 기준) 교육 과정으로 채택하고 있습니다. 이러한 변화는 의사소통의 기술들이 공식적인 교육과정에 속하여 정확한 진단과 치료의 방법과 마찬가지로 가르칠 필요가 있다는 것을 인정한다는 것입니다. 그 결과, 우리 다음 세대의 수의사들은 보호자(고객)들과 의사소통 하는 데 뛰어난 기술을 가질 수 있을 것입니다.

향상된 의사소통 기술은 고객들에게 도움이 될 뿐만 아니라, 임상 실무자들에게 또한 혜택이 많다는 것을 인식해야 합니다. 개선된 관계를 갖기 위해 꾸준히 연습하고 노력하는 것은 우리가 왜 수의학을 선택하였는지 상기시켜줄 수 있으며, 동물과 보호자(고객)의 고통을 경감시켜주고 그들에게 기쁨을 되찾아주는 우리의 일을 더욱 원활하게 해주고 효용성을 높여준다는 것을 인식해야 합니다.

추천 도서

수의사들은 그들의 의사소통 능력을 향상하기 위해 무엇을 할 수 있을까요?

- 국내에 출판된 의료 커뮤니케이션(의사소통 기법) 관련 책자를 활용합니다.[35]
  - 『보건의료전문가를 위한 의사소통 기술』, Jeff Mason 저, 나희자·문소정·문애은·이미림·이효철 옮김, 바이오사이언스, 2014년 03월
  - 『일방통행하는 의사, 쌍방통행을 원하는 환자: 환자와의 원활한 소통을 위한 의료커뮤니케이션』, 트로스텐 하퍼라흐 저, 백미숙 옮김, 굿인포메이션, 2007년 10월

- 『환자 중심의 의료 커뮤니케이션 (대화분석을 기반으로 하는 의료인의 의사소통 교육 방법론)』, 박용익 저, 백산서당, 2010년 11월
- 『의사의 듣기와 말하기』, 정숙향·임소라 저, 청년의사, 2020년 02월

- 커뮤니케이션 기술에 대한 워크숍이 제공되는 학술 대회에 참가합니다.

- 지역, 외국 또는 국가 기관이 제공하는 커뮤니케이션 기술에 대한 집중적인 교육 과정에 참여합니다.

- IHC Veterinary Communication Modules https://health-carecomm.org/veterinary-communication/

- 인의학에서 의료 분야의 커뮤니케이션에 관한 미국 아카데미와 의료 분야의 커뮤니케이션을 위한 유럽 협회는 커뮤니케이션 기술을 향상하기 위한 1일, 2.5일, 5일간의 집중적인 과정을 실시합니다. 외국 수의사들은 두 협회에서 모두 활발하게 활동해 왔습니다.

- 의학 커뮤니케이션 관련 지속적인 교육 기회에 대해 알아보아야 합니다.

- 네 가지 습관(Habits)이나 그에 상응하는 접근법을 사용하여 자신의 의사소통 능력을 평가해보도록 합니다.

- 여기에는 동료가 당신의 진료 모습을 관찰하고 의사소통 기술에 대한 피드백을 제공하도록 하는 것이 포함될 수 있습니다. 자기 평가는 또 하나의 가능성이 됩니다.

- 고객 또는 의료팀 내의 관계에 의사소통을 향상시키기 위해서 진료에 대한 불만 사항을 받아서 문서화 하고 이를 반영합니다.

- 한 명 이상의 동료와 협력하여 까다로운 사례에 대해 논의하고 더 효과적인 대화를 위한 획기적인 접근방식에 대해 논의합니다.

2장

동물병원
의료팀의
관리

"함께 한다는 것은 시작에 불과하다.
함께함을 유지하는 것은 진보를 뜻한다.
그리고 함께 일하는 것은 성공을 뜻한다."

- 헨리 포드

"우리 중 누구도 우리 모두를 합친 것보다 똑똑하지 못하다."

- Ken H Blanchar

"벌들은 서로 돕지 않고는 아무것도 얻지 못한다.
사람도 마찬가지다."

- E.허버트

효과적인 의료팀을 만들기 위해 상호 존중, 공감, 진정성, 적절한 자기표현을 조화롭게 활용하여 각 구성원들 사이에서 효과적인 상호 작용을 해야 합니다. 이러한 팀 운영은 수의사 삶의 주요 도전 중 하나일 수 있습니다. 위의 인용문에서 알 수 있듯이 사람은 사회생활을 통하여 삶을 영위하는 사회적 동물로서 개인의 이상[바람]은 팀이라는 집단의 발달을 통해 실현될 수 있습니다. 따라서 개인은 집단 질서 유지뿐만 아니라 집단의 발달과 비전 실현에 기여해야 합니다.

수의과대학의 교육과 훈련은 임상에 필요한 기술과 역량에 초점이 맞추어져 있지만, 직원을 채용하고, 교육 및 유지 관리하는 실질적인 능력에 대한 부분은 거의 포함되어 있지 않습니다. 단순히 사람들이 같은 장소에서 일한다고 해서 팀워크가 저절로 생기는 것은 아닙니다. 다양한 요소들이 팀워크를 성장시키는 데 영향을 끼칩니다. 환자와 고객을 돌보고, 의료 실수를 피하고, 직원과 고객의 복지에 도움이 되는 환경을 조성하는 공통 목표를 향해 협력하는 그룹의 공동 의지가 기반이 되어야 합니다.

서로 협력하는 자세는 업무의 질을 높여 우수한 성과를 끌어내고 의료 과실의 발생을 줄여 환자에게 최상의 의료서비스를 제공할 수 있습니다. 이러한 목표를 달성하기 위해서는 반드시 수행해야 할 과정을 위한 지침 및 원칙을 알고 있어야만 합니다.

『The Seven Habits of Highly Effective People(효과적인 사람들의 7가지 습관)』이라는 책을 저술한 리더 전문가인 스티븐 코비(Stven Covey)[38]는 성공을 위한 두 가지 습관이 있다고 했습니다. 첫 번째는 능동적으로 행동하는 것이며, 두 번째는 마지막을 늘 생각하고 시작하는 것입니다. 이번 장에서 우리의 최종 목표는 강력한 의료팀 문화를 조성하는 것입니다. 잘 갖추어진 올바른 팀의 리더쉽은 개인적 편견, 부정적인 선입견, 다른 팀과 마찰을 겪었던 과거 경험 등을 명확하고 엄격한 시각으로 바라볼 수 있게 해주며, 이를 수정할 수 있는 계기를 마련하게 해줍니다.

뚜렷한 비전

홀륭한 업무팀의 리더들은 방향성을 뚜렷하게 정하여 자신이 향하는 최종 목적이 옳다고 확신을 가지며 구성원들에게 이를 세부적으로 표현하여 이끌어 나갑니다. 예를 들어, 수의사가 마지막 목표를 염두에 두고 시작하면서, 구성원들에게 세부적으로 방향성을 설명합니다. 이번 장의 목표는 최고의 의료팀의 모습이 어떠한 모습일지 구성원들이 명확하게 파악할 수 있는 시간을 가지는 것입니다. 비전을 현실화하는 데는 많은 시간, 경제적인 비용, 지속적인 관심이 필요합니다. 병원을 운영하고 있는 수의사라면 다들 이 과정들은 실천하기가 쉽지 않다는 것을 알고 있을 것입니다. 명확한 역할을 가지고 있으며 대인관계에 대한 교육 및 훈련을 받은 팀은 원만한 인간 관계를 통하여 일의 효율성이 높으며 구성원 서로에게 더 나은 근무 환경을 제공합니다.

의료팀을 모으는 것은 매우 어렵고 시간이 많이 걸리며, 이들 구성원 간의 안정된 관계를 유지하려면 많은 노력이 필요합니다. 그렇다면 이러한 노력을 기울이는 이유는 무엇일까요? 이와 관련된 인의학의 주요 연구에서 그 이유들을 찾아볼 수 있습니다.[39] 이 연구에서 병원 또는 의료팀 구성원 간의 의사소통의 실패나 치료 경과 관찰의 실패로 인해 종종 의료 실수가 발생한다는 사실을 발견했습니다. 이런 실수는 진단 및 검사 결과에 대한 오해와 약물 투여 방법 또는 용량의 오류를 포함하여 치료의 모든 단계에서 발생했습니다.[39]

이와 같은 연구는 1999년 초 미국 의학 연구소가 의료 과실의 원인을 조사하며 시작되었습니다. 그들은 매년 최소 44,000명에서 최대 98,000명 정도가 병원에서 예방이 가능했던 의료 과실로 인해 사망한다고 추정했습니다. 생명을 잃는 것 외에도 의료 과실로 인한 영향은 의료 산업 전반에 걸쳐서 침체된 분위기를 유도하게 됩니다. 즉, 이러한 의료 과실은 비용 및 보상에 대한 경제적인 손실을 일으킬 뿐만 아니라 의료 종사자들의 신뢰와 사회적인 위상을 떨어뜨리고, 환자들 또한 불필요한 고통을 받게 합니다. 의료팀에게 발생하는 기회비용은 어떨까요? 연구에 의하면 의료팀의 의학적 윤리와 의학적 소명의 근본을 위협했습니다. 의료 서비스의 주요 원칙 중 하나는 해를 끼치지 않는 것입니다. 이러한 오류가 발생하면, 의료 전문가와 그 팀 구성원은 능률성, 의욕, 직업 만족도를 잃어버리고, 좌절하는 빈도와 강도가 증가되는 악순환의 구조로 들어가게 됩니다.

수의학에서는 의료 과실과 그 결과에 관련한 연구가 아직 실시되지 않고 있지만, 인의학의 의료 과실에 대한 연구가 수의학과 유사할 가능성이 높기 때문에 동물 건강 산업은 이러한 발견에 주목해야만 합니다. 앞서 언급한 바와 같이 오늘날 인의학에서는 악순환에 빠져들게 만드는 의료 과실의 근본에 대해 고민하고 있습니다. 수의학에서, 이러한 의료 과실의 원인으로 생각되는 요소들에 대해 살펴보도록 하겠습니다.

의사소통 장애물

영국 의학 저널 〈British Medical Journal〉의 연구[40]에 따르면 의료진 간의 의사소통 패턴과 행동이 의료 환경에서 볼 수 있는 **비효율성과 과실**에 크게 영향을 주었을 것으로 판단하였습니다. 바쁜 사무 환경과 '의료'라는 전문성이 요구되는 병원에서 의료진은 많은 업무로 인해서 치료의 전반적인 흐름을 인식하기 어렵고, 의료 정보의 공유를 요청하기 힘들 수 있습니다. 이러한 경우, 의료 과실, 환자 및 고객에 대한 주의력 부족, 대인 관계 악화라는 결과로 이어질 수 있습니다. 동일한 연구에서 환자의 치료를 하는 동안, 팀 구성원 사이에 대화가 이어지지 않고 끊임없이 '멈춤'과 '시작'을 반복하는 것이 의료 서비스의 질을 심각하게 감소시킨다는 것을 보여 주었습니다. 이러한 의사소통의 중단은 팀 구성원들이 그들의 영역이 아닌 일에 대해서 관심과 인식이 부족하다는 것을 의미합니다.

단순히 잘못된 의사소통이 의료 과실을 일으키는 주요 원인 중 하나라고 비난받지만, 사실은 사람들 사이에 부적절한 정보 전달만으로는 의료 과실이 발생하지는 않습니다. 계층 차이(의사-간호사), 모호한 역할 분담, 개인 간의 역량 차이, 개인 또는 그룹 간의 갈등이 복합적으로 혼합되고 이러한 복합적인 원인으로 인해 의사소통의 실패로 이

어집니다.[41] 의료팀의 의사소통이 잘 되지 않을 경우에 구성원들은 의학적 및 심리적 대가를 치루게 된다는 많은 연구가 있기 때문에, 팀의 소통에 역동성이 싹틀 수 있도록 좋은 환경을 만들어 주는 것이 중요합니다. 즉, 환경적인 계층 차이를 보이는 수의사-수의간호사는 자유롭게 의사소통을 하며 성공적인 진료를 위해 협업하며, 명확한 업무를 분장하는 환경이 핵심이라고 할 수 있습니다.

의료팀의 정의

몇몇 나라에서는 수의학 임상이 번창하고 성공하기 위해서는 기본적으로 실행 가능한 기술의 목록을 제시해서 수의사가 된 시점에서 가져야 할 전문 지식과 기법을 목록화시켜야 한다고 이야기하였습니다.[3,4,42] 수의사의 개별적인 능력을 리스트화시킨 것과는 다르게, 대부분의 병원 원장 및 직원은 성공적인 팀의 사례를 직접 보게 되더라도 이를 확인하고 따라 하기는 무척이나 어렵습니다. 팀의 운영방식은 단기간의 관찰로 확인할 수 없을뿐더러, 내적 상호 작용으로 이루어지므로 좋은 의료팀이라고 일컫는 이유를 쉽게 정의 내리기 어렵습니다. 팀의 우수성이 의미하는 바를 정량화하려면 어떠한 비즈니스 및 팀에 관한 연구가 우리에게 우수한 팀을 구축하고 이끄는 방법에 대해 가르쳐 줄 수 있는지 문헌을 조사하는 것이 차라리 낫습니다. 성공적인 팀 문화는 어떠한 모습을 나타내며 어떻게 상호 기능을 할까요?

직무 집단과 팀의 차이

모든 직무 집단과 팀이 같지 않다는 사실을 먼저 인식하는 것이 가장 중요합니다. 먼저 둘의 차이점을 살펴보도록 하겠습니다.

직무 집단은 함께 일하지만 직무를 완수하기 위해 반드시 협력할 필요가 없는 동료들로 구성되어 있습니다. 직무 집단(그룹)의 각 구성원은 정해진 업무 또는 책임이 있으며, 이러한 업무는 실무 관리자 또는 리더와 직원이 공동으로 관리 감독하고 있습니다. 직원은 이러한 작업을 완료한 시점이나 관리 감독을 받는 시점에서만 자신의 업무와 타인의 업무를 함께 볼 수 있습니다. 즉, 다른 사람과의 상호 작업 계획과 실행은 직원들 간이 아니라 주로 직원과 관리자 또는 리더와의 사이에서 이루어지게 됩니다. 이러한 유형의 업무 배치는 수행할 작업이 단순하고, 반복적이며, 직원 간 조정이 많이 필요하지 않을 때 가장 효과적입니다.

반면에 **팀**은 더 복잡한 업무를 실시하는 유형입니다. 원활한 업무 수행을 위해, 팀은 전문적인 목적, 가치, 비전으로 통합된 개인 그룹으로 구성됩니다. 또한 팀의 성공 여부는 공동 작업 능력에 달려 있게 됩니다. 작업의 복잡한 특성 때문에 자신의 일뿐만 아니라 동료의 노력과 기여에 따라 업무수행에 영향을 받습니다. 그렇기 때문에 팀원들은 각자의 직무를 수행하기 위해 서로 의지하며, 각 구성원은 자신의 역할이 팀의 작업 속에서 어떻게 서로에게 영향을 끼치며 어떻게 업무에 기여하는지를 이해해야만 합니다.

직무 집단과 달리 팀은 힘을 합쳐 작업을 완료하고, 여러 사람의 생각을 모아 신중한 결정을 내리게 됩니다. 팀은 구성원들이 목적을 같이 인지하고 있어야 하며, 각자의 역할이 더 큰 그림의 일부라는 것을 알고 있어야 합니다.[43] 수의과 진료의 복잡한 특성으로 인해 **동물병원은 직무 집단이 아닌 팀이 담당하게 됩니다.**

성공적인 팀을 위한 필수 요소

리차드 핵크맨(Richard Hackman)은 자신의 저서인 『Leading Teams: Setting the Stage of Great Performance(리딩 팀즈: 우수한 업적의 단계 설정)』에서 성공적인 팀 형성에 기여하는 네 가지의 탁월한 요소로 (1) 팀의 공동 업무 (2) 깔끔한 업무 분담 (3) 업무 과정을 관리할 수 있는 명확하고 구체적인 권한 (4) 시간의 흐름에 따른 구성원 간 견고함[44]을 서술하였습니다. 이러한 기능을 갖춘 팀은 구성원들이 일상적인 작업 흐름을 충족시키고 적응할 수 있는 구조와 자유의 균형을 가지게 됩니다. 또한 서로의 속도에 맞추고 성향을 이해할 수 있게 되어, 계급에 따른 분쟁이나 시간 낭비 없이 명확하고 간결하게 의사소통할 수 있습니다.

앞서 밝힌 바와 같이, 팀은 여러 분야에서 다양한 업무를 복합적으로 실시하며 이를 나열하면 다음과 같습니다.

- 환자와 고객 관리
- 위생적인 의료 환경
- 적절한 고객 중심의 분위기
- 효율적인 진료실 업무 흐름
- 완전하고 철저한 의료 기록 보관
- 안정적이고 쾌적한 작업 환경의 제공

　의료 서비스라는 다면적인 작업에는 높은 수준의 상호 의존성과 공동으로 문제 해결을 실천하는 의료 전문가팀이 필요합니다. 책임을 각 개인에 국한하여 묻지 않으며, 의료팀의 구성원들은 철학과 비전을 하나로 묶어야 합니다. 직무 집단의 한 개인이 아닌 팀으로서 협업하면 이러한 복잡한 상호 작용이 이루어질 수 있는 구조적인 시스템이 마련되게 됩니다. 경영 컨설턴트 패트릭 렌쇼니(Patrick Lencioni)는 "팀워크는 대부분 제대로 이루어지지 않고 있어서, 팀의 지속 성장이 가능한 경쟁 우위 요소 중 하나로 남아 있다."라고 하였습니다. 실패하는 조직은 대부분 팀워크가 부족하고, 성공하는 조직은 팀워크가 효율적으로 운영되고 있는 것을 쉽게 확인할 수 있다고 하였습니다.[45]

　대부분의 임상에서는 자신과 팀이 역할을 수행할 때 실제 팀이 아니라 함께 일하는 개인 그룹, 즉 직무 집단(그룹)으로 기능한다는 것을 확인할 수 있습니다. 그러나 질병의 치료와 개선된 근무환경이 우리의 공통된 목표라면, 우리는 직무 집단(그룹)을 능동적인 형태의 팀 모델로 전환할 것인지를 고민해야 합니다.

올바른 팀원의 중요성

임상에서 직무 집단이 아닌 능동적인 의료팀의 개념을 소개하기 전에, 팀의 요소와 팀 리더의 업무에 대해 자세히 살펴보도록 하겠습니다. 리더는 팀 구성원과 목표를 공유해야 하고 구성원들의 목표 달성에 대한 보상과 책임도 함께 평가해야 합니다. 예를 들어, 개인 목표가 팀의 목표와 부합하는지, 각 팀원은 팀의 더 큰 이익을 위해 개인을 양보하는지를 살펴보아야 합니다.[45]

"우리가 누군가를 기다릴 수 없는 시대가 올 것이다.
이제 당신은 버스에 타고 있거나 버스에서 내렸거나, 둘 중 하나다."
– 켄 케시(Ken Kesey), 『전기 쿨에이드 산 테스트(The Electric Kool-Aid Acid Test), 톰 울프』[46]

짐 콜린스(Jim Collins)는 자신의 저서 『Good to Great(좋음에서 위대함으로)』[47]에서 목표와 업무의 개념을 연구하였습니다. 실무 목적이나 사명(업무)을 설정하는 과정은 '버스[진료]가 가는 곳'을 파악하는 것과 비슷하다고 하였습니다. 팀의 리더는 먼저 어떤 사람들을 태우고 내리게 해야 할지 생각해야 합니다. 적합한 사람을 태우고 부적합한 사람은 내리게 하고 난 다음에, 버스를 어디로 몰고 갈 건지 고민해야 합니다. 적합한 사람은 관리하는데 비용과 에너지는 적게 들 뿐 아니라, 적합한 사람들은 스스로 동기를 부여하여 최선의 성과를 낼 수 있습니다. 콜린스는 적합한 사람들이 '버스에 타고 있는지' 그리고 '그들이 적절

한 좌석에 앉았는지'라는 비유를 토대로 병원 직원들을 평가하기를 권유하였습니다.[40,47] 즉, 팀과 함께 리더는 평가와 기준의 명확성을 갖추기 위해 노력해야 합니다. 대부분의 사람은 존중하고 배려받을 가치가 있지만, 종종 팀의 구성원으로서 그저 '버스에 자리 채우기'만 하고 있을 수도 있습니다. 그러므로 개개인이 팀을 위해서 노력할 수 있는지는 엄격한 기준을 가지고 별개로 보아야 합니다.

의료팀이 실무를 이해하고 헌신적으로 실천하는 것은 올바른 팀의 핵심 요소입니다. 물론, 팀의 모든 개개인이 이를 실천하는 데 동의해야 합니다. 리더는 모든 직원이 팀원이 되고 싶어 하지 않을 수 있다는 사실을 인식하는 것도 중요합니다. 이 특성은 그들이 팀 업무의 필요에 맞지 않음을 의미할 수 있기 때문입니다. 그들은 훌륭한 기술적인 능력을 갖추고 있을 수 있지만, 대인관계에서의 능력은 부족할 수 있습니다. 리더는 직무 집단의 모델이 아니라 팀 모델의 의료팀을 원한다면, 팀 발전에 방해가 되지 않도록 각 개인의 부족한 적합성 부분을 메꾸거나 해결할 필요가 있습니다. 직원이 특정 직무나 업무에 능숙하더라도 팀 구성원으로서 존재하지 않으면, 팀 구성원 전체에 부정적인 영향을 줄 수 있습니다. 직무 집단 유형의 직원은 개인의 업무를 충실히 하는 것이 중요하지만, 의료팀의 직원은 팀의 업무를 함께 수행하여야 하고, 이것은 선택 사항이 아니라는 것을 이해하고 있어야 합니다. 만약 한 직원의 능력이나 욕구가 균형을 잃게 된다면 전체 팀의 구성을 유지하는 것이 위험에 처하게 될 수 있으며, 이는 효율적인 의료팀이 만들어지지 못하는 주요 이유 중 하나가 됩니다.

팀과 감성 지능

다시 한번 강조하자면, 직원은 개인의 능력도 중요하지만, 팀원으로서 갖는 가치가 채용 과정에서 평가되어 업무 분위기와 조직에 적합하게 선발되는 것이 중요합니다. 이러한 채용을 위해서는 단순히 기술력과 경험만 포함하지 않고 대인관계 능력이나 감성 지능(EI) 또한 고려하여 고용하여야 합니다.

비즈니스 부문에서 널리 사용되는 용어 및 자질인 EI는 '자신과 타인의 생각을 인식하고, 자신에게 동기를 부여하며, 자신과 타인과의 관계에서 감정을 [잘] 관리하는 능력'입니다.[48] 상대적으로 우수한 능력과 긍정적인 태도를 갖춘 직원을 고용하도록 합니다.

팀의 가치를 알고 있는 신입사원은 고용 초기에 팀 문화와 환경에 빠르게 적응하고 업무에 익숙해지고자 스스로 노력하여 긍정적인 태도와 건강한 구성원과의 관계를 계속 유지할 가능성이 커집니다.

팀 구축

팀은 의료 행위를 위해 아주 적합한 업무 단위이지만, 앞서 언급한 바와 같이 일정한 수준으로 끌어올려서 유지하기 어렵습니다. 이들은 지식과 기술을 바탕으로 복잡하고 역동적으로 변화하기 때문에 주의 깊게 형성되고 잘 관리되어야 합니다. 좋은 팀 문화는 그냥 생겨나는 것이 아닙니다. 개인이 아무리 총명하고 훈련을 잘 받거나 타고난 성향이 헌신적일지라도, 사람은 늘 적합한 팀을 구성하기 위해서는 많은 도움과 코칭을 필요로 합니다.

가장 일반적인 어려움을 살펴보도록 하겠습니다. 관리자와 리더가 공통으로 가지고 있는 착각은, 팀 구성원들이 (1) 응집력 있는 팀이 되는 방법을 알고 (2) 팀으로 일하는 가치를 이해하고 받아들인다는 믿음과 (3) 서로 협력에 필요한 자기 인식, 소통 능력, 자기 관리 능력을 갖추고 있다는 생각입니다.

그러나 리더들은 직원들이 업무에 대한 기대와 목표를 이해하는지 짐작하기만 할 뿐입니다. 대부분의 경우, 이러한 추측은 부정확하고 치명적입니다. 팀을 이끌기 위한 첫 번째 규칙은 실행에 대한 기대치와 관리방식에 관련된 모든 것을 명시적으로 만드는 것입니다. 사람이 좋은 배우자나 부모가 될 줄 알고 태어날 수 없듯이 직원도 저절로 팀의 진정한 구성원이 될 수 있는 기술이나 소질이 처음부터 있는 것이 아니기 때문에 명확하게 알려주어야 합니다.

개인이 개별적으로 업무를 완료하는 전통적인 직무 집단 그룹 모델에서 구성원들이 서로 잘 어울리고, 협업에 참여하며, 실행 가능성과 성공에 대한 책임을 지는 것이 팀 모델의 환경으로 전환하는 것에 있어서 중요합니다. 수의 의료팀의 리더는 진료실 내에서 의료팀을 구성하고, 직원들이 이 새로운 기능 방식을 이해하고 실천할 수 있도록 이끌어 주어야 합니다.

의료팀의 목적을 명확히 하기

많은 사람이 다양한 이유로 동물병원을 찾게 됩니다. 동물병원은 반려동물이 우수한 치료를 받을 수 있는 곳으로, 신뢰할 수 있는 진단 장비와 최고의 수술 시설을 제공합니다. 고용주의 입장에서 생각해보면, 동물병원은 지역 사회에 경제적·재정적 기여를 합니다. 수의사와 수의간호사에게 그곳은 돈을 버는 직장이자 그들의 경력을 쌓아나가는 장소입니다. 하지만 동물병원이 존재하는 궁극적인 이유는 무엇일까요? 모든 병원장과 직원은 이 질문에 개인적으로 그리고 의료팀의 구성원으로서 대답을 할 수 있어야 합니다.

수의사들에게 이 질문을 하면, 아마도 대부분은 동물병원을 직장으로써 환자, 고객, 팀, 그리고 그들 자신의 삶의 질을 향상하기 위해 모든 노력을 기울이는 장소라고 대답할 것입니다. 바쁜 업무 속에 단순히 돈을 버는 직장이라고 생각할 수도 있습니다. 이럴 때일수록 수의사들은 의료팀의 리더로서 동물병원이 존재하는 궁극적이고 실질적인 이유를 잊지 않아야만 더욱 명확한 로드맵을 가지고 팀원들을 이끌어나갈 수 있습니다.

리더는 실무의 방향성이나 목적이 명확해야 하며 이를 의료팀 모두에게 정확하게 알려야 합니다. 목적은 우리가 가야 하는 길을 알려주는 항해에서 '북극성' 같은 역할을 합니다. 목표는 리더에 의해 설정되지만, 이것이 의미하는 바와 일상 업무에서 어떻게 적용하는지에 대한 세부 사항들은 종종 팀 구성원 전체에 의해 설정되고 결정됩니다. 팀원들은 조직의 성공을 달성하기 위해 함께 일할 수 있는 방향을 제시하고 조정해주며 헌신해주는 리더십을 바라고 있습니다.[49] 헌신적인 리더는 '왜'라는 이유를 설정하고 '어떻게'라는 세부 사항은 팀원들이 직접 결정하여 효율적으로 적용될 수 있도록 돕는 역할을 잘 수행합니다. 또한, 이러한 방식으로 인해 리더이자 고용주인 수의사는 외부 고객으로 분류되는 환자와 의뢰인(보호자)뿐만 아니라 내부 고객인 의료팀에도 영향을 줄 수 있습니다.

병원의 가치

미션 또는 목표는 조직의 가치 또는 원칙을 나타냅니다. 직원이 조직 내에 자신을 맞추고자 시도할 때, 조직이 지향하는 가치와 원칙이 확립되어 있다면 명확한 로드맵을 제공할 수 있습니다. 경영 및 관리에 관한 조사에 따르면, 장기적으로 경쟁사보다 실적이 우수한 회사는 구성원들의 길잡이 역할에 가치를 두기 때문에 차이를 보이는 것으로 나타났습니다. 의료 서비스는 의료기관이 어떠한 가치에 중점을 두고 길잡이 역할을 하는지에 따라 달라집니다. 따뜻함, 공감, 전문성, 통찰력, 적절한 의사소통, 끊임없는 노력은 환자, 고객, 직원 모두에게 높은 평가를 받을 수 있는 주요한 가치입니다. 의료기관 내의 리더는 팀 관계가 원만하고 사기가 높을 때, 변함없이 팀 구성원들과 앞서 언급한 가치를 공유하는 모범을 보여야 합니다.[50]

강한 가치 추진력, 설득력 있는 미션, 일과 삶의 환경에 대한 관심, 팀의 만족도는 성공적인 조직 설립에 큰 영향을 끼칩니다. 가치 공유와 공통의 목적은 성공적인 팀이 필수적으로 갖춰야 할 팀 고유의 정체성을 만들어 냅니다.

관계에 초점을 맞춰라

스리랑카의 의류 제조회사 브랜딕스(Drandix. www.brandix.com)는 여성 직원이 임신했을 때, 보양식과 의료품을 제공합니다. 이처럼 직원들이 만족하는 제도들은 사실 큰 비용이 들지 않는 경우가 많습니다. 조직 차원에서 적절한 직원 복지에 대한 관심을 보이면 긍정적인 분위기가 강화되게 됩니다. 가치 중심 회사 (예를 들어, 3M, 구글) 또는 미션 기반 조직의 초점은 인간관계와 그 그룹 내의 개별적이고 기술적인 능력에 따라 좌우됩니다. 그러므로 인간관계와 기술 능력의 개발이 중요하다는 것을 분명하게 인식할 필요가 있습니다. 고객과의 관계도 기술 전문 지식과 업무만큼 중요합니다. 이러한 가치가 그룹에 스며들고 안정되기 전까지는 진정한 팀워크를 기대하기는 어렵습니다.

그러나 일부 리더들조차 이러한 개념을 받아들이기 어려워할 수도 있습니다. 그들은 구성원들에게 용기를 북돋아 주고 강화해주는 것이 리더의 역할이라고 생각하지 않습니다. 이러한 상황은 다른 어떤 것보다도 팀 발전을 방해하고, 업무를 분담받은 그룹의 구성원들 역시 일을 처리하는 데 어려움을 겪게 됩니다.

긍정적인 팀 문화를 확립하고 강화하는 것은 리더의 책임입니다.

의료팀은 습관화된 행동 패턴을 바꾸며, 새로운 문화를 적용하고 시행하는 과정에서 분명히 많은 어려움이 있을 수 있습니다. 하지만, 얻는 이득을 생각하면 노력할 만한 가치가 충분히 있습니다. 팀이 개선된 작업 환경의 이점을 파악하기 시작하면 팀 자체가 강화됩니다. 이러한 현상은 직장의 가치, 의료팀 내 결속력과 소속감, 그리고 작은 개인 한 명이 아니라 더욱더 큰 무언가의 일부가 되어 같이 성장할 수있는 보상으로 돌아오게 됩니다. 이러한 의료팀에 들어가게 되면, 대부분의 사람은 상호 관계의 필요성을 존중하고 팀 구성원 각각의 기여를 소중히 여기게 되며 자신도 이러한 팀의 구성원이라는 것에 대한 자부심이 들게 될 것입니다. 또한 안정된 의료팀의 문화는 새로운팀원의 적응을 돕고 업무의 효율성을 증대시킵니다.

팀의 구성 요소

우리는 직무 그룹과 팀의 차이점을 명확히 구분하였습니다. 앞서 언급한 많은 사례와 원칙들이 어떻게 실제로 일상에서 나타나는지 살펴보도록 하겠습니다. 렌시오니(Lencioni)는 자신의 저서[51]인 『The Five

Dysfunctions of a Team(팀의 5가지 역기능)』에서 다음과 같은 잠재적 위험을 극복해야 한다고 언급하였습니다.

- 신뢰의 부재
- 갈등의 두려움
- 헌신 부족
- 책임 회피
- 결과에 대한 무관심

이러한 기본 요소는 팀의 성공을 위해 필수적으로 극복해야 할 사항이며, 한 가지 요소만으로도 팀을 와해시킬 수도 있습니다.[51] 각 기능에 대한 아래 시나리오의 예시를 통해서 이러한 특성을 보다 구체적으로 살펴보도록 하겠습니다. 이 시나리오들을 읽을 때, 자신이 속한 의료팀과 비교하여 생각해 보도록 합니다.

신뢰의 부재

수의사 시나리오 1

ABC 동물병원에서 수의사 이○○는 외과 의사로 병원 대부분의 수술에 대해 관리를 하고 있으며 다른 직원들에 비해 많은 권한을 가지고 있습니다. 하지만, 수의사 이○○는 소극적인 인간관계를 가지고 있으며, 그녀와 다른 배경지식을 가진 내과 수의사들에 대한 많은 선입견과 편견이 있습니다.

비록 진료와 업무 결과는 좋지만, 수의사 이○○는 동물 간호사 직원 중 특정 구성원들에게 내과 전공 수의사들의 권위를 깎아내리는 평가와 농담을 합니다. 이런 사실에 대하여 내과 수의사들이 항의하면, 수의사 이○○는 자신의 편견과 부적절한 행동을 모두 부인한 다음, 자신에게 의문을 제기하는 직원들에게 미묘한 보복 방법을 찾아냅니다.

원장인 수의사 윤○○는 수의사 이○○가 병원 사정을 누구보다 잘 알고 있고 수년간 같이 일해 와서 의지하고 있으며, 수의사 이○○을 잃을 수 없다고 판단하고 있습니다. 몇몇 직원들이 수의사 이○○의 행동에 대해 피해와 어려움이 있다고 말했지만, 원장인 수의사 윤○○는 항상 수의사 이○○을 변호하고 이러한 논의를 계속하고 싶지 않다는 뜻을 내비쳤습니다.

리더가 조직원들의 근무 태만과 조직에 파괴적인 행동을 확인하지 않고 방치하는 경우, 팀의 신뢰는 손상될 수 있습니다.

긍정적이고 생산적인 의료팀에서 구성원들은 습관적으로 서로 존중하고 정직하게 행동합니다. 근본적으로 정서적 차원에서, 직원들은 그들이 업무의 사명과 목표를 달성하기 위해 개별적으로 노력하는 것을 알고 있으며, 서로의 강점과 약점을 이해하고 받아들입니다. 신뢰를 통해 존중과 수용의 분위기가 형성된 경우, 어떤 사람도 완벽하지 않고, 모든 팀원은 사람이기 때문에 가지는 개별적인 취약점을 가진다는 사실을 인정할 수 있는 것입니다. 이러한 환경에서는 팀원들은 그룹을 무너뜨리거나 갈등을 일으키지 않고 좋은 하루하루를 보낼 수 있게 됩니다. 부정적인 태도, 권력 투쟁 또는 지속적인 경쟁과 같은 갈등 요소가 나타날 수도 있지만, 신뢰, 존중 및 공동 책임의 바탕으로 한 의료팀은 이러한 문제가 해결될 수 있는 원만한 방법을 찾고 빠르게 안정감을 되찾을 수 있습니다.

이와 같은 신뢰는 직원 간의 관계가 쌓여서 만들어집니다. 이러한 관계 발전은 병원의 모든 사람이 친구가 되어야 한다는 의미가 아니라, 서로 존중하고 상호 작용하고 업무를 수행하며 서로의 어려움과 도전을 이해해야 한다는 의미로 받아들여야 합니다. 물론, 충돌을 무시하거나 별거 아닌 것처럼 생각할 수 없습니다. 그러나 직원은 자신과 동료 모두 동일한 기준과 규준을 준수하면 이러한 충돌이나 팀에 손해를 끼칠 수 있는 사항들이 원만하게 해결될 것임을 알고 있어야 합니다.

하나의 무리나 팀을 구성하는 사람들에게 아무리 동기 부여하여도 즉시 좋은 의료팀으로 바뀌지 않는다고 거듭 강조하고 싶습니다. '사촌이 땅을 사면 배가 아프다.'라는 속담처럼, 자신에게 아무런 이득이나 손해가 없지만 가까운 사람이 잘 되는 것을 기뻐해 주지 않고 오히려 시기 질투할 수도 있습니다. 우리나라의 교육 체제에서, 우리는 어린 시절부터 다른 사람들이 뛰어난 성적을 거두거나 보상받으면 경쟁자로 생각하도록 교육받은 부분이 없지 않습니다. 오랫동안 일을 같이하는 그룹 내에서 서로의 성취에 대한 원망이나 시기 질투로 인해 서로의 업무를 방해하는 관계가 될 수도 있습니다. 이러한 방향으로 관계가 발전하는 것을 막기 위해서는 의료진 내의 리더가 이러한 장애를 사전에 무력화하거나 억제하기 위한 팀 내규나 기준을 마련함으로써 이러한 문제를 관리하고 보완해 나가야 합니다.

다음은 '팀의 규율(The Discipline of Teams)'[52]에서, 지시하는 몇 가지 기준입니다.

- 출석(근무일 및 회의)
- 적절한 개입
- 불합리한 규범(성우(聖牛, sacred cows))[(2)]이 없음
- 건설적인 비판
- 기밀 유지(민감한 팀 문제는 그룹 외부에서 논의하지 않음)
- 행동 지향(팀의 목적은 행동하고 결과를 산출하는 것)

직무 집단의 형태로 일해 온 구성원들을 보다 효과적이고 상호 협력적인 의료팀 모델로 변화시키려면 리더는 이러한 기준이 현재의 실무에 어떠한 변화를 이끌어오는지 구성원들에게 납득시켜야 합니다. 의료팀의 구성원들이 팀 그룹의 비전을 이해하면 다음 단계를 통해 상호 간의 신뢰와 일관성 있는 문화를 발전시킬 수 있습니다. 규범이나 기준들은 팀 회의를 통해 팀이 업무 관계에 적합한 행동 강령과 팀 스

---

(2)   성우(聖牛): 힌두교도들이 암소를 신성한 동물로 존중하는 것과 관련하여) 비판을 넘어서는 것으로 특히 불합리하게 유지되는 아이디어, 관습 또는 제도

스로가 만들려는 업무 환경 유형을 결정하는 것이 가장 좋습니다. 이런 항목들이 대부분 보편적인 사항들이지만, 그들이 일하고 싶은 기준을 세우고 생활하는 것은 팀 구성원들의 개성과 합의에 달려 있습니다.

조금 더 제안하면 리더는 위험 감수 및 창의성 장려, 실패 또는 실수 처리 관계 및 개성 증진, 쾌활한 태도 도모를 권장합니다43. 리더로서 모든 회의와 병원 구성원 간의 상호 작용에서 상호 존중과 열린 토론, 협력적 행동이 기대된다는 점을 그룹의 각 구성원에게 상기시켜 규격화된 회의 분위기를 잡는 것이 중요합니다.

이러한 기준들은 팀의 근무 환경 발전의 발판을 마련합니다. 그룹의 각 구성원은 이 기준과 규율을 선택하는 데 참여하고 채택에 동의해야 합니다. 신입 사원이 채용되면 팀 규범이나 기준에 대한 오리엔테이션과 근무 환경에 대한 기대치가 어떤지 확인하고 교육하는 시간을 포함하여야 합니다. 가능하다면 교육 및 훈련 전담 직원이 지정되어 있는 것이 좋습니다. 만약 이러한 분위기가 유지되고 정착된다면, 신입사원들은 자신이 받아들여야 하는 팀 문화와 행동 양식에 빠르게 적응할 수 있습니다.

갈등의 공포

H 동물의료원은 4년 전에 개원한 이후로 일정한 매출을 올렸습니다. 두 명의 창립 수의사인 김○○ 수의사와 손○○ 수의사는 함께 같은 수의과대학에 다녔고, H 동물의료원의 공동 원장으로 좋은 의료팀을 가진 제대로 된 병원을 만들기 위해 열심히 일했습니다. 하지만 두 원장은 왜 병원이 일정 성과 이상으로 올라가지 못하는지 이해할 수가 없었습니다.

두 원장은 청렴하고 강한 직업윤리를 가진 사람들을 고용하는 데 많은 노력을 기울였고, 동물의료원에 일하기 위한 기본 교육 및 훈련을 하였습니다. 하지만 그들이 인식하지 못한 것은 동물 간호사나 행정 직원의 작업 방식이 매우 다르다는 것이었습니다. 수의사 김○○ 원장은 약속 시간을 잘 지켜야 한다고 생각하며 동물 간호사들에게 고객 교육과 전화 답신, 문자 메시지 등을 많이 하게 합니다.

수의사 손○○ 원장은 고객과의 대화를 즐기며 이러한 모든 업무를 직접 수행하는 것을 선호하기 때문에 종종 일정에 늦어지게 됩니다. 수의사 김○○ 원장의 수의간호사들은 종종 손 원장의 늦어지는 스케줄을 만회하기 위해 노력하였고, 이것은 안내데스크 직원들과 분란을 만드는 요인이 되기도 하였습니다.

손○○ 원장의 그룹이 지속해서 늦어지고 이로 인해 예약과 진료 시간이 맞지 않아서 안내데스크 직원과 김○○ 원장의 수의간호사들은 손○○ 원장의 그룹을 미묘하게 깎아내림으로써 그들의 불만을 표현하며 갈등을 야기하였습니다. 김○○ 원장과 손○○ 원장이 좋은 친구 사이라는 것을 모두가 알고 있고 이러한 차이점에 대해 이야기하는 것을 싫어하기 때문에 직원회의에서 이런 문제가 있다고 말하는 사람은 아무도 없습니다.

리더와 의료팀원(동물보건사) 간의 충돌은 무조건 좋지 않고 시간 낭비라고 생각하기 때문에 일부 희생을 치르더라도 이를 회피하는 경우가 많습니다. 이러한 인식은 큰 계산 착오입니다. 함께 일하는 그룹 내의 사람들 관계에서 갈등은 정상적입니다. 이는 어느 정도 항상 존재하기 때문에 핵심은 갈등을 없애는 것이 아니라 관리하는 것입니다. 다시 말하지만, 이것은 일정한 기술과 용기가 필요합니다. 생산적이고 전문적인 방법으로 문제를 해결하는 방법을 배우지 않았기 때문에 사람들은 갈등을 피하려고만 합니다. 확실한 것은 짚고 넘어가야 하고, 갈등을 피한다고 해서 근본적인 좌절이나 불만이 사라지는 것은 아니라는 것입니다. 부정적인 감정은 여러 잘못된 기능을 일으키며 빠르게 퍼져나갑니다.

조직에 관한 연구들과 컨설턴트 데이터에 따르면 팀 내에서 자체적으로 결근, 집단에 해로운 행동(험담, 왕따 등), 생산성 손실, 고객과의 관계 불량, 세부 작업에 대한 부주의, 팀의 모든 구성원에 대한 감정적 고통 등을 포함하는 직장 내 분노와 갈등을 효과적으로 처리할 수 없기 때문에 관리자 및 컨설턴트 회사에 큰 비용을 지불하고 있다고 합니다.[53] 갈등은 방치한다고 해도 사라지지 않습니다. 이는 종종 업무 환경과 비즈니스 환경에 점점 퍼지고 집단을 와해합니다.

직장 내 갈등에 대한 잠재적 결과는 갈등 스펙트럼으로 설명할 수 있습니다. 스펙트럼의 한쪽 끝에는 전혀 충돌이 없는 인위적인 조화가 있고, 다른 쪽에는 나쁜 마음에서 비롯되는 인신공격이 있습니다. 이 스펙트럼의 정확한 중간에는 갈등이 어느 방향으로 가느냐에 따라 생산적인 것에서 파괴적인 것으로 가는 선이 있습니다.52 대부분의 사람은 갈등으로부터 피하고 싶기 때문에 대부분의 조직은 스펙트럼의 조화 끝에 더 가깝게 있는 것처럼 보이지만, 실제로는 단지 겉으로 표현되고 있지 않은 것일 수도 있습니다. 이 연구52에서는 팀들이 개방적이고 건설적인 갈등을 겪고 그들의 차이점이나 어려움을 생산적인 방법으로 전달하는 스펙트럼의 중간 부분에 머물도록 하는 것이 좋다고 하였습니다. 이러한 기술과 건설적인 갈등에 관여하는 용기 있는 팀은 팀 규준과 가치에 대한 신뢰와 믿음이 발전되고 강화될 수 있습니다.

갈등은 비효율적인 의사소통, 가치의 차이 또는 성격의 차이로 인해 발생합니다. 갈등을 일으키는 요인을 최소화할 수 있게 팀의 규정이나 기준을 정하고, 해결책이나 보완 사항을 반영하고, 서로의 차이를 더 잘 이해할 수 있는 환경을 만든다면 팀의 숨겨진 갈등을 표면화시켜 해결할 수 있으며 조직의 비전과 사명을 지속해서 유지할 수 있는 원동력을 가지게 됩니다.

팀 구성원들이 충돌을 해결하는 데 주저하거나 방치한다면, 병원의 리더나 관리자는 정중하고 일관성 있게 대처해야 합니다. 갈등이 확인된 팀원들과 함께 앉아서, 구성원의 각자가 상대방을 먼저 이해하고, 상대방의 이해를 끌어내도록 노력해야 합니다.

분쟁 해결 모델

갈등 해소 과정에서 갈등의 당사자들이 갈등을 해결하기 위해서 가장 중요하게 해야 할 것은 구두 설명, 적극적인 경청, 관점과 인식의 정확한 반성, 대면 토론 형식입니다. 문제의 심각성 또는 직원의 정서적 변동성에 따라 이러한 단계를 수행하기 위해 중재자 또는 조력자가 참석해야 할 수도 있습니다.

갈등이 있는 직원이 감정적으로 안정된 상태(화가 가라앉은 상태나 차분한 상태)에서 개별적인 중립 공간에서 만날 수 있도록 해야 합니다. 신뢰할 수 있는 리더 또는 그룹 구성원이 있으면 갈등이 있는 직원이 감정을 확인하고 스스로 어떠한 상태인지 확인하는 데 종종 도움을 줄 수 있습니다. 각 직원은 문제에 대한 자신의 관점을 정리할 수 있도록 정해진 시간(예를 들어 대략 5분가량)이 주어져야 합니다. 이 기간에 다른 직원은 청취자 또는 결정권자의 임무를 수행하고 설명 및 공개 질문을 통해 팀 구성원의 입장을 더 잘 이해하려고 노력해야 합니다. 청취자는 다른 구성원들을 이해한 부분에 대해 간략하게 이야기하고 또 자신의 관점을 설명하며 상호 간에 이해의 폭을 넓혀갑니다. 청취자의 발언 중에는 발언자가 청취자 역할을 하게 되어 구성원 간의 갈등이 해결되어 갑니다.

이 행동 과정은 직원들이 본인의 입장만을 옹호하는 것을 멈추고 서로의 관점을 고려할 수 있도록 해줍니다. 이 방법 자체로 충돌이 감소하고 갈등이 해결될 수 있습니다. 적어도 이 과정에서 당사자는 듣고 이해할 기회를 가지게 됩니다. 그런 다음 중재자는 직원들에게 새로운 이해를 바탕으로 갈등에 대한 해결책을 제안하도록 요청할 수 있습니다. 갈등에 대한 해결책이나 합의점이 확인되면, 새로운 해결책을 일정 기간 시도해 보고, 추후 해결 방법을 다시 검토할 기회를 가지도록 합니다. 합의점이 도출되지 않은 경우, 직원들은 다시 논의하기 전에 팀 구성원들의 존엄성을 보장하기 위해 기본 원칙을 규정으로 만들어 놓을 수도 있습니다. 이 과정은 갈등이나 충돌을 해결 또는 중재하는데 충분한 횟수를 반복하여 진행하도록 합니다.

일단 서로의 입장이 이해되었다면 팀원들은 공통된 원인을 찾아 공동 해결 방안을 모색해야 해야 합니다. 실행 계획을 만들어 팀의 구성원이 책임감을 느끼고 따라 주어야 합니다.[54]

팀원들이 징계 조치를 받는다면, 징계받은 이유는 갈등 자체가 아니라 갈등을 해결하거나 이해하려 협조하지 않아서라는 사실을 이해시키도록 해야 합니다.

사명감의 부족(결핍)

대부분의 조직이 업무 적용에 있어 경계와 업무 분담의 명확성이 부족해서 팀으로 운영하는 방식으로부터 도움을 얻기 어렵다고 하였습니다.[45] 팀이 서로를 신뢰하고, 존중하기 시작하고, 갈등의 성공적인 해결을 위해 노력하면, 팀의 존재 이유와 목적에 맞게 업무가 지속적으로 유지 가능한 습관으로써 자리 잡게 됩니다.

앞서 동물병원의 임무는 '환자, 고객, 팀, 우리 자신의 삶의 질을 향상하는 데 중점을 두는 곳'과 같은 맥락일 수 있습니다. 이러한 목표를 가지고 업무를 시작하지만, 시간이 지날수록 개인들은 같은 상태로 유지되기 힘들며 새로운 변화가 찾아오게 됩니다. 리더는 팀의 변화가 모든 사업적 측면을 따라서 지속해서 이루어지기 때문에 이러한 변화가 관리·조절되어야 한다는 것을 팀의 구성원들이 이해할 수 있도록 도와주어야 합니다. 또한, 팀과 업무에 영향을 미치는 결정은 반드시 합의될 필요는 없지만, 팀 구성원들이 공감할 수 있는 근거를 토대로 진행되어야 하고 리더는 팀에 이바지하여 공동의 목표를 향해 나아갈 때 각 구성원이 느끼는 바를 잘 알고 있어야 합니다.

수의사 시나리오 3

B 동물병원은 24시간의 진료를 하면서 '당신이 필요할 때 있어 주는 동물병원'이라는 비전을 가지고 광고하였습니다. 수의사 문○○ 원장은 모든 신입 직원들에게 일하기 시작할 때, 이것이 동물병원의 목표라고 말해주었기 때문에 병원 구성원들은 이 사실을 알고 있습니다. 심지어 이 광고 문구는 모든 고객이 보는 대기실에 걸려 있습니다.

B 동물병원의 직원들 대부분이 어린 자녀가 있어서 매일 오후 7시까지는 퇴근하기를 바랐습니다. 진료 시간이 '오전 7시 30분에서 오후 7시 30분까지'라고 쓰여 있지만, 직원들은 오후 6시 45분에 사람들을 돌려보내기로 서로 의견을 모았습니다. 그들은 심지어 일찍 문을 잠그고 응답 서비스로 전화를 돌렸습니다.

문○○ 원장은 이런 일이 반복되는 것을 우연한 기회를 통해 알게 되었고 직원들에게 왜 그렇게 한 것이냐고 물었습니다. 직원들은 병원에는 안 좋은 일이라는 것을 알고 있었지만, 그들의 가정을 우선시했다고 말하였습니다. 일부 직원들은 문○○ 원장에게도 어린 자식이 있어서 그들을 이해해 줄 거로 생각했다고 했습니다.

리더는 토론할 때, 주요 문제를 먼저 소개하고 팀 구성원에게는 반응하고 대답할 기회를 주어야 합니다. 구성원들은 서로의 말을 끝까지 경청해야 하며, 토론 중간에 분위기가 가라앉을 때나 정리가 필요할 때 리더는 팀 미팅 내내 했던 포인트를 구간별로 정리하는 시간을 가져서 서로의 발언에 오해가 없도록 요약하고 정리할 수 있도록 도와주어야 합니다. 이 과정마다 리더는 그룹의 구성원들에게 그들의 의견 제시에 감사하며, 그들의 의견을 주의 깊게 들었음을 확인합니다. 그러고 나서 의견들을 검토하고 의견을 뒷받침할 근거를 충분한 설명한 뒤, 함께 결정을 공유하도록 합니다. 그런 다음 팀원들에게 결정한 내용에 대해 실천할 것을 공개적으로 약속받고, 공동 의견으로 결정이 이루어졌음을 다시 한번 확인 시키도록 합니다. 여기서 중요한 것은 생산적인 팀의 구성원들은 일단 어떤 문제가 탐색하고, 논의되고, 결정이 내려지면, 공동 결과를 중심으로 뭉칠 수 있다는 점입니다. 이렇게 하면 구성원들의 팀에 대한 헌신적인 노력도 보장됩니다.

책임의 회피

수의사 홍○○ 원장은 전문적으로 보이기 위해 병원에 있는 모든 직원에게 색깔별로 가운을 제공했습니다. 모든 사람이 그 가운을 받고 즐거워 보였고, 진료 시간 동안 가운을 입는 것에 동의했습니다. 동물 간호사 제일 선임인 문○○은 규칙을 싫어하는 자유로운 영혼입니다. 비록 그녀는 병원 유니폼에 대해 불만족스러웠지만, 홍○○ 원장으로부터 나머지 직원들에게 좋은 본보기를 보여주기 위해 가운을 착용해 달라는 부탁을 받았습니다. 문○○ 간호사는 그렇게 하겠다고 동의했지만, 일주일에도 여러 번 가운을 "잊어버렸어요."라고 말하고 다른 가운을 입었습니다. 홍○○ 원장은 이것이 문○○ 간호사가 일부러 가운을 입지 않기 위해서 거짓말을 하고 있다고 생각했습니다. 하지만 문○○ 간호사는 자기 일을 잘 해내고 있고, 그녀에게 싫은 소리를 하고 싶지 않았습니다. 문○○ 간호사는 본인을 따라 다른 직원들도 가운을 점차 입고 있지 않다는 것을 알게 되었지만, 속 좁아 보일 거 같아서 다른 직원들에게는 아무 말도 하지 않았습니다.

책임감은 '팀원들이 그룹의 성과 기준에 부합하지 않을 때 서로를 상기시키는 의지'라고 정의할 수 있습니다.[45] 의료팀에서 책임감은 기본적인 필수 요소입니다. 책임감은 업무일 또는 업무 결과를 넘어 팀 목표, 사명 및 합의된 규칙과 관련된 대인 관계 행동을 모두 포함하여 팀원의 전반적인 행동 영역으로 퍼져나가게 됩니다. 일단 팀이 기준을 설정하고 이를 이상적인 문화라고 정의하면, 이는 모든 작업의 결과와 대인 관계 행동을 측정하는 기준이 됩니다. 평가할 때, 이러한 지수를 절대 흑백논리로 사용해서는 안 되며 무례한 행동을 정당화하기 위해서 사용해서는 안 됩니다. 이 지수들은 단지 모든 팀원이 서로를 이해하고, 지지하기 위해 따라야 하는 큰 틀과 지침을 제공할 뿐입니다. 이러한 규율이 그룹을 이상적으로 만드는 적절한 수단이라고 생각되기 위해서는 리더가 모범을 보여주고 팀원들이 이를 따라 하게 해야 합니다. 사람들은 아무리 건설적이고 정중한 방식이라 할지라도 서로 대립하기를 주저하기 때문에 팀 내에 이런 시스템을 달성하고 유지하는 것은 어려운 일입니다. 더구나 이미 긍정적인 방향성을 가진 팀에서는 더 어려울 수 있는데, 왜냐하면 구성원들은 이러한 대립이 불화를 일으키는 것과 같다고 생각하기 때문입니다. 리더는 책임감을 가지고 그룹이 옳은 길로 가고, 업무 목표를 향해 나아가 궁극적으로 임무를 수행하는 데 있어 갈등이 아닌 조화를 일으키는 역할이라는 점을 팀에게 이해시켜야 합니다. 개인의 행동이나 생산성이 합의된 수준을 충족시키지 못하는 경우, 서로를 존중하는 분위기 속에서 건설적인 피드백을 하는 것은 매우 바람직합니다. 피드백은 자기반성을 하고, 필요한 경우 잘못된 길로 들어선 것을 수정할 수 있는 기회를 제공합니다. 이러한 종류의 피드백은 가능한 빨리 제공하면 수용과 성공 가능성이 커지게 됩니다.

결과에 대한 무관심

C 동물 의료원은 새해 시작부터 직원 전체 회의를 열어, 이듬해 새로운 진료소 설립 계획을 직원들에게 알렸습니다. 의사들은 모든 직원이 새 건물에 예상되는 추가 비용을 충당하기 위해 앞으로 몇 달 동안 가능한 비용을 절약하고 지출을 줄이는데 협력해 달라고 말하였습니다. 팀 전체가 열광적인 반응을 보이며 돈을 절약하는 것을 돕겠다고 다짐했습니다. 모든 사람은 다가올 변화에 대해 들뜬 채 회의는 끝났습니다.

6개월 후, 병원의 리더인 원장들은 재무 보고서를 검토하면서, 추가 장비에 대한 몇 가지 새로운 지출, 세탁 비용의 증가, 그리고 대기실의 반려동물용품 전시를 위한 새로운 선반 비용 등이 발생한 것을 알게 되었습니다. 왜 이런 지출이 추가로 들었는지 화가 나서 직원들에게 물었고, 직원들은 모두 자신들의 특정 지출을 정당화할 수 있는 타당한 이유를 가지고 있었습니다. 직원들은 원장들이 화가 났다는 것을 알고 놀랐습니다. 비록 병원이 그해에 비용적인 면에서 큰 차이가 나지 않았지만 노력하고 있었고, 추가 지출로 많지 않아서 아무도 지장도 없었을뿐더러, 이로 인해 직원들의 각 업무 생활이 더 편해졌기 때문입니다.

일단 팀이 신뢰의 분위기가 조성되어 각 구성원들이 갈등을 해결하기 위한 이해에 도달하고 팀의 목표와 규범에 충실하며 리더가 팀의 복지에 책임을 지게 되면, 이 팀은 실무의 결실과 결과가 이상적일 가능성이 큽니다. 각 의료팀이 생각하는 최종 목표에 대해, 팀이 이루는 중간 산물들은 팀 전체가 북극성과 같은 길잡이 역할의 리더를 따라 구성원 모두가 올바른 방향으로 나아가고 있음을 의미해주는 이정표와 같습니다.

대부분의 진료 결과의 문제점은 파악하기 어렵거나 너무 복잡한 결과로 이어지거나 의료팀과 모니터링하지 않고 공유하지 않기 때문에 발생합니다. 자신의 목표를 설정했지만, 목표를 달성할 수 있는지를 확인하지 않은 운동선수를 상상해봅니다. 또는 같은 운동선수가 자신의 훈련 목표에 체중 감량, 주식 시장 상승, 좋은 배우자와의 결혼이라는 목표를 추가하는 것을 상상해봅니다. 분명히, 이 젊은 선수의 마음에는 어떤 목표를 먼저 다루어야 하는지에 대해 많은 스트레스와 혼란이 있을 것입니다. 진료 설정에서는 한 두 개의 간단하고 구체적이며 도달할 수 있는 목표를 설정하고 매달 이를 평가하는 것이 바람직합니다. 이러한 목표가 달성되어 의료팀 일상에 스며들면, 새로운 목표가 도입되고 설정될 수 있습니다. 지도자는 한 번에 최대 두 가지 목표만을 설정하도록 권장됩니다.[51] 첫 번째는 고객 만족, 매출 증대, 일정 흐름 등과 같은 팀의 몇 가지 목표를 다루어야 합니다. 두 번째는 개선이 필요한 팀의 환경 변화 또는 건설적인 분위기 조성을 목표로 가져야 합니다.

구성원은 이러한 팀 목표의 예상 결과를 명확하게 이해하고 서로의 성과에 대해 책임을 져야 합니다. 팀의 성과를 명확하게 파악할 수 있도록 결과를 자주 표시하거나 토론해야 합니다.[51] 이것을 스포츠 경기에서 득점판에 비유할 수 있습니다. 팀의 모든 구성원은 항상 무엇을 목표로 하고 있는지 알고, 결과를 계속해서 알고 있어야 합니다. 팀의 관점에서 눈에 띄는 득점판 또는 검증할 수 있는 결과를 유지하면 동기 부여가 높아지고 팀의 노력이 강화됩니다.

도전

모든 연구 데이터가 의학 또는 수의학에서 우수한 팀의 중요성을 강조하고 있음에도 불구하고, 이러한 방식으로 기능하도록 훈련된 의료팀을 보기가 왜 그렇게 드물까요? 간단한 답변은 시간과 돈 때문입니다. 이 장에 설명된 사명감, 가치 및 대인관계 규준의 명확성을 확립하려면, 생산적인 업무 시간 또는 직원 및 수의사의 개인 시간을 따로 투자해야 하므로 쉽지 않습니다. 미국 의학 협회 저널 〈The Journal of the American Medical Association〉의 보고서[55]에 따르면, 1차 진료팀의 개발과 유지 관리에 대한 장벽은 '햄스터 의료 관리'라고 합니다. 이 비유는 햄스터가 쳇바퀴를 온종일 돌리듯이 바쁜 의료 전문가들이 계획이나 성찰에 소비할 수 있는 시간을 당장 눈앞의 더 긴급한 일상 업무에 양보한다는 의미입니다. 매일 많은 사례의 의료 행위가 진행되어 겉으로는 제대로 작동해 보이지만 실제로 제대로 운영되는 팀을 만드는 데는 가장 큰 적입니다. 스티븐 코베이(Stephen Covey)[38]는 이 햄스터 같은 팀의 문제를 극복하는 데 도움이 되는 지혜를 다시 제공합니다. 그는 우리에게 우선순위를 정하지 않고 방향이나 목적지에 주의를 기울이지 않고서 그저 열심히 앞만 보고 달렸을 때 느끼는 허무함을 인식해야 한다고 했습니다. 수의학에서 우선순위를 매기는 것은 팀 훈련과 개발에 시간과 돈을 할당하는 것을 의미합니다. 실제 진료와 같은 업무를 완수하는 것도 중요하지만 모든 구성원이 참석하여 팀 업무에 집중하는 주간 및 월간 회의는 진료를 위한 현명한 투자입니다.

행동에 착수하기

수의학 진료에서 팀워크의 중요성을 부정하는 사람은 없을 것입니다. 높은 능력을 갖춘 의료팀(수의사, 동물보건사, 직원)은 더 뛰어나고, 더 효율적인 진료를 할 수 있으며 수익률을 개선할 수 있으며, 개별적인 직장의 업무의 질과 만족도를 높일 수 있습니다. 의료팀과 해당 리더가 이러한 기술, 기본적인 태도, 그리고 적성을 개발하고 지원할 수 있는 회의 및 훈련 시간을 따로 만들어야 합니다. 일정을 잡기 어렵고 비용이 많이 들지만, 지속적인 팀 회의가 필수적입니다. 중요한 대화를 하고 갈등을 해결하며, 업무 방향을 수정할 수 있는 시간과 장소를 보장해야 합니다

좋은 팀 문화는 가장 어려운 임상 환경에서도 실현될 수 있습니다. 이는 팀의 지속적인 유지 관리를 최우선 과제로 삼아야 합니다. 리더가 병원의 임무를 따라갈 수 있고, 공감할 수 있는 구성원을 고용하여야 하고, 이들 모두가 상호 높은 효율성과 의사소통으로 갈등을 최소화할 수 있도록 끊임없이 인내하고 노력해야 합니다.

3장

고객 중심의 대화와 공유 의사 결정을 위한 기술: 고객-수의사의 의사소통

"나는 동물을 좋아하고 수의사가 되고 싶습니다. 하지만 사람들을 상대하고
싶지는 않습니다."

수의대 학생들과 임상 진료 수의사로부터 이러한 이야기를 들어 본
적이 있는 이야기입니다. 그렇지만, 수의사가 사람을 만나지 않고 수의
사 일만을 할 수 있는 것은 소설에나 나올 법한 이야기입니다. 실제
로, 모든 수의 환자에게는 보호자가 있으며 어쩔 수 없이 사람들을 상
대해야 합니다. 따라서 수의사 직업에서 가장 일반적으로 사용하고
필요한 기술 중 하나인 의사소통이 필요합니다.

의사들과 마찬가지로 많은 수의사는 전통적으로 환자의 진단과 치
료를 위한 적절한 의학 지식을 보유하고 적용하는 것이 성공의 유일
한 요구 사항이라고 믿고 있습니다. 그러나 인의학(human medicine)에
서 효과적인 의사소통은 경력 및 고객 만족도 증가뿐만 아니라 임상
의 성공 사례의 증가와도 관련이 있습니다.[16,56-59] 최근의 연구들에서
수의학 분야에서도 의사소통 기술의 중요성이 확인되었고, 새로운 수
의학 졸업생들에게서 의사소통 능력의 부족이 취약점으로 확인되었
습니다.[3,4,42] 의사소통 기술 훈련이 수의학 교과 과정(veterinary medical
curricula)에서 주요 관심사가 아니었다는 것을 고려하면 놀랄 일이 아

닙니다. 하지만 앞서 밝힌 바와 같이 우리나라의 수의과대학은 수의과 대학 교육 인증 위원회와 같이 '의사소통'을 정규 과목으로 편성하기 시작하였습니다.

일반적으로 사람들과 이야기하거나 효과적으로 의사소통하는 능력은 내재된 속성(선천적인 특성, inherent attribute)이라고 생각합니다. 다른 말로 하면 '당신은 가지고 있을 수도 있고 그렇지 않을 수도 있다.'라는 말입니다. 다행스럽게, 인의 연구들에서는-의사소통 기술이 내재적이지 않고, 효과적으로 학습하고 적용할 수 있는 일련의 기술임을 확인하였습니다.[60] 그러나 모든 새로운 기술들과 마찬가지로 개별 기술을 익히려면, 여러 가지 것들을 확인하고, 연습하고, 적용해야 합니다.

효과적으로 의사소통하는 데 필요한 기술을 습득하는 것 외에도 수의사와 고객 간의 관계 본질을 알고 있어야 합니다. 특히, 수의사-고객 관계 내에서 누가 주도권을 보유하고 있는지 확인하는 것이 중요합니다. 예를 들어, 의사 결정 과정(decision-making process)이 공유된 경험인가? 아니면 한쪽에 치우쳐져 있는가? 소통은 고객 중심인가, 수의사 중심인가 아니면 관계 중심인가?

대부분의 수의사는 의사소통의 패턴과 스타일을 만들어 놓습니다. 많은 경우, 이 스타일은 경험과 시행착오를 통해 긍정적 또는 부정적인 역할 모델에 기반들 두고 있습니다. 이 장에서 임상가에게 필요한 고객, 동료, 진료 직원(스텝) 및 다른 사람들과의 상호 작용을 향상하기 위해 채용하고, 적용될 수 있는 기술에 대해 설명을 하고자 합니다.

소통의 역할들

특별한 소통 기술을 논의하기 전에 먼저 고객과 수의사와의 만남의 성격을 살펴보아야 합니다. 관계의 핵심은 무엇일까요? 예를 들어, 수의사가 지배적인 역할을 맡고 있으며, 고객에게 유일한 (단일한) 옵션(선택)을 제공합니까? 수의사는 특정 권장 사항이 없는 정보와 옵션만을 제공합니까? 고객과 상호작용할 때 사용되는 커뮤니케이션 스타일(양식) 또는 역할은 무엇일까요? 각 역할과 관련된 이점과 위험성은 무엇일까요?

인의에서 의사 결정은 세 가지 스타일 또는 역할로 설명합니다. (1) 가부장적(paternalistic) 또는 안내자 (2) 컨설턴트 또는 교사 (3) 공유 또는 협력자.[61] 이들 각각에는 상호 작용 및 정보 처리(information processing)를 위한 4단계가 있습니다. (1) 지식 습득 (2) 언어 구사 (3) 선택사항들의 설명(elucidation) (4) 의사 결정입니다.[62] 각각의 구성 요소는 표1에 요약되어 있습니다.

의사와 수의사는 환자(고객)와 유사한 상호 작용을 하고 있습니다. 예를 들어 역사적으로 의사와 수의사는 보호자의 역할을 수행했습니다. **안내자**(guardian)로서 수의사는 고객이 따르도록 하는 추천사항들을 제시하는 전문가로 여겨지며, 의료 중심적(medical-centered)이라고 할 수 있습니다. 이러한 유형의 상호 작용에는 고객이 무엇을 원하는지, 무엇이 필요한지 또는 필요한 것에 대한 논의가 거의 없습니다. 고객은 이러한 관계 내에서 의사 결정 권력을 공유하지 않기로 결정하여, 관대한 역할을 선호하거나 편안해한다고 여겨집니다. 수의사에게 이 역할의 이점은, 이론적으로는 고객 입장에서 수의사가 가장 잘 판단한다고 생각한다는 점입니다. 고객이 의사결정을 못 하는 것과 관련된 좌절감은 양측 모두에게 최소화됩니다. 그러나 이 역할의 중요한 단점은 의사결정 권한이 공유되지 않기 때문에 치료 결과에 대한 책임도 공유되지 않는다는 것입니다. 즉, 치료 결과가 만족스럽지 않으면 고객은 수의사에게 전적으로 책임을 묻게 될 것입니다.

다른 방법으로, 수의사가 **교육자**(teacher)의 역할을 맡을 수도 있습니다. 선생님으로서, 수의사는 단지 정보와 서비스의 제공할 뿐이라는 것입니다. 의견이나 추천사항들을 제공하지 않고, 고객이 정보를 받아들이게 하고, 제공된 데이터에 따라 결정을 내리게 합니다. 이 관계 상황 및 의사 결정은 전적으로 고객의 책임입니다. 수의사에게 이 역할의 주요 이점은 이러한 결과에 대한 책임이 소유자에게 명확하게 달려 있다는 것입니다. 그러나 선생님 역할의 중요한 단점은 고객이 '옳은' 결정을 선택하지 않을 때 수의사에게 발생할 수 있는 좌절입니다. 즉, 수의사는 특정 치료에 대해 암묵적인 선호도를 가질 수 있지만, 고객은 다른 치료를 선택할 수 있다는 것입니다. 또한, 교육 능력으로만 고객에게 서비스하는 경우, 보호자는 명확하지 않은 출처(인터넷 블로그나 비전문가의 글)로부터 여러 의견을 찾아내어 부정확한 정보들로 무장된 경우가 있어 오히려 의사 결정 과정을 지연시키거나 올바른 결정을 하지 못하게 만들 수도 있습니다. 전적으로, 이것은 환자의 치료에 악영향을 줄 수 있습니다.

세 번째 역할은 **협력자**(collaborator)의 역할입니다. 수의사와 의뢰인 모두에게 최적의 선택으로 생각되는 협력자는 진단 및 치료 옵션에 관한 정보와 교육을 제공하고 전문가의 의견을 노골적으로 제시합니다. 동등하게 중요성을 가진 공동 작업자들은 고객 선호(client prefer-ences), 요구(desire) 및 필요(needs)에 관한 정보를 수집합니다. 고객의 관점이 적극적으로 반영됨으로써 진단, 치료 및 엄격한 규칙 과정(준수 과정, adherence process)에 영향을 미칠 수 있는 장벽을 쉽게 식별하고 협상할 수 있습니다. 협력자가 의사 결정에 고객의 참여를 적극적으로 장려하므로 치료의 파트너십이 형성됩니다. '**관계 중심주의 치료**(relationship-centered)'라고 하는 이 파트너십은 의사결정 책임과 결과에 대한 책임을 공유합니다.[56] 고객은 의사 결정 과정에서 동등한 이해관계자가 됨으로써 수의사는 치료를 위한 실현 가능한 전략을 개발하는 데 더욱 전념합니다. 궁극적으로 공동 의사결정 과정은 제안된 치료 계획에 대한 고객의 준수도(adherence)를 높일 수 있습니다.

인의학의 문헌에서는 '관계 중심'의 상호 작용이 고객과 의사의 만족도를 높이고 환자의 건강 결과를 향상시키며, 실수(과실)와 관련된 요구, 불만 접수를 줄여 주었다고 합니다.[16,57-59] 예를 들어, 레빈슨(Lev-inson) 등은 과실에 대한 청구(클레임 그룹)를 받은 1차 진료 의사와 클레임을 제기한 적이 없는 사람들(클레임 없음 그룹) 간에 아주 큰 의사소통의 차이가 있음을 보고했습니다. 클레임 그룹 의사들과 비교했을 때, 클레임이 없는 의사는 무엇을 예상할 수 있는지와 방문의 흐름에 대한 환자의 교육을 포함한 방향의 제시 빈도수가 많았고, 환자의 의견 청취와 이를 이해했는지 확인하고, 환자가 이야기하도록 독려하는 것과 같은 의사소통 촉진 기법의 사용 빈도도 높았습니다.

[표 3-1. 의사 결정에서 역할]

단계	안내자 Guardian	교육자 Teacher	협력자 Collaborator
지식 습득	모든 정보를 수의사가 제공	고객은 수의사뿐만 아니라 다른 많은 출처로부터 정보를 습득	수의사가 의료 정보를 제공하고, 고객이 고객의 선호도에 따른 정보를 습득
언어적 우위	수의사가 지배하는 대화	수의사가 지배하는 대화	의사 결정권 공유: 수의사와 고객은 대화에서 거의 같은 우위를 가짐
선택 사항들의 설명	일반적으로 수의사가 가장 좋다고 생각하는 선택 사항만 제시	모든 선택사항이 제시되지만, 수의사의 치료 선호도에 가중치가 부여되지 않음	모든 선택사항을 제공, 수의사 및 고객의 선호도 제공
의사 결정	수의사가 주요 의사 결정자	고객이 주요 의사 결정자	고객과 수의사 간의 의사 결정 공유

역사적으로 수의사는 관계 중심의 치료에 회의론적인 관점을 표명해왔습니다. 이러한 상호 작용에는 추가적인 시간이 필요하고, 환자 방문 시간이 길어지며, 바쁜 진료 속도가 느려지는 것으로 생각합니다. 실제로 앞서 언급한 연구에서 클레임이 없는 의사는 방문 시간이 평균 3.3분이 더 길었다고 보고했습니다. 그러나 3.3분을 소송 방어와 관련된 비용과 시간과 비교할 때 시간을 초기 선행 투자하는 것이 오히려 시간을 절약할 수 있다는 결론을 내릴 수 있습니다.[16]

쇼(Shaw)와 동료 연구원은 병원 진료 중에 사용된 수의사-고객-환자의사소통 패턴을 조사했습니다.[63] 이 연구에서는 두 가지 의사소통 유형, 즉 생물 의학과 생물-생활방식이 확인되었습니다. 상호 작용에 대한 보호자(guardian) 접근법을 반영한 생체 의학 스타일이 58%의 방문에서 사용되었고, 관계 중심적(relationship-centered) 또는 생물 생활방식-사회적(biolifestyle-social) 접근법이 42% 사용되었습니다.

직관적으로 수의사가 특정 의사소통 양식을 선호하고, 그것을 우선으로 사용한다는 가설을 세울 수도 있지만 쇼(Shaw) 연구 결과는 대다수 수의사가 종종 두 가지 스타일을 모두 사용한다는 것을 보여 주었습니다. 각 수의사의 6회의 비디오 인터뷰를 평가할 때, 46%의 수의사가 생물 의학(biomedical) 패턴을 주로 사용했고, 38%는 혼합된 의사소통 패턴을 (3회의 인터뷰는 주로 생물 의학적이었고, 3회의 인터뷰는 생물생활방식-사회적이 주요하게 사용됨) 16%는 주로 생물 생활 방식-사회적 패턴을 사용했습니다.[64]

방문 유형(예 웰빙-건강 vs 의료 문제)이 의사소통 패턴과 밀접한 관련이 있었습니다. 특히, 건강 관련 방문 예약 중 69%에서 생물 생활방식-사회적 패턴이 사용되었지만, 의학적 문제와 관련한 방문에서는 85%에서 생물-의학적 패턴을 사용했습니다. 관련된 유형의 의사소통 스타일과 성별의 상관관계도 확인되었습니다. 참가자가 같은 성별을 가졌을 때 의사소통 패턴은 보다 생물 생활방식-사회적 성향을 지니게 되었습니다. 그렇지만 이성이라면, 자연스럽게 더욱 생물-의학적으로 평가되었습니다.

클레임이 있는 의사 vs 클레임이 없는 의사에 관련해 앞에서 인용한 것과 다르게 쇼(Shaw) 등은 생물 의학적 패턴 방문이 생체 생활방식-사회적 패턴을 사용하는 것보다 시간이 더 길었다고[63] 보고했습니다.

관계 위주의 치료가 이상적이라고 믿는 것이 합리적이지만, 의사소통 패턴은 환자, 수의사, 방문의 성격 및 진료 설정과 관련된 여러 요소의 영향을 받는다는 사실을 인식하는 것이 중요합니다. 고객과 관련된 요인에는 연령, 성별 및 교육 배경이 포함될 수 있습니다. 노인들은 자신이 익숙하게 성장한 모델이기 때문에 더 많은 생물-의학적 또는 보호자 기반의 관계를 선호할 수 있습니다. 방문의 성격이 의사소통의 패턴에도 영향을 미치기도 합니다. 예를 들어, 응급 방문 시 보호자 또는 생물 의학적 의사소통 방식을 채택하는 것이 초기에는 더 적절할 수 있습니다.

미국 가정에서 의사 결정을 위한 대중의 선호에 대한 인구 기반 연구의 결과를 보고[62]에 따르면, 응답자의 96%는 선택권을 제공 받고 의견을 청취하기를 원했습니다. 그러나 44%는 의사가 의료 정보만 제공하기를 원했고, 52%는 의사가 치료에 관한 최종 결정을 내리는 것을 선호한다고 답했습니다.[62] 따라서 수의사는 자신의 구체적인 의사결정을 적용하기 위해 고객의 개인 선호도를 이해할 필요가 있습니다.

수의사를 위한 4-E 모델의사소통과 핵심 커뮤니케이션 기술

1994년 켈러(Keller)와 카롤(Carroll)은 의사와 환자 간의 의사소통을 위한 4-E 모델을 발표했습니다.[65] 이것은 참여 유도(Engage), 공감

(Empathies), 교육(Education), 협력(Enlist)의 단어 앞 글자 'E' 4개를 의미합니다.

완벽한 임상 진료를 위한 이 모델(그림 3-1)은 환자 인터뷰에서 필요한 생물의학 과제와 환자와의 성공적인 상호작용을 달성하는 데 필요한 의사소통 단계를 모아 놓았습니다. 이 모델은 상호작용에 성공하기 위해 숙달할 필요가 있는 네 가지 커뮤니케이션 작업(task)을 제시합니다. 이 모델을 다음 단락에서 수의학-고객 상호작용(veterinary-client interactions)으로 변경될 수 있습니다.[66]

[그림 3-1. 완전한 임상적 관리]

참여 유도(Engagement)

고객 인터뷰에서의 첫 번째 의사소통 목표는 참여 유도입니다. 참여는 정보 교환을 쉽게 하기 위해 고객과 연결하는 과정입니다. 고객을 참여시키기 위해 수의사는 인터뷰에서 개개인의 환자가 독특하고 가치 있는 관점을 가지고 있음을 인정하고 받아들여야 합니다. 보호자는 그들의 반려동물에 관해서는 전문가이고, 수의사가 알 수 없는 반려동물과의 관계와 정보가 있습니다.

수의사는 질병의 진단 및 치료 분야에서는 전문가이지만, 두 가지 지식 베이스를 합치는 것이 계획의 잠재적 효과를 극대화하는 데 필요합니다. 이를 위해, 보호자와 파트너십을 맺으려는 시도가 있어야 합니다. 이것은 가벼운 인사와 고객에 대한 관심의 표현으로 인터뷰를(상담을) 시작함으로써 가능합니다. 예를 들어 "○○○ 씨(보호자 또는 환자의 이름과 관련), 좋은 아침입니다. 제 이름은 XXX 수의사입니다. 오늘 어떻습니까?"라고 말하는 이 개인적인 관계 형성은 환자를 편안하게 하고 적절한 치료법을 계획하는 데 중요한 대화와 정보 교환을 쉽게 합니다. 개방형 질문(open-end question)과 사려 깊은 청취(reflective listening) 기술과 같은 유형의 의사소통 기술을 통하여 쉽게 정보 교환을 하는 것이 좋습니다.[50,67]

수의사의 유도(leading)나 지시 없이 개방형 질문을 통해, 고객이 자신의 이야기를 할 수 있습니다. 개방형 질문의 예는 상자 3-1에 나와 있습니다. '언제', '무엇', '어디서'와 같은 질문은 관련 정보와 데이터를 유도하는 데 도움이 될 수 있습니다. 그렇지만, '왜?'를 사용하는 질문은 피해야 하며, 이러한 유형의 질문은 문제점에 대한 죄책감이나 책임을 내포할 수 있으므로 고객을 방어적인 대응 상태로 만들 수 있습니다. 고객이 개방형 질문에 대해 답변할지라도, 그들의 반응을 방해하거나 가로채면 인터뷰 과정을 망칠 수 있음을 기억해야 합니다. 대신, 수의사는 조용한 존재감을 유지하고 머리 끄덕임과 눈 마주침을 유지하는 것과 같은 적절한 비언어적 몸짓을 사용하는 것에 집중해야 합니다.

사려 깊은 청취(reflective listening)는 고객이 공유한 정보를 검토하기 위해 요약, 바꾸어 말하기, 또는 가설을 사용하여 수의사가 고객의 이야기를 들을 수 있는 기술입니다. 사려 깊은 청취는 고객이 더 많은 정보를 추가하고, 이야기가 불명확할 수 있는 지점을 명확히 하며, 오해를 교정할 수 있도록 해줍니다. 아마도 가장 중요한 것은 고객과의 의사소통으로 그/그녀의 관점이 인정받고, 가치 있게 여겨지고 있으며, 그들에 귀 기울이고 있음을 강조한다는 것입니다. 사려 깊은 청취의 대표적인 사례는 상자 3-1에 포함되어 있습니다.

상자 3-1
▶ **개방형 질문**   • 깨궁이에 대해 말해주세요.   • 깨꿍이에게 무슨 일이 일어나고 있는지 알려주세요. 다음에 무슨 일이 있었습니까?   • 어떻게 된 거죠?   • 깨꿍이에게 무엇이 잘못되었다고 생각하십니까?   • 그 문제에 대해 더 알려주세요.

> ▶ **숙고적 경청형 표현**(Reflective listening statements)
>
> • 이 파행이 약 한 달 동안 계속되고 시간이 지남에 따라 악화되는 것처럼 들립니다.
>
> • 이게 맞는지 보겠습니다. 지난주 동안 매 식사 후에 구토가 발생 했습니까?
>
> • 3주 동안 하루에 두 번 재활 운동을 하고 있습니다. 다리를 저는 것이 개선되지 않은 것 같나요?
>
> • 당신은 치료가 효과가 없다고 생각하나요? 깨꿍이의 식욕이 개선되지 않았기 때문에 걱정할 것으로 생각 됩니다. 그런가요?
>
> ▶ **공감적인 표현**
>
> • 당신은 오늘 깨꿍이에 대해 매우 염려하는 것 같습니다.
>
> • 이 문제에 점점 더 좌절감을 느끼는 것처럼 보입니다. 누구든지 이번 시간이 어렵다는 것을 알게 될 것입니다. 반려동물과 함께하는 것이 너무 힘듭니다.

공감, 감정 이입(Empathy)

켈러(Keller)와 캐롤(Carroll)[65]이 제시한 모델의 두 번째 의사소통 기술은 공감입니다. 공감은 다른 감정, 가치 및 경험에 대한 적극적인 관심과 호기심의 표현입니다.[68] 공감은 고객의 관점과 우려를 보고, 듣고, 받아들임으로써 고객이 경험할 수 있는 것과 같은 경험에 대한 감사를 나타냅니다. 공감 진술의 예는 상자 3-1에 포함되어 있습니다.

고객의 경험을 인정하는 몇 가지 방법이 있습니다. 하나는 비-비판적 반응(Non-judgmental response)입니다. 이것은 "어려운 결정이며 옳고, 그른 대답은 없습니다."와 같은 문구를 사용하여 표현할 수 있습니다. 또 다른 기술로는 고객의 경험을 정상화하는 것(Normalization)입니다. "이 결정으로 고민하는 것은 완전히 정상적입니다.", "이 응급 상황은 대부분의 사람이 경계(인식)하지 못했습니다.", 적절한 자기 공개(Self-disclosure)는 보호자의 믿음을 받기 위한 또 다른 방법입니다. 자기 공개에는 "나도 암에 걸린 애완동물이 있었고 나에게도 어려운 과정이었다."와 같은 이야기를 포함할 수 있습니다.

수의사 대부분이 의사(인의)가 자신에게 공감해주는 것을 감사해하지만, 많은 수의사는 자신의 고객에게 '공감'하는 것을 불편해 한다는 연구 결과가 있습니다. 실제로, 수의사와 고객 간의 의사소통에 관한 연구에서 공감 표현은 단지 약 7%의 상담에서 나타났습니다.[63]

수의사들은 감정 이입을 '부드러운 기술(soft skill)' 또는 의학적 인터뷰(상담)의 맥락에서 적용하기에는 '따뜻하고 모호한(warm and fuzzy)' 기법으로 인식합니다. 공감하는 것에 대한 불편함은 그러한 기술이 고객으로부터 강한 감정적 반응을 유도한다는 근본적인 두려움에서 비롯될 수 있습니다. 수의사는 일반적으로 '깨꿍이'에 대해 많이 염려하는 것 같습니다'와 같은 어떤 공감하는 이야기를 한다면, "그 고객이 울기 시작할까? 그러면 나는 무엇을 하지? 난 어떻게 반응해야 하는 거지?" 같은 염려를 합니다. 이러한 유형의 응답에 접근하는 한 가지 방법은 먼저 유사한 상황에서 어떻게 대처해야 하는지를 먼저 생각해 보는 것입니다. 당신에게 가장 적합한 답변은 무엇일까요? 그런 상황에서 다른 사람들이 어떤 사항을 선호할까요? 사실, 사람들의 필요는 다양하며, 최선의 대응은 침묵으로 채우고 강요되거나 판단하지 않고 단순히 듣고 있는 것일 수 있습니다.

상담을 통해 수의사는 고객의 요구에 주의를 기울여야 하고 고객의 자본 투입을 독려해야 합니다. 두 개인의 관점에서 의사의 일정을 확인하는 것이 중요합니다. 고객이 궁극적으로 현재 방문 중에 달성하고자 하는 것에 대해 물어보는 것이 합리적입니다. (예 "오늘 방문을 통해 무엇을 해결하기를 바라고 있나요?") 고객의 의제(agenda)를 확인한 후, 수의사는 고객에게 자신의 의제 목록을 제공해야 합니다. 따라서 방문 일정에 대한 최종 의제는 상호 합의된 목표와 우선순위에 따라 협상 되어야 합니다. 고객과의 만남을 통해서는 적절한 비언어적 몸짓(단서)을 제공하고, 고객의 비언어적 의사소통을 읽어야 합니다. 비언어적 의사소통에 대한 자세한 내용은 다음 장 '수의학 진료에서 비언어적 소통' 또는 카슨(Carson)의 『Nonverbal Communication in Veterinary Practice(수의학 임상에서의 비언어적 의사소통)』이라는 책을 참조하시기 바랍니다.[69]

교육(Education)

면담 과정의 교육 부분에는 의학적 사실, 의견 및 치료의 선택사항 제공이 포함됩니다. 여기에는 문제에 대한 고객의 기대를 평가하고, 고객이 가질 수 있는 질문에 대한 답변을 제공하고(고객이 명확하게 전달했는지와 관계없이), 방문에서 논의된 내용에 대해 고객을 이해시켜야 합니다.

4가지 핵심 의사소통 기술, (1) 개방형 질문(open-ended questions),

(2) 사려 깊은 청취(reflective listening), (3) 공감의 표현(expression of empathy) 및 (4) 비언어적 신호에 주의를 기울이는 것(attention to non-verbal cues)은 고객과의 상호 이해도를 높이는 데 중요합니다. 예를 들어, "제가 지금까지 제공한 정보로 어떻게 하려고 하십니까?", "이것은 매우 짧은 시간 안에 알기에는 많은 정보라는 것을 알고 있습니다."와 같이 자유로운 질문과 공감적 진술을 함께 사용하시길 바랍니다. 그리고 고객이 추가 질문을 하고 더 많은 이해를 얻을 수 있는 상황을 만들어야 합니다.

고객 측에 대한 사려 깊은 청취는 수의사가 고객을 정확하게 이해하는 데 도움을 줍니다. 이러한 유형의 상호 작용은 "보호자뿐만 아니라 깨꿍이를 여러 사람이 걱정하고 있습니다. 지금까지 일어난 모든 것을 이해하는 것은 어려운 일이며, 다른 사람에게 설명하기가 더 어려울 수도 있습니다. 이 점에 대해 보호자 입장에서 저에게 어떤 설명이 더 필요한지 말해 주실 수 있겠습니까? 그러면, 그다음 궁금한 질문에 제가 대답해 드리겠습니다."와 같이 할 수 있다.

이 일련의 진술과 질문에는 공감의 표현이 포함되며, 방문 중에 일어난 일에 대한 이해를 돕도록 고객을 격려합니다. 이러한 유형의 만남 중에서 비언어적인 메시지에 세심한 주의를 기울이는 것이 중요합니다. 첫째, 수의사의 비언어적인 메시지는 일치성이 있어야 합니다. 고객의 비언어적인 단서를 읽고 이해하는 것도 도움이 됩니다. 수의사가 머리를 흔들거나 이마를 휘젓는 몸짓을 표현하면서 고객에게 "적절한 치료를 제공할 수 있습니다."라고 말하는 것은 혼합된 메시지를 보낼 수도 있는데 이것은 치료를 제공하는 수의사의 치료에 대해 자신이 없다는 비언어적인 표현이 혼합된 것입니다. 또한, 수의사가 고객의 언어로 정보를 제공하는 것도 중요합니다. 즉, 수의학 전문 용어를 수의학 전문 분야에서 훈련받지 않은 사람이 이해할 수 있는 용어로 바꾸는 것을 의미합니다. CBC, UA, DJD, IVD 및 BAR과 같은 약어는 수의사에게 평범한 것이지만, 대다수 고객은 쉽게 이해할 수는 없습니다.

협력(Enlistment)

협력 절차는 두 가지 과정이 있습니다. (1) 의사결정과 (2) 준수의 독려[65]. 이 둘의 목표는 결정을 내리고 치료를 수행함에 있어 고객의 책임을 격려하는 것입니다. 의사결정 과정에서 고객의 믿음과 확신을 알아보는 것이 중요합니다.

고객에게 진단을 위한 아이디어나 접근방법에 대한 지원은 치료 순응도 및 치료 결과에서 더 큰 성공을 유도합니다. 예를 들어, 고양이의 부적절한 배뇨가 행동학적 문제로 인한 것이 아니라 감염으로 인한 것임을 믿지 않는 고객이라면, 항생제 치료가 불만족스러울 것입니다. 수의사가 고객의 관점을 파악하기 위해 노력하지 않는다면, 고객은 권장 치료를 실행하기를 원치 않고, 계속해서 고양이는 부적절한 소변을 보기 때문에, 불만을 가진 고객과 실패한 수의사가 될 수 있는 것입니다.

준수도를 유지하기 위해 수의사는 고객을 이해시켜야 합니다. 예를 들어, 요로 감염이 있는 개의 경우, 환자는 재발 및 내성 감염과 같은 불필요한 위험에 처하는 것을 피하기 위해 항생제 치료의 전체 과정을 완료하는 것의 중요성을 이해해야 합니다.

고객의 준수도를 높일 수 있는 단계는 다음과 같습니다. (1) 요법을 간단하게 유지하고, (2) 요법을 명확하고 단순한 용어로 작성하고, (3) 필요한 경우 사진을 제공하고, (4) 치료의 이점에 대한 구체적인 정보를 제공하고, (5) 부적절하게 치료하거나 치료하지 않는 것에 대한 위험성, (6) 부작용에 대한 고객의 받아들일 준비, (7) 상호 동의한 계획에 관해 그들이 인식하는 장애물을 철저히 토론하고, (8) 마지막으로 고객에게 의견을 묻고 계획에 대한 확신을 평가합니다.

요약

고객과의 의사소통을 향상하고자 하는 수의사는 완벽한 모델이 없다는 것을 먼저 알아야 합니다. 각각의 고객은 특정 요구사항이 있는 개별개인으로 간주해야 합니다. 우리가 논의한 핵심 의사소통 기술의 도움으로 수의사의 책임하에 각 고객의 필요를 확인하고 적응시킵니다. 의학 문헌에 대한 연구는 대다수 환자가 관계-중심적 상호작용을 원하고, 이러한 유형의 상호작용이 의사소통의 4-E 모델을 사용하여 효과적으로 다룰 수 있다고 보고 하였습니다.

부록

이 부록에서 다루는 의사소통 기술을 숙달하기 위해서는 실습과 피드백이 필요합니다. 다음 연습은 동료 참가자가 제공한 의견을 바탕으로 위험이 낮은 환경에서 핵심 의사소통 기술을 반복적으로 통합할 수 있도록 고안되었습니다. 이 연습을 시작하기 전에 참가자들은 표 3-1과 상자 3-1을 살펴보도록 합니다.

연습 1

이 연습에서는 참가자를 세 그룹으로 나누도록 합니다. 참가자 A는 면접원, 참가자 B는 면접자, 참가자 C는 관찰자가 됩니다. 이 연습의 목표는 개방형 질문, 반사형 청취 및 공감 표현의 핵심 의사소통 기술을 비업무 관련 대화에 통합하는 것입니다. 인터뷰를 시작하기 전에 인터뷰 담당자는 인터뷰에 대한 두세 가지 구체적인 목표를 설명해야 합니다. 구체적 목표의 예로는 '두 개의 개방형 질문을 사용하고 싶습니다.' 또는 '이 인터뷰 중 한 가지 공감 성명서를 사용합니다.' 이 인터뷰에는 약 5분이 소요되며 즉시 3~5분간의 피드백 시간을 가지도록 합니다.

▶ 참가자 A 면접원(interviewer)

1. 핵심 의사소통 기술을 면접 과정에 통합하기 위한 두 가지 목표

를 설정합니다.

2. 치과 의사(또는 다른 건강 관리 제공자)에 대한 최근 방문에 관해 참가자 B에게 인터뷰합니다.

▶ **참가자 B 면접자**(interviewee)

1. 참가자 A가 질문한 사항에 응답합니다.

▶ **참가자 C 관찰자**(observer)

1. 참가자 A와 참가자 B 간의 상호 작용을 주의 깊게 경청합니다. 참가자 A에게 진료 전에 동의한 목표와 관련된 구체적이고 구체적인 피드백을 제공합니다.

2. 구체적인 예를 따옴표로 적습니다. 예를 들어 "너는 두 가지의 개방형 질문을 사용했어요.", "계속 얘기해보세요."와 같이 구체적인 사실을 확인하는 것이 중요합니다. "좋았어."와 같은 일반화된 설명 피드백은 피합니다.

연습 2

이 연습에서는 이전 연습 1에서 나온 3명의 참가자가 역할을 바꾸어 이제는 수의학 임상 검사실에서 인터뷰를 시행 및 관찰합니다.

참가자 A는 실제 임상 환경에서 실제 수행하는 역할을 수행해야 하는 인터뷰 담당자가 됩니다. 예를 들어, 참가자 A가 수의사인 경우, 접수원의 역할로 면담을 실시 해야 합니다. (예 실제 작업 환경에서 안내원이 고객을 맞이하고 상호 작용을 하도록 합니다. 이후 수의사의 역할을 하도록 합니다.)

참가자 B는 의뢰인이며 오늘 자신의 개를 죽게 했다고 생각하는 수의사에게 파행 검사를 받기 위해 병원에 왔습니다.

참가자 C는 관찰자입니다.

연습 1에서와 같이 사전에 목표를 설정하고 관찰자는 구체적인 피드백을 제공해야 합니다. 이 연습은 각 참가자가 각 역할을 순환하면서 반복할 수 있습니다. 참가자가 실제 역할 내에서 기능하도록 하여 경험이 가능한 한 현실적이고, 이 예행연습의 결과가 작업 환경에 직접 적용될 수 있도록 합니다. 내담자가 어느 정도 반응하거나 화를 내거나 어렵게 함으로써 예행연습이 어려워질 수 있습니다. 인터뷰의 난이도를 높이기 전에 참가자가 과정에 익숙해지도록 주의합니다.

!?@#$%()/<>..

4장

수의학
진료에서의
비언어적 소통

임상 환자와의 의사소통은 대화를 시작하기 전 진료실에 들어서면서 이미 시작됩니다. 코로나 시대를 맞이하면서 많은 회의나 행사들이 비대면으로 이루어지고 있습니다. 비대면으로 정보의 전달은 가능하지만, 마주 보고 이야기할 때보다 감정을 전달하기는 어렵습니다. 메시지는 비언어적 행동이 포함될 때 더 의미 있게 전달되기 때문입니다.

비언어적 의사소통을 통해 사람들은 자신의 감정을 직접 표출하기 전까지 자신의 문제가 무엇인지에 대한 단서를 제공할 수 있습니다. 실제로, 내담자(보호자)의 중요한 메시지는 대부분 비언어적으로 전달되며 특히, 진료실이라는 낯선 환경과 긴장된 상태에서는 이러한 비언어적 의미 전달의 역할이 커집니다. 따라서 수의사는 반려동물의 문제를 다루기 전에 먼저 보호자가 느끼고 있는 감정에 귀 기울일 필요가 있습니다.[70] 비언어적인 소통은 감정과 언어적 표현을 포함하는 매우 중요한 소통 방법입니다. 보호자들은 반려동물에 대한 자신의 감정이 하찮게 여겨지거나 무시될 때 (예를 들어 불만, 화남, 슬픔 등의 감정이 알아차려지지 않을 때) 수의사와 진료에 대해 만족감을 느끼지 못하고 환멸을 느낄 것이며, 특정한 경우 적대적인 감정까지 느낄 수 있습니다.[71] 수의사 대부분은 반려동물의 건강을 생각하고 보호자에게 만족감을 제공하는 진료를 통해, 궁극적으로 보호자와 반려동물의 삶의 질을 올리기 위한 목적을 가지고 있습니다. 하지만 수의사 대부분은 본인의 비언어적인 행동이 보호자들에게 얼마나 큰 영향을 미치는지 알지 못합니다. 우리는 상대방의 비언어적인 행동은 인지하지만, 자신의 행동은 인지하지 못하는 경우가 많아서 상대방의 비언어적 행동에 효과적으로 대처하지 못하고 있습니다. 다행히도 연습과 훈련을 통해 비언어적인 행동을 관찰하고 이에 대해 반응하는 것을 습득할 수 있습니다.

비언어적인 소통은 수의사와 보호자 사이에서 특정 상호작용이 이루어지고 있음을 보여줍니다. 이번 장에서는 반려동물과의 소통보다는 수의사와 보호자 사이의 비언어적 소통에 대해 알아보도록 하겠습니다. 비언어적 소통은 대화 중인 두 사람의 모든 행동학적인 신호, 특이적인 언어 소통, 그리고 소통이 이루어지고 있는 공간이나 환경도 포함합니다. 즉, 우리는 침묵 속에서도 계속해서 소통하고 있는 것입니다. 수의사들이 이러한 미세한 신호에 관찰하고 집중하는 것은 소통을 더욱 긍정적인 방향으로 이끌어갈 수 있게 해줍니다.

대략 70%의 소통은 비언어적으로 일어나며, 30%는 언어적 소통으로 수의사들이 필요한 정보들을 전달하는 데 주로 사용됩니다. 23%가 어조와 관련 7% 정도가 선택적인 정보를 전달하기 위한 대화입니다. 즉, 30%의 소통은 자발적으로 언어를 통해 이루어지므로 의식적으로 조절할 수 있는 부분입니다. 예를 들어, 보호자는 수의사와 이야기를 나눌 때, 제안된 반려동물의 치료 방법과 목적에 언어적으로 동의를 표현할 수 있지만 이런 동의 여부와 상관없이 비언어적 형태로 무의식적인 생각이 전달됩니다. 또한, 반대로, 수의사가 보호자에게 가지는 문제나 감정 역시도 비언어적으로 전달됩니다.

비언어적인 행동에 주의를 기울이는 것은 추가적인 시간이 필요하지 않습니다. 왜냐하면, 비언어적인 행동은 언어와 동시에 전달되며, 비언어적 행동은 전달 과정에서 인식되고 반응될 수 있는 단순한 과정이기 때문입니다. 심리학자 앰베디(Ambad) 등[72]의 연구에 의하면, 사람은 비언어적 행동을 통해 상대방의 감정을 알아차리는 데 아주 짧은 375msec이 걸린다고 밝혀졌습니다. 비언어적 메시지에 대한 빠른 인식 및 판단을 통해 수의사는 어떠한 상황에서도 보호자가 느끼는 감정을 추적할 수 있으며 이에 대해 적절하게 반응할 수 있습니다. 이 방법은 모든 보호자를 대면할 때 유용하지만 특히, 안락사 혹은 비싼 치료 비용이 들어가는 수술이나 항암치료와 같은 어려운 결정이 해야 하는 순간에는 더 중요하게 사용될 수 있습니다. 대부분의 비언어적 소통 관련 연구는 인의학에서 진행되었지만, 수의학 현장에서도 점차 사람 간의 소통을 중요하게 여기고 있기에, 유용하게 활용될 수 있습니다. 의료계에서 환자들이 불만족스럽게 여기는 것은 대부분 치료의 기술적 부분이나 진료의 질적 문제보다는 소통의 문제가 더욱 큽니다. 사실, 의사소통의 부재로 발생한 환자의 불만족은 불평 또는 과실 청구가 되는 가장 일반적인 이유로 밝혀졌습니다.[73] 1980년도에[33] 71명의 내과 레지던트에게 비언어적 감성 인지도(PONS: Profile of Nonverbal Sensitivity) 검사를 했습니다. 이 연구에서 레지던트들의 PONS 점수가 높을수록 환자의 만족도가 더 높다는 결과가 나타났습니다.

많은 비언어적 정보는 매 순간 전달되기 때문에 이를 체계화하고 정리하는 것은 일을 더욱 효율적으로 만들 수 있습니다. 비언어적 정보는 크게 네 가지로 분류될 수 있습니다. 동작학(kinesics), 근접학(prox-emics), 준언어(paralanguage) 그리고 자율적인 움직임(autonomic shifts)입니다. 동작학은 얼굴의 표정, 몸의 긴장도, 시선, 움직임, 접촉, 또는 자세 등을 말합니다. 대부분의 사람은 '비언어적' 행동이라고 할 때 동작학을 생각합니다. 근접학은 보호자와 반려동물 그리고 수의사 사이의 공간 형태를 이야기합니다. 눈높이의 차이, 상대방과의 거리, 서로 바라보는 각도, 물리적 장벽(컴퓨터 모니터, 진료 테이블 혹은 반려동물)이 있습니다.[74,75] 근접학은 세력권, 개인 영역, 보호, 싸움에서의 동맹 등을 조절하는 것을 다루고 있습니다. 준언어는 언어의 '음악'과 유사하다고 할 수 있습니다. 말은 단순히 단어로 이루어진 게 아니라 주로 말 중간의 쉼표, 음정, 속도, 억양, 소리의 크기, 강조 등과 함께 이루어져 있으며, 이는 누군가가 전달하고자 하는 바를 말하는 '어조'입니다. 따듯하고 부드러운 목소리는 보호자의 긴장감을 풀어주고 편안함을 줄 수 있으며, 고민스러운 부분에 대해 좀 더 쉽게 말할 수 있게 해줍니다. 또한, 이러한 어조는 수의사가 설명하는 부분에 대해 보호자(고객)가 좀 더 수용적인 태도로 취하게끔 만들어 줍니다.

아무리 적절한 용어로 상황을 설명해도 매우 빠르게 말하고 있다면 그 수의사는 성급하고, 불안하고, 눈치가 없으며 스스로 확신이 없는 수의사처럼 보일 수 있습니다. 반대로, 적절한 용어를 사용해도 너무 느리게 말한다면 그 수의사는 따분하고 지루하며, 심하면 잘난 체하는 수의사로 보일 수 있습니다. 특히 화가 나 있거나 불안해하거나 슬퍼하는 보호자를 대할 때는 말투와 말의 속도를 조절하는 것은 매우 중요합니다. 예를 들어, 위로하는 말을 전할 때는 부드럽고 살짝 느린

속도로 말을 하면 좋습니다.[71]

네 번째 분류인 자율적 움직임은 자율신경계에 의해 조절되며, 의식적으로 조절하는 능력이 거의 없습니다. 안색은 보통인 경우, 붉어진 경우, 핼쑥해진 경우로 분류할 수 있습니다. 눈의 결막에 반사되는 부분이 보이는 것은 눈물의 초기증상으로 볼 수 있습니다. 손바닥은 땀에 젖어 있을 수 있고 숨이 가슴까지 가득 차 있을 수도 있지만, 배까지 꺼져 있을 수도 있습니다. 그리고 수의사가 하는 말에 숨을 잠시 멈출 수도 있습니다. 자율적 움직임은 주로 그 사람이 외부를 향해 내부에서 느끼는 강렬한 감정들이 표현되는 것입니다.

기본적인 움직임

보호자가 안전함을 느끼는지, 불안함을 느끼는지를 빠르게 판단하는 데 있어서 위의 네 가지 비언어적 행동 분류는 매우 유용합니다. '안전함'이라는 상태는 사람에게 매우 중요합니다.

안전함은 자기방어나 자기 보호 등과 관련된 사람의 기본적인 욕구이며 고객들은 수의사가 자신의 걱정, 고민, 그리고 자신의 나약함 등을 털어놓을 정도로 안전한 사람인지 확인합니다. 자신의 안전이 확인되지 않은 상태에서 보호자는 수의사가 알려주는 정보를 듣거나 반려동물의 문제에 대한 결정을 지어야 할 때, 수의사가 제시하는 방안에 방어적인 태도와 경계심을 보이게 됩니다.

만약 보호자가 안전하다고 느끼지 못할 경우, '안전하지 않다'는 행동을 할 것이며 이는 주로 '**공격-도피**' 반응으로 나타납니다. 이러한 반응을 알아차리기 위해 수의사는 보호자의 비언어적 행동 의 네 가지의 분류인 동작학, 근접학, 준언어, 자율적 움직임에 대해 관찰할 수 있어야 합니다. (표 4-1)

적극성, 차분함, 열려있는 자세 등으로 보호자가 안전하다고 느끼는 것을 알 수 있습니다. 또한, 팔과 다리를 꼬지 않고 편안한 자세를 취하는 것과 얼굴 근육의 안정화 같은 몸의 긴장도가 줄어든 것 등으로도 표현됩니다. 안전하다고 느끼는 보호자들은 더욱더 다양한 행동을 보여줍니다. 보호자들이 안전하다고 느끼면, 걱정거리나 감정을 표출하기가 더욱 쉽기 때문입니다.

안전하지 않다고 느끼는 보호자들은 몸의 긴장도를 높이고 자신의 불안전함에 대응하기 위해 상대방에게 공격적인 자세를 보입니다. 대표적인 비언어적 행동으로는 몸을 앞으로 기울고 턱이 나와 있습니다. 때로는 주먹을 쥐고 있고 속눈썹이 내려와 눈썹을 찡그리고 입은 긴장하고 있는 모습을 나타냅니다. 얼굴이 붉어지며 표정이 변하고, 손은 허리에 얹어 위압적인 자세를 취하며, 목소리가 높아지고 숨이 가빠지는 모습을 보이기도 합니다.

도피는 보호자의 긴장도가 높아질 때 나타나는 특징으로 다른 상태들과는 달리, 비협조적인 태도와 피하려는 태도를 보입니다. 몸을 바깥쪽으로 기대기, 물러서기, 줄어드는 목소리가 여기에 해당하는 태도입니다. 호흡이 얕아지거나 숨을 참아서 숨 쉬는 빈도가 높아지고 낯빛이 하얗게 질릴 수도 있습니다. 도피에 관한 다른 주요 표현들로는 신체적 장벽 쌓기(예 팔이나 다리를 꼼), 눈 피하기, 고개 돌리기, 반려동물을 더욱더 세게 안는 행동 등이 있습니다.

[표 4-1. 비언어적 의사소통, 기본적인 동작]

비언어의 분류	안전함	공격성	도피성
몸과 얼굴 표현 • 몸의 각도 • 팔, 다리 • 몸의 긴장도 • 머리의 위치 • 안면근육	협조적 • 팔과 다리를 꼬지 않음 • 긴장도는 낮음 • 머리는 앞을 보고 중립적임 • 얼굴과 눈썹이 편안함	협조적 • 주먹을 쥐고 있거나 턱을 괴고 있음 • 긴장되어 있음 • 머리는 아래로 향함 • 눈썹을 찡그리고 눈이 찌푸려짐	비협조적 • 팔과 다리를 꼬고 있음 • 경직되어 있음 • 머리를 다른 곳으로 돌림 • 눈이 커짐
심리학적 • 피부(안색) • 호흡	• 정상 • 정상이거나 가슴 깊이 들이쉼	• 붉어짐 • 가슴 깊이 들이쉼 • 숨 쉬는 속도가 빨라짐	• 하얗게 질림 • 얕은 호흡 또는 숨을 멈추고 있음
목소리 • 크기 • 형태	• 정상, 높아짐 • 듣기 좋음	• 높아짐 • 빨라짐(Staccato)	• 낮아짐 • 긴장하고 주저함
공간 • 수평적 거리 • 경계	• 좁아짐 • 낮음	• 좁아짐 • 낮음	• 넓어짐 • 높아짐

비언어적 반응은 하나의 특정한 반응에만 의존하는 것보다 전반적으로 읽어내는 것이 중요합니다. 예를 들어 팔, 다리로 신체적 장벽을 쌓은 보호자는 공격적이기보다 단순히 추워서, 또는 기댈 곳이 없어 서일 수도 있으며, 예의를 지키는 의미로 손을 포개어 놓을 수도 있습니다. 하지만 이 와중에도 편안해 보이거나 적극적인 자세를 보이거나 목소리가 듣기 좋다는 것은 전반적으로 그들이 수의사와의 만남을 안전하다고 생각 중인 것입니다. 몸의 긴장도는 안전함과 불안전함을 판단할 때 매우 중요합니다. 나머지 표현들은 표 4-1을 참고하도록 합니다. 공격성과 도피성이 동시에 나타나는 복합적인 반응도 있습니다. 보호자가 화난 상태이지만 수의사와의 관계를 위태롭게 하는 것에 대해 두려워할 경우가 이에 해당합니다. 이러한 경우 보호자는 얼굴이 붉어지거나 목소리가 커짐과 동시에 팔을 꼬고 고개를 돌리는 행동을 할 수 있습니다.[35]

비언어적 기술

보호자의 상태를 불안전에서 안전으로 바꾸는 것은 중요한 정보를 얻기 위해, 보호자와 반려동물을 안정시키기 위해 매우 중요한 단계입니다. 안전과 안정의 측면에서, 수의사는 보호자들이 자신의 반려동물에게 주인으로서 가지는 애정을 보여주면 결과적으로, 반려동물은 수의사와 보호자 사이에서 촉매로 작용하여 사람 대 사람의 강한 상호작용이 생기도록 도와줍니다.[76] 보호자가 안전하지 않다고 느낄 때 안전하게 느끼도록 만드는 방법을 소개하도록 하겠습니다.

보호자와 소통할 때 언어적 부분과 비언어적 부분이 서로 일치하지 않을 경우, 보호자의 비언어적 부분이 실제 감정을 정확히 드러내며, 협상할 때 그의 행동을 예측할 수 있게 합니다. 수의사는 보호자가 "예"라고 대답하였으나 "아니요"라는 메시지를 주름진 눈썹, 살짝 흔들리는 고개, 흔들리는 목소리, 숨 참음, 밝아지거나 어두워지는 낯빛, 긴장된 근육 등으로 알아차릴 수 있어야 합니다. 즉, 비언어적인 '아니요'의 표시를 알아차리는 것이 중요합니다. 보호자가 말로 동의한다고 하더라도 소통에 있어서 수의사의 임무는 끝난 것이 아닙니다. 언어적인 부분과 비언어적인 부분이 일치하지 않는 것을 정확히 짚고 넘어가지 않는다면 보호자는 본인이 동의한 것에 대해 만족하지 않을 것이며 언어적으로 동의한 것을 정말 시행하게 된다면 불만을 가질 것입니다.

보호자의 복합적인 메시지는 여러 경우에 전달됩니다. 예를 들어, 반려동물의 건강에 원치않는 영향을 끼칠 것 같아서 수의사에게 동의하지 않거나 의문을 가질 경우라든지, 반려동물에게 보장되지 않은 새로운 약물과 식이요법을 시도하는 것에 대한 두려움이나 걱정이 있을 때, 그리고 권유하는 방법에 대한 경제적 비용이 부담될 경우가 있습니다. 또한, 압도되는 분위기나 스트레스가 많이 발생하는 경우에도 전달될 수 있습니다.

보호자의 복합적인 메시지를 알아차릴 방법은 두 가지가 있으며, 이

두 가지를 통해 언어적, 비언어적 부분이 일치하지 않는다면 보호자가 현재 자신의 감정을 직접 표현하지 못하는 중임을 알게 해줍니다.[77] 첫 번째 방법은 인정하는 것입니다. 이는 수의사가 보호자의 두 가지 메시지를 모두 수용한다는 것을 보여줌으로써 가능합니다. 예를 들면, 수의사는 "보호자님이 중성화 수술을 결정하셨더라도, 고민이 있을 것으로 생각합니다. 만약 고민이나 걱정이 있다면 저에게 얘기하셔도 됩니다."라고 말할 수 있습니다. 만일 보호자가 안심하고 동의의 의미로 끄덕인다면, 일치하는 '아니요'는 더는 필요하지 않으며 보호자는 안전하게 수의사와 소통할 수 있는 것입니다.

두 번째 방법은, 수의사가 보호자에게 다른 유사한 경우가 있었음을 인식시켜 주는 것이 입니다. 심장 사상충에 대한 우려를 하는 보호자와의 대화를 통해서 복합적인 메시지를 다루는 방법을 예를 들어 보겠습니다. 수의사가 "어떤 보호자들이 반려견의 심장사상충 약을 처방받는 것에 대해 걱정하는 경우가 있습니다."라고 다른 유사한 경우가 있었음을 보호자에게 인지시킨 후 수의사는 보호자의 비언어적인 표현(고개 끄덕임, 깊이 숨쉬기, 안색, 근육 이완)이 어떤지를 확인합니다. 만일 보호자의 비언어적 신호에 별다른 반응이 없다면 수의사는 추가로 다룰 예시를 들도록 합니다. "다른 보호자께서도 반려견에게 부작용이 일어날까 걱정했습니다." (다시, 수의사는 보호자의 언어적, 비언어적 측면을 살핍니다.) "추가적인 비용에 대해 염려를 하는 경우도 있는데요…"라는 식으로 말하며 제3자의 예시를 언급하며 계속해서 보호자의 고민에 대해 알아볼 수 있습니다. 이 단계에서 보호자는 위에서 언급되었던 예시들에 대해 계속해서 이야기하거나 자신의 또 다른 걱정

거리를 말해도 된다는 확신을 하는 과정 거치게 됩니다.

이것은 일반적으로, 보호자가 반려동물에게 무엇을 적용하고자 결정하는 데 도움을 줄 수 있는 매우 중요한 기술입니다. 하지만 이것은 가끔 중성화 수술, 일반적인 수술, 안락사, 화학요법 등 큰 비용과 감정적인 소모가 필요한 어려운 결정을 내려야 경우에도 사용할 수 있습니다. 보호자의 입장을 좀 더 정확하고 자유롭게 알기 위해서는 "무엇이 최고의 선택인지 알기 힘드시죠?"와 같은 문구로 공감한다는 표현을 추가로 할 수 있습니다. 수의사가 먼저 보호자의 선호와 상관없이 도와주겠다고 명확하게 표현해주면, 중요한 결정을 내리는 것에 대해 어려움을 줄일 수 있을 것입니다.

마지막으로 명심해야 할 것은 수의사도 일치하지 않는 복합적인 메시지를 보낼 수 있다는 것입니다. 종종 보호자에게 신뢰도를 떨어뜨리는 강력한 불일치 메시지를 보낼 수도 있으며 이러한 메시지는 그들과의 관계를 더욱 불안전하게 만듭니다. 예를 들어, 보호자가 망설이는 수술에 동의를 얻기 위해 수의사가 재촉한다면, 그 보호자는 수의사가 수술 절차에 관한 정보를 전부 공개하지 않았다고 생각할 수 있으며, 보호자의 의사 결정에 대해 강압적이라는 인상을 줄 수 있습니다.

공간의 형성

수의사가 물리적인 공간을 배치하고 사용하는 것은 보호자와의 관계를 어떻게 바라보는지 보여줄 수 있습니다. 보호자와 만나는 자리에서 적절한 물리적 공간을 형성하는 것은 수의사의 말에 경청할 수 있게 하고 소통의 질을 높일 수 있습니다. 공간의 요소들로는 다음과 같은 것들이 있습니다.

  (1) 스테이지 만들기: 보호자와 반려동물의 물리적 공간 형성(예) 진료
      실로 오도록 하며, 개인의 소개와 인사를 하는 것 등)
  (2) 상대방과의 거리: 개인의 영역성과 관련
  (3) 수직 눈높이의 차이: 상대방과 힘의 차이와 관련
  (4) 얼굴의 각도: 협력 또는 동반자의 관계와 관련
  (5) 물리적 장벽: 보호 또는 방어와 관련

(1) 스테이지 만들기

스테이지 만들기는 환영한다는 비언어적 메시지를 전달하고자 준비
하는 물리적 측면입니다. 예를 들어, 충분한 주차 공간, 건물 출입의
용이함, 고양이와 개를 분류하여 별도의 출입구를 사용하는 것, 안락
사한 반려동물의 보호자들에 대해서는 다른 출구를 제공해주는 것(살
아있는 반려동물과 함께 기다리는 보호자들과 마주치지 않게 하려고) 등이 있습니
다. 진료를 기다리는 곳은 편안해야 하며 밝아야 하고 반려동물과 함
께 있으며 보호자들끼리 거리를 유지할 수 있을 정도의 공간이 있어야
합니다. 더 나아가 대기 공간에 반려동물의 삶과 죽음에 대한 행복과
슬픔에 관한 시 또는 포스터를 틀에 끼워 걸어 놓을 수도 있습니다.
또한 특별한 반려동물을 기념하는 사진, 명판, 작품 등을 전시해 놓을
수도 있습니다. 게시판에 직원들의 이름과 직책을 나열해 처음 오는
보호자들을 도와 친절과 편의에 대한 메시지를 전할 수 있습니다. 보
호자가 진료실에서 수의사를 만나기 전에, 이미 그들은 접수대 직원들

과 소통하는 등 많은 비언어적 메시지를 전달받았을 것입니다. 진료실에서는 수의사와 상담 또는 진료를 보는 동안 보호자가 편하게 앉아 있을지 서 있을지에 대한 선택이 가능하게 할 수 있습니다.

(2) 상대방과의 거리

공간적 관계에서 두 번째 기술은 대인 거리를 사용하는 것입니다. 앞서 밝힌 바와 같이 근접학(proxemics)이라는 용어는 사람을 대할 때 물리적 공간 사용에 관한 의미를 담고 있습니다. 신체 영역은 사회적 상호작용의 영역을 표시하는 4개의 영역 즉 친밀감, 개인적, 사회적 및 공적 영역을 식별했을 때 확인되었습니다.[78] 우리는 모두 개인 공간이라고 생각하는 영역이 있으며 이 공간이 침해되면 불편함을 느낍니다. (표 4-2)

즉, 수의사가 보호자와 상담할 때 너무 가까운 거리에 있다면 보호자는 자신의 영역을 침해당했다고 느낄 것이며 적당한 거리를 다시 유지하기 위해 추가적인 행동을 할 수 있습니다. 예를 들면 다른 곳을 보며 반려동물들을 수의사와 본인 사이에 두어 물리적인 장벽을 만드는 행동을 하게 됩니다. 의사나 간호사와 같은 전문가들은 종종 직업적 특성으로 인해 환자의 공간을 침범할 수 있습니다. 수의사는 진료 과정 중에 특히, 동물의 신체검사 중 보호자의 도움을 받아야 하므로 이 구역으로 들어가야 하는 경우가 종종 발생합니다.

하지만 반대로 보호자와 너무 멀리 떨어져 있는 것은 적극성을 떨어뜨리며 보호자에게 무관심하다는 의미로 전달될 수 있습니다.

[표 4-2. 사회적 상호작용의 영역을 표시하는 4개의 영역[79]]

분류	물리적 거리	설명
친밀 거리 (intimate distance)	46cm(18in)	이 거리에서는 개인이 서로 접촉할 수 있습니다. 수의사는 보호자의 도움으로 환자를 검사하거나 진료 때문에 이 구역으로 들어가야 하는 몇 안 되는 직업 중 하나입니다.
개인적 거리 (personal distance)	46-122cm (18-4ft)	부드럽거나 적당한 목소리로 사적 대화가 일어날 수 있는 거리입니다. 임상적인 치료 및 절차를 설명하거나 사적인 문제를 이야기하는 의료 환경에서 흔히 사용됩니다.
사회적 거리 (social distance)	122~366cm (4ft~12ft)	비즈니스나 사회적 환경에서 일반적으로 사용되는 거리입니다. 수의사가 반려동물을 진찰하는 동안 보호자가 같은 공간 안에 있을 때 '사회적 거리'를 유지하게 됩니다.
공적 거리 (public distance)	366cm 이상 (12ft)	큰 행사에서 사용되는 거리로 말하는 사람과 듣는 사람이 공간적으로 분리되어 있습니다.

(3) 수직 눈높이의 차이

수직 눈높이의 차이는 공간 형성에 있어서 세 번째 기술입니다. 수의사와 처음 접할 때, 보호자는 스스로 힘이 없고 약하다고 느낍니다. 이것은 그들이 반려동물의 문제에 관해 수의사의 전문성에 의존해야 하기 때문입니다. 당신이 앉거나 서 있는 방식은 당신의 기분이나 태도를 상대방에게 알릴 수 있습니다.[80] 수의사는 보호자와 동등하다고 느끼거나 보호자보다 아래에 위치하는 느낌을 전달하여 보호자의 위축되는 감정을 최소화할 수 있습니다. 앉아 있든 서 있든 몸은 이완되어야 하고 상체는 고객(보호자) 쪽으로 약간 기울어져야 합니다.[81] 자세를 일치시키거나 미러링하는 것은 동의를 나타내고 공감적 교감을 확립하는 데 사용될 수 있습니다. 특정 비언어적 기술을 사용하여 고객에게 효과적으로 진료를 제공할 수 있습니다.

[그림 4-1. 수의사는 수직으로 키 차이를 보이고
보호자와의 가까운 거리로 위치하여 보호자를 압박하고 있습니다.]

그림 4-1에서 수의사는 보호자보다 높은 위치로 서 있으며 반려동물에게만 신경 쓰고 있어 보호자가 모서리에 기대고 있는 것도 모르고 있습니다. 이때 보호자는 위축되고 영역을 침범당하는 기분에 대응하기 위해 반려견을 끌어안고 물리적 장벽으로 사용하고 있습니다.

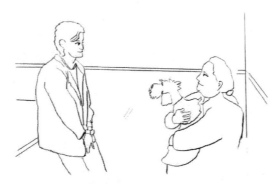

[그림 4-2. 수의사는 보호자와의 키 차이와 거리를 완화하여
개인적 거리를 유지하고 있습니다.]

그림 4-2에서 수의사는 보호자가 비언어적으로 전달하고자 하는 것을 알아차리고 다르게 반응했습니다. 비록 진료실에 앉을 수 있는 의자가 없지만, 그녀는 자세를 더 숙여서 키를 낮추었습니다. 이것은 수의사를 뒤로 물러서게 해서 보호자가 대인 거리를 유지 할 수 있게 하고, 자신의 걱정거리를 더욱 쉽게 말할 수 있도록 합니다. 또한 반려동물도 진료에 참여할 수 있도록 도와줍니다.

[그림 4-3. 보호자를 교육하는 데 있어서 수직의 키 차이는 지배적인 관계를 나타냅니다.]

그림 4-3에서 수의사는 보호자에게 반려동물의 치료 및 진료 계획에 관해 설명하고 있습니다. 보호자들은 정보를 수용하는 데 참여하는 듯 보이지만, 이 자세는 키 차이 때문에 협동적이기보다는 위계적인 상황이며 이 상황에서 보호자들은 질문하거나 우려에 대해 말하기 어렵습니다.

[그림 4-4. 보호자를 교육하는 데 있어서 완화된 수직의 키 차이는 협동적 관계를 나타냅니다.]

그림 4-4에서 수의사는 보호자와 눈높이를 맞추는 것 이상으로, 바닥에 앉아서 설명하고 있으며 이는 보호자들이 질문이나 문제점을 더욱더 쉽게 말할 수 있게 합니다. 이 자세는 반려동물을 포함한 모두를 참여할 수 있게 해주며 보호자와 반려동물이 편안하고 더욱 수용적인 태도로 교육에 참여할 수 있게 해줍니다.

(4) 얼굴의 각도

공간 형성에 있어서 네 번째 기술은 얼굴을 바라보는 각도입니다. 만일 수의사와 보호자가 서로 동의하지 않는 상황에서 반대로 보고 있다면, 그들의 물리적 자세는 서로 대립하는 의견을 의도했던 것보다 더욱 심하게 만들 수 있습니다. 그러나 만약 이 상황에서 보호자가 "네, 하지만…"이라고 언어적 단서를 제공할 때, 수의사가 보호자와 대립하고 있음을 눈치채고 그들은 긴장을 풀기 위해 보호자가 향하는 방향으로 각도를 바꾸면 긴장을 완화할 수 있습니다.

만일 수의사가 보호자와 나란히 서 있다면 의견 차이로 인한 대립이 있음에도 불구하고 서로 협동하려는 것처럼 보일 것입니다. 반려동물 역시도 두 사람의 사이에 있을 경우에 상황을 해결하는 데 도움을 줄 수 있습니다. 반려동물의 존재는 직접적인 마찰에 장벽 역할을 해 대립을 감소시킬 수 있습니다. 더 나아가, 두 사람이 반려동물을 만지고 있다면, 이는 둘 사이에 비언어적으로 반려동물을 통해 연결되어있다는 메시지를 전달합니다.

[그림 4-5. 얼굴의 각도는 보호자의 표현에 영향을 끼칩니다.]

그림 4-5에서 수의사는 동반의 자세로 보호자를 접하고 있으며 이는 보호자가 슬픔을 더욱더 자유롭게 표출할 수 있도록 합니다.

[그림 4-6.]

그림 4-6에서 수의사는 반려동물의 상태에 대한 정보를 보호자와 교환할 때 더욱 적극적인 자세를 취하며 이는 보호자를 더욱더 편하게 만들고 수의사가 전달하고자 하는 정보들에 더욱더 수용적인 태도로 만듭니다.

(5) 물리적 장벽

물리적 장벽은 근접학의 마지막 요소이며 이는 가끔 의도했던 하지 않았던 "당신과 적당한 거리를 만들고 싶습니다."라는 의미를 전달하게 됩니다. 이때 장벽들은 안내데스크, 꼬인 팔과 다리 같은 신체적 표현, 물리적인 진찰대, 상자나 차트, 그리고 가끔 반려동물 그 자체가 될 수 있습니다. 최근 진료실에 컴퓨터를 이용한 전자 차트를 사용함으로 인해서 모니터가 추가적인 장벽의 역할을 할 수도 있습니다. 그림 4-7은 수의사와 보호자 사이의 동물이 어떻게 자신과 동시에 장벽이 될 수 있는지 보여 주고 있습니다. 이러한 경우 수의사가 고양이를 만지며 의사소통의 매개체로 동물을 이용할 수 있고 보호자에게 친근감을 줄 수도 있습니다. 그림 4-8은 컴퓨터가 진료실의 잠재적 장애물이 되는 것을 보여 주고 있습니다. 이러한 상황은 수의사가 키보드와 모니터에 집중하며 보호자에게 무심코 시선을 돌리면서 일어나게 됩니다. 그림 4-9에서 수의사는 모니터와 키보드를 조정해 보호자와 아이컨택을 유지하며, 보호자의 의견을 경청하고 같이 문제를 해결해 나간다는 비언어적 표현을 하고 있습니다.

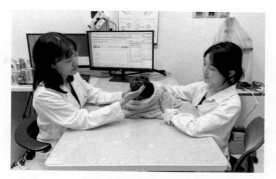

[그림 4-7. 반려동물은 때때로 물리적 장벽이 되기보다
수의사와 보호자 사이의 연결을 도울 수 있습니다.]

[그림 4-8. 물리적 장벽으로 컴퓨터(모니터)는 수의사와 보호자 사이를 차단합니다.]

[그림 4-9. 컴퓨터는 물리적 장벽이 아닌 협동의 요소로 사용되고 있습니다.]

비언어적 관계의 발전

수의사와 보호자가 함께 소통한다는 것은 시각적으로 보이고, 서로의 목소리의 음색과 표현이 맞춰지는 것에서도 알 수 있으며, 몸의 자세와 몸짓이 상대방을 닮아가는 것을 통해 직접 느낄 수 있습니다. 수의사와 보호자가 리듬과 공감을 형성하면 그들은 서로의 세상에 비언어적으로 연결될 수 있으며, 보호자의 경험들이 어땠을지 짐작할 수 있습니다. 이러한 과정을 거쳐 자연스러운 공감이 형성되는 것입니다. 서로의 세상을 비언어적으로 이해하는 보호자와 수의사는 서로를 "이해한다."라는 느낌으로 알아차립니다.

서로를 이해하고 관계를 형성하는 것은 가장 근본적인 비언어적 기술의 목표라고 볼 수 있습니다. 비언어적 요소들은 보호자가 수의사와 공통점을 형성하며 관계를 발전시키는 데 이바지해 자연스레 반려동물에게 필요한 중요한 정보들을 직접 선택할 수 있게 해줍니다. 이를 통해 보호자는 제공되는 치료와 관련된 선택들에 대해 더욱더 포용적으로 받아들일 수 있습니다. 따라서 비언어적인 요소들은 의미를 가지며 고급 정보를 습득하는 데 도움을 줄 수도 있습니다.

비언어적 관계를 발전시키는데 두 가지 방법이 있습니다. 맞추기(matching)와 이끌기(leading)입니다.[77] 맞추기는 보호자가 움직이는 대로 같이 움직여서 보호자의 감정 상태를 반영하는 행동들을 알아가는 방법입니다. 수의사는 보호자가 나타내는 표정, 목소리 크기와 속도, 그리고 몸의 자세와 몸짓에 모두 맞출 수 있습니다. 예를 들어, 팔짱을 끼거나 반려동물로 물리적 장벽을 쌓는 조심스러운 보호자는 닫혀있는 자세를 한 의료진에게 더욱 호의적일 것입니다. 또한, 수의사가 보호자에게 맞출 때 품위를 지켜야 하고 공손해야 하며, 다른 의심을 불러일으키지 않을 정도로만 보호자에게 적당히 맞추는 것이 중요합니다. 그렇지 않으면 보호자는 도움을 받는다는 생각보다는 모방당한다고 생각할 것입니다.

이끌기는 맞추기로 형성된 대인관계의 공통점을 사용하는 것입니다. 이것은 춤과 유사한데, 두 안무가가 춤을 출 때 쉽게 방향을 전환하는 것과 비슷합니다. 맞추기로 맺어진 관계에 있는 사람 중 한 명이 이끄는 행동을 함으로써 상호 간의 반응을 불러일으킬 것입니다. 이끌기는 보호자에게 서두르거나 강압적으로 느끼게 하기보다 수의사의 제안이나 생각에 따라 같이 움직이는 것을 유도합니다. 만일 수의사가 너무 빠르게 또는 적극적으로 이끈다면 관계는 흔들릴 수 있지만 맞추기 단계로 다시 복원될 수 있습니다.

예를 들어, 수의사는 보호자와 같은 속도로 말하거나, 보호자가 중요한 감정을 느낄 때의 표정과 같은 표정으로 말할 수 있습니다. 만일 이러한 감정을 느끼는 와중에 수의사가 반려동물이나 진단서에 손을 뻗어 그곳에 집중한다면, 이는 소통의 상호작용을 방해하여 보호자는 관계가 단절되었으며 도움을 받지 못하고 있다는 느낌을 받을 것입니다. 이 소통의 단절은 의료진이 비언어적 맞추기로 다시 시작해서 손쉽게 복원될 수 있습니다. 더 나아가 보호자나 수의사에게 소통 중에 제안한 새롭거나 예상하지 못한 주제들 역시도 '이끌기'의 일종이라 할 수 있습니다. 예를 들어, 보호자가 예측하지 못한 진단을 내리거나 처방을 제안하는 것은 '이끌기'이며 이는 보호자와 대인관계에 있어서 상호작용하는 것을 도와줍니다.

다양한 보호자들과 비언어적으로 적절히 소통하는 것은 수의사에게 필수적이지는 않으나 꼭 필요한 영역입니다. 이러한 비언어적 소통에 대한 노력은 향상된 의사소통과 보호자의 만족감으로 되돌아옵니다.

보호자의 행동 중 맞추기 어려운 경우가 몇 가지가 있습니다. 한 가지 예로, 화가 난 보호자를 대할 때 언성을 높이지만 음색은 변하지 않게 하는 것입니다. 이는 수의사가 보호자의 강한 감정을 이해하고 있다는 것을 전달할 수 있게 합니다. 역설적으로, 이는 보호자가 높아진 언성과 화난 목소리를 빠르게 무의식적으로 낮출 수 있도록 합니다. 수의사가 활기차고 외향적이라면, 조심스럽고 내성적인 보호자를 대할 때는 융통성이 필요합니다. 이럴 때는 단순하게 자세와 목소리 크기, 그리고 속도를 보호자와 맞추어, 보호자의 소통 방식이 존중되고 수용되고 있음을 보여줄 수 있습니다.

그림 4-10에서 보호자는 자신의 걱정에 관해 이야기하기 시작하지만, 수의사는 보호자와 몇 가지 이유로 소통하지 못하고 있습니다(예 팔짱, 차가운 표정, 뒤로 기댐). 이러한 요소들은 비언어적으로 '관심이 없다'라는 의미를 전달하게 됩니다. 하지만 반려동물의 얼굴에 있는 종양에 관해 이야기가 시작될 때 수의사가 보호자의 걱정에 동조하거

나 반응을 보이면, 보호자는 자신의 감정을 더욱 세밀하게 표현하게 됩니다. 그림 4-11에서 보호자는 자신의 이야기를 하는 중에 자신도 모르게 수의사와 같은 자세를 취하여 수의사와의 공감대를 느끼고 이를 발전시켜 나가길 바라고 있습니다.

[그림 4-10. 비언어적 관계를 보았을 때, 수의사는 보호자와 불일치합니다.]

[그림 4-11. 비언어적 관계의 발전: 수의사와 보호자의 소통은 일치합니다.]

맞추기와 이끌기는 언제나 일어나기 때문에 중요합니다. 수의사가 소통을 체계화하지 않는다면, 보호자와 직원들의 관계로 인해 불필요한 물리적, 감정적 생각이나 기분을 느낄 수 있습니다. 임상의 대부분은 이를 자주 겪습니다. 장기간 우울하거나 불안감이 있는 보호자들은 수의사를 자신과 같이 감정적으로 우울하게 만들 수 있습니다. 이럴 때 수의사는 보호자와의 만나는 것을 싫어하고 자신의 초기 에너지와 긍정적 성향이 축소되게 됩니다. 많은 의료진은 이러한 이유로 부정적 감정에 휩싸인 보호자들과 공감하는 것을 힘들어하고 피합니다. 소통의 단계에는 서로 맞춰가며 공감하는 두 가지가 있다는 것을 기억해야 합니다. 일단 수의사는 보호자의 불안과 우울 또는 소극적인 태도에 대해서 목소리와 자세를 통해 동조하고, 그 후 수의사가 이러한 상태에서 벗어나기 위해 수의사(보호자도 마찬가지)가 관계를 이끈다면 보호자의 부정적 감정 표현을 바꿀 수 있을 것입니다.

예를 들어, 만일 보호자가 머리를 숙이고 작은 목소리를 내며 우울해하거나 위축되어 있다면 수의사 역시 유사한 목소리나 자세를 취할 수 있습니다. 이러한 소통을 계속하다가 수의사는 조금씩 보호자가 머리를 들고 서서히 목소리를 높일 수 있도록 이끌기를 시행합니다. 그러면 보호자는 이에 순응하여 반응할 것이며 소통에 더욱 적극적으로 참여할 것입니다.

요약

비언어적 소통의 기술들을 통해 특정한 행동이 무엇을 나타내는지 항상 확신할 수는 없으므로 '직관적'으로 판단된다고 생각할 수도 있습니다. 비언어적 메시지는 언어적 메시지를 강화하거나 반대로 약화시킬 수도 있습니다. 수의사들은 매일 진료를 보면서 모든 임상 상황에서 적용할 수 있는 소통의 기술을 쌓아 나가야 합니다.

우선 비언어적 행동에 대한 안목을 기르고 보호자가 안전하다고 느끼는지 판단하는 것부터 시작해 보도록 합니다. 보호자가 안전하지 않다고 느낄 때, 한 가지 또는 여러 가지 비언어적 기술을 사용해서 적절히 이루어지는 의사소통은 보호자와 수의사에게 만족감을 주고, 동물의 진료에 있어 보호자가 완전한 동반자가 될 수 있도록 동기부여 해 줄 수 있습니다.

부록

연습문제

비언어적 행동을 의식적으로 알아차리는 데는 처음에는 약간의 연습이 필요합니다. 우선 진료 중에 보호자 몇 명의 목소리 톤과 말하는 속도 및 크기를 알아차리는 연습을 합니다. 그런 다음, 다른 날에는 보호자의 표정 변화를 선택하여 관찰하거나 본인과 보호자가 동물과 함께 방에 있는 방식을 선택합니다. 저는 병원 4층의 재활실로 가는 엘리베이터에서 처음 내원하는 보호자들과 친해지는 연습을 하곤 했습니다. 이것을 빠르게 할 수 있다면, 그것을 바쁜 임상 현장에서도 사용할 수 있을 거라고 확신했습니다. 예를 들어, 식당에서 외식할 때, 다른 테이블에 있는 손님들의 음식에 대한 반응과 음식을 나르는 직원들의 태도를 보면서 병원 밖에서도 비언어적 행동에 대해 관찰하는 연습을 하기도 합니다. 토크쇼나 토론과 같이 대본이 없는 TV 프로그램을 시청하는 것도 비언어적 인식을 높이는 한 방법입니다.

여러분이 비언어적인 행동에 주의를 기울이는 것이 편해지기 시작했다면, 여러분에게 특히, 성가신 보호자와의 상호 작용을 판단하기 시작해보세요. 이때 다음과 같은 것들을 고려해 봐야 합니다. 보호자와 반려동물과의 친밀도는 얼마나 되나요? 보호자가 안전한 상태인가요? 안전하지 않은 상태인가요? 보호자와 나의 사이 공간은 적절한 거리인가요? 나의 목소리는 속도와 음량이 알맞나요?

비언어적인 정확성이 증가함에 따라, 여러분은 자연스럽게 더 많은 보호자를 안전한 상태로 만들기 위해 보호자들과 상호작용하면서 자신의 행동을 바꾸고 싶어 할 것입니다. 그리고 고객의 행동이 방어적인 자세인지, 아니면 개방적이고, 편안한 언어로 변화하는지 확인할 수 있습니다.

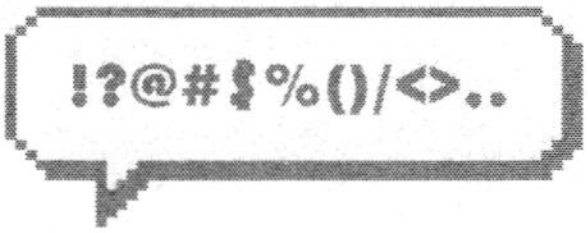

5장

의사소통이
어려운 상태에서
소통하기

> "갑자기 리셉션에서 진료수의사의 진료 거부에 대한 불만 사항이 접수되었
> 다고 연락이 왔고, 보호자가 몹시 화가 난 상황이므로 중재가 필요하다고 했
> 습니다. 우선 보호자를 면담해보니, 질문을 세세하게 했을 뿐인데, 갑자기
> 진료수의사가 진료실을 나가버렸고, 이내 돌아올 것으로 생각해서 기다렸지
> 만 돌아오지 않았고, 이후 보호자가 진료 거부를 당한 것에 자신을 무시한
> 다는 느낌을 받아 몹시 화가 난다고 했습니다. 〈후략〉"

수의사로서 보호자와 직원들과 효율적으로 소통하는 것은 전문적
인 성취감과 성공에 근본이라 할 수 있겠습니다. 평균적으로 의료진
들은 의료 활동 기간 중 10,000명 이상의 보호자를 접하는 것으로 예
측됩니다.[1,67] 분명히 보호자와의 소통 중 몇 가지는 어렵다고 여겨집
니다. 특히, 금액 문제나 안락사와 같은 굉장히 감정적인 문제들이 있
다고 봅니다. 이러한 종류의 소통은 대하기 어려운 보호자를 포함하
는데, 왜냐하면 그들은 과하게 감정적이거나 그들의 행동에 대한 원인
이 밝혀지지 않았기 때문입니다.

어려운 소통의 원인과는 상관없이, 문제는 상호가 표현하는 메시지
를 인지하는 데 있으며, 대화하는 양쪽 사람들의 문제와는 관계가 없
습니다. 본질적으로, 소통이 어렵다고 느껴지는 것은 기대했던 것과
실제 일어난 것이 차이가 있을 때 나타나게 됩니다. 만약 잠시 물러서

서 이를 특별한 주목이 필요한 소통이라고 생각해본다면, 앞서 언급되었던 좋은 소통의 기본적인 요소를 통해 이러한 상황을 해결할 수 있겠습니다. 이 장의 내용은 어려운 소통의 원인에 대해 훑고 어려운 상황들에서 수의사가 어떻게 할 수 있는지에 대한 자세한 소통 기술들을 제공할 것입니다.[1] 이후, 수의사가 이러한 기술들을 숙지할 수 있도록 본문 내용 이후에 연습문제를 통하여 확인하도록 합니다.

수의학 임상에서 어려운 보호자들과의 소통은 피할 수 없습니다. 이 사실은 의료진들뿐만 아니라 관리, 연구에 관련된 수의사들 그리고 수의학이 중요하게 작용하는 수많은 작은 일에도 적용됩니다. 어떠한 수의학 영역이 실행되든 간에 보호자, 직장 동료, 협력자, 직원 등의 다양한 사람들을 만날 것이며 몇몇은 당신 또는 다른 동료들에게 소통이 '어렵다'라고 받아들여질 수 있습니다. 관련된 다른 집단을 탓하는 것은 흔한 일이지만 이 소통은 어려운 집단과의 소통이라는 것을 깨달아야 합니다. 의사소통의 어려움이 보호자에게 있다고 생각되는 진료라도 다른 구성요소(수의사, 동물보건사 등)를 구분 짓는 것이 필요합니다. 오직 보호자만을 어려운 요소로 분류하는 관점은 수의사-보호자 관계를 과도하게 단순화시키는 경향이 있습니다. 이러한 좁은 시야는 수의사와 일상적인 수의학적 임상 일상 주변을 둘러싸고 있는 소통과 관련한 잠재적인 다양한 요소들을 알아차리지 못하고 있는 것과 같습니다. 모든 이야기에는 양면성이 있을 수 있습니다. 좀 더 정확하게 말하면 "어려운 의사소통이 존재할 때는 적어도 두 사람 또는 집단이 상반된 이해관계로 대립하고 있다."라는 것입니다.

이러한 관계에서 소통은 어렵게 시작될 수 있지만 그렇게 계속 유지

될 필요는 없습니다. 소통엔 유연성이 필요하다는 것을 알아차리는 것이 중요합니다. 어떤 계기로 인해서 이것은 바뀔 수 있으며 더욱 긍정적인 소통이 될 수 있습니다. 만일 우리가 소통의 어려움을 한쪽 또는 양쪽의 집단에 내재 돼 있는 속성 보다 개개인의 소통 역할이라고 생각한다면, 더 필요한 것은 관계를 더욱 긍정적으로 만들어 성공적인 결과물이 있을 수 있도록 한쪽 또는 양쪽 집단의 관점을 바꾸는 것입니다.

소통이 어렵다고 생각하는 수의사의 관점은 굉장히 다양합니다. 수의사 각각의 경험과 전문성은 소통이 얼마나 어렵게 다뤄지는지에 중요하게 작용합니다. 처음에 어렵다고 비쳤던 보호자는 어렵게 비쳤던 이유를 이해하고 인정하면 가장 헌신적이고 흥미로운 보호자가 됩니다. 경험과 통찰력은 이러한 소통을 피하거나 둘러 가기보다는 해결하는 것에서 나오게 되는데, 이것은 골수이형성증후군(Myelodysplastic syndromes)과 같은 치료를 처음으로 시도하는 것과 같습니다. 처음에는 이 치료 절차를 정확하고 효율적으로 시행하는데 많은 생각과 집중이 필요합니다. 하지만 이 절차를 매번 시행할 때마다 더욱 숙달될 것입니다. 모든 기술과 마찬가지로, 소통의 능숙함은 정보, 효과적인 훈련, 주기적인 피드백, 그리고 효과적인 훈련에서 오게 됩니다. 아무리 자신을 효과적인 소통을 할 수 있는 사람이라고 생각해도, 더욱더 넓은 범위의 기술을 습득하는 과정에서 발생하는 예상치 못한 상황은 당신의 한계를 쉽게 인지할 수 있게 해줍니다. 보호자와의 원활한 소통을 익힌 수의사라면, 자신을 되돌아봄과 함께 추가적인 연습을 함으로써 어렵다고 여겨지는 소통을 개선하는 데 계획을 세우고 실천할 기회를 만들어야 합니다. 어려운 상황에서 소통하고 반응하는 것을 연습하는 것은 더욱 만족스러운 결과물을 가져올 수 있습니다. 예를 들어 당신이 화난 보호자를 대할 때와 같이 특정 패턴의 반응에 비효율적이라는 것을 찾을 수 있을 것입니다. 과거의 패턴을 인지하고 이를 더욱 효율적인 습관으로 바꾸는 것은 당신과 보호자 사이에 더욱 만족스러운 대면을 유도할 것입니다.

임상 수의학에서 어려운 소통을 유발하는 세 가지 요소는 보호자, 수의사, 환자 문제로 구성되어 있습니다(그림 5-1). 각각의 요소들은 각자의 특성을 가지고, 이들은 상호 작용해 소통을 어렵게 만듭니다. 가장 흔한 어려움은 다음의 세 가지 상황들에서 오게 됩니다.[1]

- 진단이나 치료가 실패한 경우
- 보호자와 수의사가 가지는 기대가 다른 경우
- 유연성이 불충분한 경우

성공에 도달하지 못하는 한 가지 예로는, 바라던 결과물(수의사 또는 보호자의 관점에서 보았을 때)이 성취되지 않았을 경우입니다. 질병이 치료될 수 없거나, 보호자가 치료비용을 감당할 수 없는 경우 등이 있는데, 이는 성공적인 결과물을 가져올 수 있는데 있어서 어떤 이유이든 방해 요소가 됩니다. 어려움의 두 번째 영역은 보호자와 수의사의 기대가 서로 일치하지 않을 때입니다. 예를 들어, 수의사와 보호자가 무엇이 틀렸는지, 무엇이 필요한지, 문제를 해결하는데 누구의 책임이 있는지 등의 생각에서 차이가 나는 것입니다. 세 번째 영역은 양쪽 집단의 유연성이 부족할 때입니다. 이것은 서로의 관점과 상대방이 가져오는 정보에 대한 공감과 이해의 부족에서 옵니다. 앞서 말했듯이, 이러한 소통은 열린 생각, 융통성, 그리고 열정으로 다가가는 것이 좋습니다. 모든 소통에서, 특히 어려운 소통일 때, 네 가지의 소통의 기본적기술(개방형 질문, 성찰적 경청, 공감 그리고 비언어적 소통)을 활용하는 것이 중요합니다. 이러한 영역에 집중하는 것과 이러한 기술들을 사용하는 것은 상황이 어려워지는 것을 방지하고 어려운 상황을 긍정적인 소통으로 바꿀 수 있습니다. 수의사가 스스로 어려운 소통에 있다고 생각할 때 사용될 수 있는 자세한 기술들에 대해 알아보겠습니다.

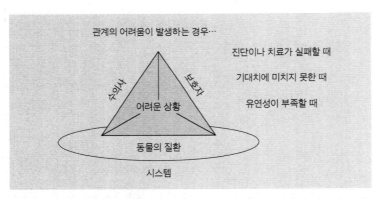

[그림 5-1. 관계의 어려움은 다음 세 가지 요소에서 유래 됩니다. 보호자, 수의사 그리고 환자의 문제. 어려운 소통을 유발할 수 있는 이 세 가지 요소들은 세분화됩니다.]

도전영역: challenge zone

다음의 상황은 수의 임상에서 흔하게 발생할 수 있는 일입니다.

보호자는 당신(수의사)에게 실내/실외에서 생활하는 1살 고양이가 가구를 망가뜨려 발톱을 제거해 달라고 합니다. 당신은 이 고양이가 실외에서 자신을 보호하는 능력을 잃을까 걱정되어 발톱 제거 시술에 대해 반대합니다. 몇 가지 질문 후, 당신은 보호자가 행동학적 교정을 시도하지도 않았다는 사실을 깨달았습니다. 몇 가지 대안 방안을 설명해 보았지만, 보호자는 당신에게 발톱 제거 시술을 시행하라고 하며 화가 난 듯 말합니다. 당신은 보호자의 말투와 목소리 때문에 기분이 상했으며, 보호자에게 평소보다 큰 소리로 말하며 저지하고, 보호자가 당신의 대책과 이유를 이해하게 하려고 반복하고 있는 자신을 발견할 것입니다. 상황이 악화되고, 당신은 보호자가 당신과 싸우고 있다고 느낄 것입니다. 어떻게 하면 보호자를 화나게 하지 않으면서 당신의 요지를 전달할 수 있을까요?

수의 임상에서 보호자 대부분과의 관계는 '편안한 영역(comfort zone)'에서 이루어지게 됩니다. 하지만 보호자와 좋은 관계를 유지하기 위해 더욱 많은 에너지가 필요한 상황들이 있습니다. 이러한 종류의 상황들은 종종 '챌린지 영역(challenge zone)'이라고 불립니다(그림 5-2). 의학에서는, 30%의 내과 환자들과의 관계가 챌린지 영역으로 분류되는 것으로 추정됩니다.[82] 챌린지 영역을 넘어서는 경지는 또 다른 영역으로 '도움 요청 영역(get-help zone)'으로 불리며 이는 더욱 확장된 에너지가 필요합니다. 도움 요청 영역에 대한 것은 본 장의 뒷부분에서 다루게 될 것입니다.

연구에 의하면 성공적인 내과 의사들과 여러 의학 전문가들은 비판, 어려운 환자, 환자의 저항감에 대해 종종 방어적인 태도를 보인다고 합니다.[83] 이것은 대부분의 의학 전문가들이 이러한 상황을 다루는 것에 대해 충분한 훈련을 받지 못했기 때문입니다. 그들은 실패를 경험해보지 못해, 이러한 상황을 객관적인 관점으로 바라볼 수 있는 능력이 없고, 그러므로 자신의 태도를 바꿀 수 없는 것입니다.[84]

결론적으로 당신이 이성을 잃고 상황을 회피하는 것은 큰 문제를 일으킬 수 있습니다. 충분하지 않은 소통과 전문적이지 못한 행동들은 결과가 좋지 않을 경우 당신을 소송으로 몰고 갈 확률을 높일 수 있습니다.[82] 이 상황에서 더욱 중요한 것은, 보호자가 다른 수의사를 찾을 것이고, 당신은 스스로의 직업에 대한 만족감을 잃어버릴 수도 있습니다.

이러한 상황에 대응하기 위해서, '바이엘 동물 보건 커뮤니케이션 프로젝트(Bayer Animal Health Communication Project)'는 연상 기호, ADOBE를 사용해 다섯 가지의 범주의 행동들로 나누어 당신이 어려운 상황을 더욱 효율적인 관계로 바꿀 수 있도록 도울 수 있습니다. (그림 5-2)[82] ADOBE는 다음을 뜻합니다.

- 문제 인정하기(Acknowledge problems)
- 의미 찾기(Discover meaning)

- 공감의 기회(Opportunities for compassion)

- 장벽(Boundaries)

- 시스템 확장(Extend the system)

[그림 5-2. 수의사는 수의사- 보호자 소통과 관련한 대부분의 요소에 대해 안정적입니다.
하지만 그림과 같이 몇 가지 소통들을 어려운 영역에 속하기도 합니다.
연상기호 ADOBE는 적힌 바와 같이 어려운 영역을 다시 적당한 영역으로
소통을 돌려놓는 것을 도울 것입니다.¹]

문제 인정하기(Acknowledge problems)

첫 번째 기술들은 한쪽이나 양쪽에서 **서로 간의 소통이 기대에 도
달하지 않았다는 것을 인정하는 것입니다.** 이 기술 그룹은 네 가지
요소로 구성되어 있습니다. 문제가 존재한다는 인식, 문제의 소재에

대한 평가, 문제 해결을 위한 과제 수용 및 고객과의 파트너십 구축을 위한 조치. 각각의 요소들을 좀 더 깊이 살펴보겠습니다.

인정의 첫 번째 요소는 관계의 어려움이 존재한다는 것을 인지하는 것을 포함합니다. 대부분의 경우, 당신은 당신의 고조된 감정과 내재적 반응이 당신에게 드러날 수 있으므로 무언가가 잘못될 것을 두려워합니다. 하지만 관계에 문제가 있다는 것에 대한 신호를 주는 다른 단서들이 있습니다. 예를 들어, 확인되지 않은 스트레스에 대한 감정을 느끼고 있으며, 명확한 이유 없이 진료를 빨리 끝내고 싶어 한다는 자신을 발견할 수 있습니다.

관계의 상태가 좋지 않다는 또 다른 위협적인 신호는 당신이 아래와 같은 상황으로 보호자와 얘기를 나누는 것입니다. 같은 것을 반복해서 말하고, 종종 언성이 높아집니다. 그리고 서로를 '그런 부류의 사람 중 하나'라고 칭합니다. 『의사-환자 관계를 위한 지능형 환자 안내서: 의사가 귀담아들을 수 있도록 대화하는 방법을 배우기』[85]의 저자이며 소아과의사인 콜쉬와 하딩(Korsch and Harding)은 이것을 'IRS: 방해(interruptions), 반복(repetitions), 고정관념에 박힌 반응(stereotypic responses)'이라고 부릅니다.

만일 당신이 보호자와의 소통을 해결하려면, 시간을 가지고 뒤로 물러서거나 멈추어야 합니다. 필요하다면, 방에서 잠시 나와 왜 이 상황이 당신에게 어려워지는지 곰곰이 생각해 보아야 합니다. 시간이 길어지면서 당신이 지루하고 피곤하다고 느끼는 것이면 그것이 보호자의 무기력함에 대한 단서가 될 수 있습니다. 만약 당신이 제압되고 짜증 난다고 느끼면, 대부분의 경우 보호자도 같게 느낄 것입니다. 이러한 단서들은 당신이 보호자에게 병원 방문 목적이 어떻게 진행되고 있느냐고 다시 한번 상기시키는 단초가 될 수 있습니다. 진행 상황을 다시 한번 인지하는 것이 현 문제를 해결할 수 있는 문제의 요지에 바로 직면할 수 있게 합니다.

어려움을 인정하는 것의 두 번째 요소는 **문제가 어디에 있는지에 대한 평가**입니다. 그림 5-2는 상황의 여러 측면의 상호연결성을 보여줍니다. 첫 번째로, 어떤 측면이 관여하는지 확인하는 것입니다. (수의사, 보호자, 환축, 질병, 상황 속에서의 전체적인 시스템, 여러 측면의 조합) 두 번째로, 실제 문제가 무엇인지 생각하는 것입니다. 결과물이 성공적으로 성취되었는지 알아보는 것입니다. 다시 말해, 보호자의 기대치(그들을 위해서 또는 반려동물을 위해서)나 당신의 기대치가 충족되었는지? 각자가 원하는 기대치가 무엇인지 다시 한번 체크를 하는 것입니다. 복잡한 관리 및 간호, 주사나 특별한 식단 관리 같은 것이 필요하지 않은지의 여부도 확인해야 합니다.

기대치들은 왜 서로 어긋나게 되었을까요? 당신에게 있어 진료 성공의 의미와 보호자에게 있어 치료 성공의 의미가 달라서 문제를 일으키는 것일 수도 있습니다. 당신은 비만 때문에 심각한 관절통을 앓고 있는 개에게 저열량 식단을 처방할 수 있습니다. 하지만 당신의 보호자는 간식과 군것질을 멀리하는 것은 너무 가혹하다고 생각할 수 있습니다. 서로는 질병의 원인과 질병에 대해 어떤 조치가 취해져야 하는지에 대해 같게 이해하고 있는지 확인해봐야 합니다.

세 번째는 임상적 치료의 실질적인 어려움만큼이나 수의사는 보호자와의 관계에 어려움을 느낄 수 있습니다. 당신이 관계의 어려움을 수용한다는 것은, 당신은 이 환축과 보호자를 보살필 것이라고 결정하는 것입니다. 따라서 당신은 관계의 발전과 임상적 치료에 기여하게 되는 것입니다. 당신이 관계 개선의 어려움을 인정하지 않는다면, 당신은 환자를 치료하는데 어떤 선택과 의무를 지지 않게 되는 것이며, 이는 병원에 대해 신뢰도가 높은 보호자의 신뢰를 잃을 수 있는 상황을 발생하게 할 수 있습니다.

네 번째 요소는 당신의 보호자와 효율적인 동맹을 쌓는 것입니다. 이 행동에는 두 가지 측면이 있습니다. 첫 번째 측면은 소통에 있어서 당신 자신의 어려움을 표현하는 것이고 두 번째는 당신의 도움을 권하는 것입니다. 보호자에게 말을 붙임으로써 어려움에 대한 부담을 보호자에게 털어놓는 것입니다. 예를 들어 "저는 어떤 도움을 원하시는지 잘 이해하지 못하겠습니다." 또는 "제가 어떻게 도와야 할지 모르겠습니다. 왜냐하면, 고양이의 발톱을 제거하는 것에 대해 제가 반대한다고 생각하기 때문이죠. 보호자께서 원하시는 것을 진행하기 전에 시술에 대해 충분히 이해하는 것이 중요하다고 생각합니다." 이러한 표현들은 "저는 고양이의 발톱을 단순히 제거하는 것을 원하지 않습니다."와 같은 문구들보다 도움이 됩니다.

문제를 인정하는 다른 방법으로는 **보호자의 고통을 알아차리는 것** 입니다. "원하셨던 데로 진료가 진행되고 있지 않은 듯합니다." 또는 "이것 때문에 저에게 화가 나셨나 봅니다." 그리고는 화해의 말을 건네도록 합니다. 예를 들어 "비록 저희의 시각이 조금 다른 듯해 보이지만, 저희는 보호자님과 함께 생각해보고 싶습니다. 다음 단계를 함께 계획해볼까요?" 어려움에 대한 부담을 먼저 견뎌내는 모습은 보호자의 부담 또한 덜게 해줍니다. 이로써 더욱더 긍정적인 소통을 위해 서로의 생각을 열어 변화에 대해 더욱더 수용적이게 되는 것입니다.

의미 찾기(Discover meaning)

ADOBE 모델의 두 번째 요소는 당신과 보호자의 공통점을 찾는 것과 관련이 있습니다. 보호자를 위한 의미를 찾는 것은 그들이 어떻게 받아들이고, 반려동물의 증상과 질병에 대해 얼마나 정확히 이해하고 있는지 찾아내는 것이 필요합니다. 보호자들은 반려동물의 문제로 방문하기 전에 가끔 미리 생각해 놓거나, 인터넷을 통해 조사를 해보거나, 걱정 또는 자신의 반려동물에 무슨 문제가 있는지 그리고 무엇을 해야 하는지 다른 사람들과 이야기해 보기도 합니다. 보호자에게 무엇이 잘못됐다고 생각하는지 묻기(대부분 "잘 모르겠어요. 그래서 병원을 방문한 이유에요."라고 답한다.)보다 그들이 문제에 대해 무엇을 알고 있는지 또는 그들이 가장 우려하는 것이 무엇인지 물어보는 것이 좋습니다. 당신에게 무엇을 바라는지 물어보는 것도 도움이 됩니다. 비록 당신이 제공할 수 없거나 알고 싶지 않을 수 있지만, 보호자가 무엇을 생각하고 있는지 알고 있다면, 당신의 시각에서 바라보는 것들을 더욱더 수용적으로 설명할 수 있을 것입니다. 예를 들어, 보호자가 자신의 반려견을 위해 MRI를 요구하지만, 이 경우에 있어 MRI는 임상적인 진단에 도움이 되지 않는다고, 수의사가 MRI에 대한 지출을 막았기에 보호자를 위해 좋은 결정을 내렸다고 생각할 수 있습니다. 하지만 보호자는 MRI 촬영을 하지 않았다는 사실에 수의사에게 화를 낼 수 있습니다. 왜냐하면, 보호자는 MRI가 정확한 진단을 보여주리라 생각하기 때문입니다. 이러한 상황에서, 보호자가 왜 MRI가 바람직하다고 생각했는지 알아내고 보호자에게 왜 의학적으로 최상의 선택이 아닌지 설명하는 것이 도움 될 것입니다.

보호자에게 다가가는 것 자체로도 의미가 있을 수 있습니다. 보호자가 직원들에게 무례하고 수의사를 만나기도 전에 화가 나 있는 사례가 있을 수 있습니다. 보호자는 반려견의 암 치료 때문에 방문했습니다. 수의사가 조심스럽게 다가가기 전까지 직원이 무엇을 하던 보호자를 이해하기 힘들 수 있습니다. 하지만 수의사가 다가가서 보호자의 부인이 암으로 2년 전에 세상을 떠났고 그의 반려견이 유사한 진단으로 죽는 것이 견딜 수 없다는 것을 알고 나서는 왜 보호자가 직원들에게 무례하고 화가 나 있는지 알 수가 있습니다.

질병과 증상들이 당신에게 있어서 어떤 의미인지 이해하는 것도 중요합니다. 반려동물의 죽음을 겪어본 보호자에게 있어서, 또 다른 반려동물의 죽음이 임박했을 때에 예상치 못한 감정들이 복합적으로 나타나기도 합니다. 우리는 이에 뒤로 물러서거나 보호자에게 간단하게 보일 수 있는 것을 좀 더 세밀한 정밀검사를 요구하는 등으로 반응할 수 있습니다.

공감의 기회(Opportunities for compassion)

누군가가 어떤 감정을 느끼는지 아는 것은 보호자와 좋은 관계를 형성하는 데 중요합니다. 공감대는 단지 보호자가 반려동물의 질병이나 치료 전적들에 관해 관심을 가지는 것으로 시작할 수 있습니다. 비언어, 그리고 비언어와 언어적 소통 사이의 모순(말로는 수긍하지만, 머리를 젓는다는 것은 '아니요' 또는 거절을 뜻한다) 뒤의 숨겨진 감정을 알아차리는 것은 보호자의 감정에 대해 더욱더 넓은 통찰력을 가져다줍니다. 공포, 화가 남, 그리고 슬픔은 보호자가 자신의 감정을 상대방이 이해했다고 느낄 때까지 반복해서 표출하게 됩니다. 이 모든 것은 보호자가 불안해한다는 것을 암시합니다.

당신은 보호자에게 다음과 같은 방법으로 공감을 표할 수 있습니다.

(1) 상황을 검토하거나 요약하며 그들을 이해하는 것으로 시작해야 합니다. 예를 들어 "당신은 한 시간 후에 일 때문에 가봐야 하지만, 대기실에서 25분 넘게 영문도 모른 채 기다려야 했습니다."

(2) 보호자의 생각과 감정을 헤아려야 합니다. 위의 예에 이어서, "당신이 전화 후 방문했지만, 당신이 방문하기 바로 직전에 저희 쪽에서 응급 진료가 있었음을 알려드리지 못했기 때문에, 기다림에 불만족스럽고 비효율적임에 화가 나실 수 있다고 생각합니다."

(3) 보호자에게 "그러실까요?"라고 말하며 확인해야 합니다.

(4) 생각과 감정을 정당화해야 합니다. "만약 제가 보호자님의 입장이었다면, 저도 똑같이 느꼈을 겁니다. 저도 기다리는 것을 싫어합

니다. 특히 제가 왜 기다려야 하는지 모르는 상황에서 말입니다."

(5) 노력을 인정해야 합니다. "이런 일이 있었다는 사실을 알아주셔서 감사합니다.", "불편하셨겠지만 기다려 주셔서 감사합니다. 덕분에 저희가 다른 응급 동물을 살리는 데 도움이 되었습니다. 감사합니다."

경계(Boundaries)

불안정한 관계를 조정하는 데는 네 가지 종류의 경계가 있습니다.

- 시간: 보호자의 시간과 수의사의 시간
- 역할: 수의사에 대한 보호자의 기대치, 수의사 자신에 대한 기대치, 그리고 보호자에 대한 수의사의 기대치
- 주제: 보호자와 수의사와 나누는 대화의 언어와 주제
- 물리적: 공간적, 거리상 경계

첫째로, **시간**의 요소들에 대해 고려해보겠습니다. 어려운 관계들은 에너지를 더 많이 소비하기 때문에 더 많은 시간이 필요합니다. 만일 가능하다면, 관계를 유지하기 어려운 보호자들을 당신이 여유 있고 상태가 좋을 때 예약을 맞추는 게 좋습니다. 어려운 관계들은 몇 번의 만남을 통해 천천히 발전합니다. 그러므로 한 번의 만남으로 관계

가 발전되기를 바라며, 관계가 어려워졌을 때 자신이 실패했다고 생각하지 않아야 합니다.

또한, 아무도 기다리는 것을 좋아하지 않는다는 것을 아는 것 역시 도움이 됩니다. 보호자가 당신에게 자신의 시간을 소비하고 있다고 생각하는 것을 이해하는 것이 중요합니다. 진료가 늦춰질 것이라고 예상될 경우, 상황을 빠르고 신속히 보호자에게 알려야 합니다. "조금 있다가 진료를 보도록 하겠습니다."라고 말하는 것 대신, 보호자에게 "예정된 시간보다 45분 늦춰질 듯합니다. 기다리시겠습니까? 아니면 예약을 다시 잡으시겠습니까?"라고 질문을 해야 합니다. 기다림이 몇 분 이상 될 경우, 보호자에게 클립보드, 연필, 종이를 주고 수의사에게 묻고 싶은 질문들을 적을 수 있게 하고 유사한 과거의 질문들에 대한 답변을 제공해 주는 것은 유용한 전략일 수 있습니다.

두 번째는 각자의 **역할**에 대한 확실하고 정돈된 경계에 관한 것입니다. 이에 대한 특성들은 전에 언급되었지만, 방문 중에 보호자가 수의사에게 무엇을 바라는지 또는 반려동물에게 수의사가 무얼 할 수 있는지 질문하는 것이 중요합니다. 보호자가 여러 수의사를 만나보았을 경우, 어떤 상황이 보호자에게 가장 잘 맞았는지 물어봐야 합니다. 보호자의 기대가 당신 자신의 기대와 다르다면 어긋난 기대를 바로 잡아야 합니다. 당신의 역할을 설명하고, 당신이 무얼 할 수 있는지 설명하고 무엇이 병원 방문에서 이루어질 수 없는지 설명해야 합니다. 이것은 중요한 쟁점이 될 수 있으며 보호자와 있을 수 있는 많은 어려움을 해결할 수 있는 근원이 될 수 있습니다. (이 중에 쉬운 문제들은 이전에 언급되었던 단순한 소통의 규칙으로 고쳐질 수 있기 때문입니다.) 당신이 보호자에게 바라는 것을 말하는 것도 중요합니다. 당신은 보호자의 반려동물을 치료하는 것에 관심이 있으며 당신이 효율적으로 일하는 데는 보호자의 도움이 필요하다고 반복해 말하는 것이 좋습니다. 이후, 당신이 생각하기에 보호자가 필요로 하는 일들을 반려동물에 대한 정확한 정보들, 명확한 설명에 대해 질문하는 것들, 치료에 대한 선택, 추천, 그리고 변수에 대해 알려줘야 합니다.

세 번째로 고려해야 할 경계로는 **주제**, 즉, 우리가 다루는 내용과 우리가 사용하는 언어입니다. 초반에 당신은 경계를 허물려고 하고, 보호자의 상황에 대해 최대한 많은 것을 알려고 하며, 보호자가 하는 말에 최대한 많이 생각해 동정심이 우러난 이해를 보여주었습니다. 환자의 치료에 중요하다고 생각되는 주제에 관해 얘기하는 것은 중요합니다. 이전의 예시에서 암으로 인해 가족 중 한 명을 잃은 보호자에게 수의사는 "반려동물의 암 치료는 당신의 슬픈 기억을 다시 상기시킬 수 있어요. 당신은 작년에 겪은 일로 반려동물의 치료에 대해 모든 방면에서 걱정하고 있는 게 있는가요?"라고 말할 수 있습니다. 이와 같은 간단한 반성적 진술은 관계적 격차를 해소하고 고객과 수의사 간의 신뢰를 강화하는 데 도움이 될 수 있습니다.

콘텐츠 주변의 경계를 여는 것과 마찬가지로 중요한 것은 콘텐츠 주변의 경계를 닫을 권리를 보유하는 것입니다. 서비스 지향적인 직업에서, 우리는 때때로 그 대가로 예우와 존경을 기대할 권리가 있다는 것을 잊고 있습니다. 만약 보호자가 불경스러운 말을 사용하거나 소리를 지르고 있다면, 당신이 보호자를 도울 수 없다고 고객에게 말하는 것은 전적으로 당신의 권리입니다.

시간을 내서 상황을 고려해보는 것이 유익할 수도 있다고 방에서 나가도 괜찮다고 말을 전하거나, 혹은 만약 고객이 여전히 소리를 지르고 있다면, 그나 그녀에게 진료실을 떠나라고 요구하는 것이 받아들여질 수 있습니다. 하지만 아무도 이런 것을 좋아하지 않고, 이렇게 하는 것이 기분이 상할 수 있습니다. 그러나 당신이 계속 보호자와 관계를 유지하려면 진찰실에서 평온해져야 합니다. 놀랍게도, 고객들은 이것에 대해 불쾌해하지 않고 종종 이 조언에 호의적으로 반응할 수 있습니다. 우리는 몇몇 고객들이 실제로 수의사를 더 존중하여 이러한 경계선을 정하는 것을 더 존중하고 일단 그들이 수용할 수 있는 행동의 한계를 이해하게 되면 이것을 고수하기 위해 상황이 일단락되는 것을 발견할 수 있습니다. 사실, 많은 고객은 욕설이나 욕설이 제기할 때 그들 자신의 행동을 인지하지 못하며 자신의 행동을 즉시 바꿀지도 모릅니다.

마지막 경계는 당신과 보호자 간의 **물리적 거리**입니다. 편안함을 느끼는 데 필요한 공간에 대한 선호도는 개인마다 차이가 있습니다. 만약 당신이 보호자에게 말할 때 보호자가 자세를 주춤하게 뒤로 빼고 있다면, 당신이 고객에게 너무 가깝다는 것을 상기해야 합니다. 눈을 마주칠 수 있을 정도의 거리에 자리하고, 가능하다면 고객의 눈높이를 약간 밑돌도록 합니다.

검사 테이블 또는 테이블 위에 있는 도표나 각종 진료 보조 기구들이 보호자에게 심리적 경계심을 일으킬 수 있습니다. 공감, 따뜻함, 동참을 전달하는 가장 좋은 방법은 동물을 어루만지는 만지는 것입니다. 어깨에 손이 닿거나 고객의 손을 잡는 것이 긍정적 공감을 불러올 수 있기는 하지만, 혹시 보호자가 불편해하지 않는지 세밀하게 관찰할 필요가 있습니다.

시스템 확장(Extend the system): Get-Help 영역

ADOBE의 마지막 기법은 '시스템 확장'이라고 불립니다. 보호자와의 관계에서 참고할 만한 사례를 찾기 어려울 때 다음의 세 가지 질문을 통해 도움을 받을 수 있습니다.

첫째, 어떤 도움이 필요한가?
여기에는 지원, 옹호, 경험, 기술 또는 심지어 가혹 행위 사례에 대한 법적 보고 등의 형태가 포함될 수 있습니다.

둘째, 누가 도울 수 있고, 도울 수 있는 자원은 무엇인가?
잠재적 자원은 가족 구성원이나 친구, 수의사 또는 의료 전문가, 지역사회 지원 서비스, 지역 동물 보호 서비스, 지역 동물 보호소, 목회 서비스, 지역 정신 건강 서비스, 자살 예방 서비스 등 지역, 주 또는 국가 기관에서 얻을 수 있습니다. 지원 목록을 미리 정리하여 필요할 때 쉽게 구할 수 있도록 하는 것이 좋습니다.

셋째, 고객이 도움을 받기 위한 결정에 어떻게 관여하고 있는가?

고객이 도움을 요청할 수 있는 곳은 어디인지, 현재 자문하고 있는 상대는 누구이며, 무엇인지 (액세스하고 있는 리소스는 무엇인지) 이중 어떤 방법을 활용할 것인지 고객에게 우선 확인합니다. (어떤 리소스를 사용할 것인지를 고객에게 물어봅니다.) 고객과의 연락을 지속할 방법을 명확히 하고, 어떻게 진행할 것인지에 대해 합의해야 합니다. 고객과 향후 연락을 취할 계획이 없는 경우, 수의사가 환자 의료에 대한 적절한 후속 조치를 제공할 계획임을 고객이 알고 있는지 확인해야 합니다. 보호자의 수의사를 향한 가혹 행위를 신고해야 할 경우에는 보호자에게 법적 요건과 신고 의향을 알립니다.

위의 질문에 어떻게 대답하느냐는 수의사와 보호자 간의 상호 교감에 따라 결정됩니다. 관계가 진전되고 고객과 수의사의 요구가 모두 충족되면 긍정적인 결과가 뒤따를 가능성이 있습니다. 만약 보호자가 다른 곳에 의뢰하여 치료받는다면, 수의사는 자신이 할 수 있는 모든 것을 시도했음을 보호자에게 알려야 합니다. 그리고 동물, 보호자, 수의사 간의 관계가 종료될 때, 서로에 대한 요구가 가장 잘 만족한다는 것을 받아들여야 합니다. 이것은 실패가 아니라 동물, 보호자, 수의사 모두를 위한 최고의 선택임을 인정해야 합니다.

상황 1. 역할극

당신이 같이 역할극을 하는 사람을 '고객'이라고 여기고 논의합니다. 가능한 한 구체적으로 설명합니다. 동료인 경우 필요에 따라 실제 고객 시나리오를 연상할 수 있습니다. 다양한 주제에 대해 연습하려는 경우 가능한 어려운 상호작용의 몇 가지 예시는 상자 5-1에 나와 있습니다. 기대치가 무엇인지 알기 위해서 커뮤니케이션의 어떤 구체적인 측면을 개선할지 관찰자와 논의합니다. 역할극이 소통 능력의 격차를 충분히 점검할 수 있는 대화를 제공하면서도 당사자의 관심이 떨어지는 반복되지 않도록 3~5분 정도의 시간제한을 두도록 합니다. 이제, 이 시나리오에서 어떤 특정한 어려움을 겪을지 스스로 말합니다. 그리고 어려운 상호작용을 긍정적인 상호작용으로 변화시키기 위해 사용할 몇 가지 단어들을 연습(머릿속으로나 큰소리로)합니다. 처음에는 어색하게 웃기게 보일지 모르지만, 마치 여러분이 상호작용하고 있는 진짜 고객인 것처럼 행동하도록 하여야 합니다. 왜냐하면, 이러한 단계를 연습하는 것이 여러분의 의사소통 능력의 일부가 되게 하는 가장 좋은 방법이기 때문입니다. 3분에서 5분간의 상호 작용을 완료한 후, 더 길게는 아니더라도 충분한 시간 동안 보고해야 합니다. 디브리핑(debriefing)은 진행되었는지에 대한 피드백을 얻고 제공하는 시간입니다. 대화의 어떤 부분이 잘 되었는지 또는 어떤 부분에서 개선되었을 수 있었는지 세 사람 모두 참여해서 이야기할 수 있습니다. 관찰자는 이러한 상황에서 '수의사'의 구체적인 목표를 알고 있으므로 대화를 먼저 시작할 수 있습니다. 한 번 디브리핑을 완료하고 유사한 고객 또는 새로운 고객 유형으로 역할을 전환합니다. 각 사람이 수의사, 고객, 관찰자가 될 기회를 가질 수 있도록 반복합니다.

상황 2

상자 5-1의 예를 사용하거나 자신만의 사례를 개발하면, 이제 특별히 어려운 고객 시나리오에서 의사소통할 때 특정 문구를 사용하여 적어도 한 명 이상의 다른 사람과 연습할 수 있습니다. 간략하게 작성된 서면 시나리오에 대한 설명 및 고객이 말할 수 있는 실제 단어를 포함합니다. 종이를 가진 첫 번째 사람은 마치 자신이 수의사인 것처럼 쓰고 수의사가 사용하는 정확한 단어를 써야 합니다. 문제를 인식하고 어려운 상호 작용의 의미를 파악합니다. 그런 다음에 다음 사람에게 용지가 전달되고, 다음 사람은 고객이 위의 공간에서 수의사가 작성한 내용에 대해 응답하기 위해 사용할 것으로 예상하는 단어를 사용하여 그 아래에서 응답합니다. 이제, 종이를 다음 사람에게 건네 줍니다. (두 사람만 이 연습을 하고 있다면 첫 번째 사람이 될 수도 있다.) 그리고 수의사로서 반응합니다. 모든 사용자가 적어도 한 번 이상 의사소통을 할 수 있을 때까지 이 프로세스를 여러 차례 계속합니다. 다음 누군가 합의된 고객 시나리오에 기초하여 작성된 단어를 소리 내어 읽어야 합니다. 전체 커뮤니케이션을 읽은 후, 이전 연습에서 했던 것처럼 중지하고 보고합니다. 모든 사람은 자신이 잘했다고 생각하는 것과 개선할 수 있다고 생각하는 것을 말할 기회를 가져야 합니다. 이러한 유형의 상호 작용에 대한 대화가 이 토론에서 자유롭게 흘러나오도록 해야 합니다.

6장

수의 임상에서 진료 비용 청구하기: 왜 돈에 대하여 이야기해야 하는가?

고객들은 동물과의 관계를 유지하기 위해 수의 의료 서비스를 찾습니다. 수의사는 동물을 치료하면서 보호자의 만족도를 높일 수 있으며 이러한 경제활동을 통해 필요한 자원을 창출하는 직업입니다.

수의사로서, 우리는 우리의 의료 서비스에 대한 공정한 경제적 가치를 인정받아야 하며 이를 통해 직원들에 대한 적절한 지원, 새로운 의료 기술에 대한 투자, 수의사의 전문 역량 유지 등을 이뤄낸다는 것을 명심해야 합니다. 이러한 과정을 통해 더 나은 양질의 환자 진료를 제공하게 되고 고객의 만족도를 높여 최종적으로는 모두에게 만족도가 높아질 수 있습니다. 보호자는 자신의 동물에게 이루어질 치료 옵션에 대해 충분히 이해받을 권리가 있으며, 이에 대해 의사소통하는 방법은 앞선 장들에서 이야기를 나눴습니다. 추가로, 수의사는 경제적 활동을 하는 직업이기 때문에 이러한 치료 옵션에 따르는 비용에 대한 설명도 훌륭한 의사소통의 필수 요소입니다. 보호자는 수의사의 시간과 수의학적 지식을 구매하여 자신과 자신의 동물이 도움을 받고자 공정한 비용을 냅니다. 그러므로 수의사는 보호자에게 치료 및 진료에 대해 충분한 설명을 해야 할 의무가 있으며, 이에 따른 비용에 대한 설명도 명확할 필요가 있습니다.

누구에게 어떤 가치를 제공하는가?

　수의사가 보호자에게 비용에 대한 설명을 사전에 알렸음에도 불구하고, 비용적인 측면은 언제나 수의사와 보호자 사이에 가치 충돌이 일어나기 쉬운 요소입니다. 동물 소유와 관련된 총비용의 일부분으로 의료 서비스에 대한 비용을 지불하게 됩니다. 약 3만 명의 동물병원 고객을 대상으로 한 다년간의 연구 결과를 살펴보면 92%가 자신이 받은 의료서비스에 만족하고, 88%는 수의사가 기대치를 충족하거나 기대치 이상으로 만족한 것으로 나타났지만, 의료 서비스에 지불한 비용에 대해 충분한 서비스를 받았다고 말한 사람은 69%로 **비용에 대한 기대치**는 훨씬 낮게 나왔습니다.[86,87]

　수의사는 고객과 적절한 의사소통을 통해 우리의 의료서비스 가치를 인식시켜 우리의 노력을 높게 평가받고 인정받아야 합니다. 수의학에서 질 높은 치료와 고객 만족도에는 의료 기술만큼이나 고객과의 소통 또한 중요합니다. 수의사의 치료 방향은 동물들에게 중심이 맞춰져야 하지만, 우리의 의료서비스를 선택하는 것은 동물이 아닌 보호자이기 때문에 우리의 노력과 가치를 합당한 비용으로 인정받기 위해서는 보호자와 적절한 논의가 이루어져야 합니다. 그러나 보호자들과 재정적인 부분을 성공적으로 소통하는 것은 신뢰도 있는 진료를 보는 데 있어 중요하지만 아주 민감하고 어려운 대화 주제이기도 합니다.

왜 비용 청구에 대하여 말하는 것이 어려운가?

우리 사회에서 돈에 관한 이야기는 '최후의 금기사항'으로 묘사됐습니다.[88] 보호자를 대하기가 어렵지 않은 수의사들도 재정 비용에 관한 이야기를 논의할 때는 대다수 불편함을 호소합니다. 소통 자체가 원활한 사이일지라도, 돈에 관한 주제가 불편함을 주는 데에 몇 가지 이유가 있습니다. 첫째, 우리의 사회문화적 특성은 돈, 죽음, 성에 관련된 논의에 대한 근본적인 혐오감을 가지고 있습니다. 그 결과, 고객과 의료진은 모두 돈에 관해 이야기하는 데 있어 자신의 의견을 솔직하게 말하지 못합니다. 게다가, 우리 사회는 '돈'이라는 물질적인 가치를 어떻게 생각하고 소비하는지에 개인의 상징적인 의미를 부여하며 그런 생각들이 우리의 행동에도 영향을 많이 끼치기 때문에 솔직하기가 어렵습니다.[1,89]

둘째로, 의사들은 돈에 대한 논의는 생명을 다루는 직업 소명에 상충한다고 생각하는 경향이 많습니다.[88] 오늘날의 의료 환경에서 의사들은 의학적 지식 및 환자의 치료 방향에 관한 주된 이야기가 아닌, 다른 부가적인 비임상적인 문제를 논의하여 제한된 시간을 낭비하고 싶어 하지 않습니다.[90] 더구나, 비용적 측면에 대한 이야기는 의료서비스를 제공하는 이유 및 목적이 환자들에게 불순해 보일 수도 있기 때문에 많은 의사들에게 부담으로 느껴집니다.[88] 이러한 부담은 수의학에서 더욱 강화되는 경향이 있는데, 많은 수의사는 "우리는 동물을 사랑하기 때문에 수의사가 된 것입니다."라는 가치를 자랑스럽게 받아들이고, 이것을 자신의 성취감 및 직업의식으로 가지고 있기 때문입니다.[91] 그러므로 그들의 동물에 대한 애정, 동물에 대한 우리의 사랑과 헌신에 대한 인식이 우리가 하는 경제적이고 비용적인 측면을 이야기함으로 줄어든다는 생각에 대화를 불편해하는 경우가 많습니다.

마지막으로, 의사는 치료 비용에 대해 정보를 제공하는 대화를 이끌어나갈 의사소통 기술이 부족할 수 있습니다. 대다수 의료진은 주어진 서비스의 가격이 어떻게 책정되었는지 모르기 때문에 비용에 대한 정당성을 설명하기 어려워하거나 적절한 비용을 받지 못하고 의료 서비스를 제공하게 됩니다. 이러한 결과는 단기적인 결과에는 영향을 크게 미치지 않을 수 있지만, 장기적인 측면에서 바라보면 고객 유치 및 병원 경영 등에 부정적인 영향을 가져옵니다.

비용에 대한 이야기 없는 고객과의 관계

환자와 의사의 의사소통에 관한 연구에서, 63%의 보호자는 의사와 비용에 관해 이야기를 나누기를 원하지만, 의사는 15%만이 비용에 대해 이야기를 하길 원한다고 하였습니다.

수의학에서 역시, 직접적이고 직설적으로 비용에 관해 이야기하는 것을 보호자도 수의사도 대부분 원하지 않습니다. 수의사들은 고객과 잠정적인 치료 및 진료 계획을 직접 논의하고 합의를 끌어내면 병원 직원들이 비용 견적을 작성하고 제시하는 시스템을 가지길 원합니다. 실제로 이러한 시스템을 통해 수의사의 예방, 진단 또는 치료 계획에 대한 권장 사항을 보호자들이 더 잘 수용하는 것으로 나타났습니다.[87,89] 그러나 한편으로는, 이러한 방식이 보호자와 수의사의 소통을 제한시키거나 수의사나 보호자가 적절한 결정을 내리는 데 방해된다고 우려를 제기합니다. 예를 들어, 수의사와 상담할 때 비용을 생각하지 않고 치료 방향에 대해 합의를 하게 되면, 오히려 직원과 비용 견적을 상담할 때 재정적 문제로 결정을 번복할 수도 있으며 더 비효율적인 결과를 가져올 수도 있습니다.[92]

의학과 달리, 수의학에서는 비용적 문제를 비롯한 모든 치료 결정은 환자가 아닌 보호자가 하므로 재정적 한계는 보호자의 개인적 가치, 신념, 경제적 현실을 반영하게 됩니다. 그러므로 수의사는 환자인 동물을 돌보면서 동물을 생각하는 만큼 보호자도 배려하면서 대화해야 합니다. 대화할 때 보호자와 동물을 배려하면서도, 본인의 정당한 대가와 가치를 추구해야 하므로 수의사의 의사소통은 더욱 어렵다고 생각됩니다. 많은 수의사가 정당한 대가를 받고자 이야기하는 것이 보호자를 자극할 수도 있고 고객을 잃을 것 같은 위험부담으로 다가와 적절하지 못한 비용으로 치료를 진행한 경험이 있을 것입니다. 고객에 대해 배려는 하였으나 의료 서비스의 가치에 대한 정당한 비용을 인정받지 못하는 것은 성취감을 감소시키고 큰 스트레스를 느끼게 합니다. 그러므로 수의사는 지불비용이라는 민감하고 어려운 주제에 대해 편하게 대화를 이끌어 갈 수 있도록 의사소통 기술을 연구하고 터득해야 합니다.

고객 참여

우리는 간혹 '오늘 나는 수의사에게 가서 돈을 써야겠어!'라고 생각하는 고객들을 만나기도 합니다. 이들은 경제적 대가를 통해 수의사로부터 동물의 질병을 예방하거나 진단하거나 치료할 때 혜택을 받는다고 생각하기 때문에 동물병원을 방문하게 됩니다.

우리는 전문지식을 가진 수의사로서 질병의 위험성과 심각성 측면을 객관적으로 바라볼 수 있지만, 보호자들이 자신의 동물에 대한 위험성을 생각할 때는 주관적인 경향이 큽니다. 보호자들이 동물의 의학적 문제에 직면할 때에는, 지식만큼이나 동물과의 유대관계, 감정, 시간, 비용에 대한 개인적 생각 또한 크게 작용합니다. 보호자들의 다양한 생각들은 두려움으로 다가와 분노와 불신의 감정으로 우리에게 표현될 수 있습니다.[87]

실제로, 많은 수의사가 보호자들의 비판적이고 감정적인 반응, 합리적이고 정당한 의료 계획의 거부, 동요와 불신을 동반하는 부정, 심지어 회피 또는 절망 등을 포함한 과장되고 격앙된 반응을 경험하고 있습니다.

이러한 보호자들의 반응은 수의사에게 표시하지 않을 수도 있지만, 보호자는 동물을 대하면서 필연적으로 감정을 느끼고 있습니다.[87] 이러한 우려를 인정하고 해결할 것이라는 점을 강조해야만 합니다. 정기 신체검사나 백신 접종 등 스트레스가 적은 상황에서 고객은 주로 수의사의 전문성과 역량에 대한 인식에 따라 결정을 내립니다. 치명적이고 생명을 위협하는 질병이나 부상과 같은 높은 스트레스 상황에서는, 고객은 먼저 수의학 전문가를 경청하고, 보살피고, 공감할 수 있는 능력으로 평가하고, 그다음에는 정직과 개방성, 마지막으로 전문성과 역량에 대해 평가합니다. 곤경에 처한 고객들은 당신이 알고 있는 것에 관심을 두기 전에 당신이 해당 상황에 관심을 두고 있는지 여부에 관심을 가진다는 것을 알아야 합니다. 스트레스를 많이 받는 고객들은 메시지를 판단하기 전에 메시지를 전달하는 사람을 먼저 판단하며, 그들의 평가는 주로 그들이 당신을 신뢰하는지에 따라 결정됩니다. 신뢰는 당신이 그들의 편이라는 믿음에서 자라납니다. 그들의 감정을 반영하고, 걱정과 공감을 전달하고, 그들이 어떻게 느끼는지 듣고, 그들이 무엇을 필요로 하는지 결정하는 법을 배워야 합니다. 상황의 불확실성을 받아들이고, 지나치게 고객을 안심시키려고 하지 않아야 합니다. 두려워할 상황이 아닌데도 고객이 두려워하는 것을 정상적으로 받아들일 수도 있어야 합니다. 알고 있는 내용, 모르는 내용, 빠뜨린 답을 찾는 방법에 관해 설명하고, 우리가 혹시나 틀렸다는 것이 확인될 수도 있으므로, '항상' 또는 '절대'와 같은 절대적인 진술을 피하는 것이 좋습니다. 사람들의 고통 수준은 특정한 위협이 자연적인지 아닌지를 포함한 다양한 평가와 경험을 바탕으로 한다는 것을 인식해야 합니다. (표 6-1) 상황을 이해하면 고객의 시각과 고객의 반응 또는 행동에 대한 이유를 이해하는 데 도움이 될 수 있습니다. 고객을 존중하고 그들을 반려동물의 더 나은 건강을 향한 여정의 파트너로 대해야 합니다.

[표 6-1. 위험에 대한 대응하는 유형]

분노와 공포감 낮음	분노와 공포감 높음
• 자발적인	• 비자발적
• 흡연자의 폐암	• 간접흡연으로 인한 폐암
• 개인적으로 제어	• 다른 사람에 의해 제어됨
• 음주 또는 과속 운전자 사고	• 음주 운전자 또는 과속 기의 피해자
• 익숙한	• 이국적인
• 인플루엔자, 암	• SARS, 조류 인플루엔자
• 자연스러운	• 사람이 만든
• 크로이츠 펠트-야콥(Creutzfeldt-Jakob) 병	• v-Creutzfeldt-Jakob 질병(광우병)
• 가역적인 골절	• 영구적인 다리의 절단
• 공정하게 배포됨	• 부당하게 배포
• 토네이도에서의 인명 손실	• 빈곤층이 허리케인 카트리나에서 대피할 수 없음
• 성인에게 영향	• 어린이에게 영향
• 빠르고 비교적 고통 없는 죽음	• 천천히 고통스러운 죽음

미국 질병 통제 예방 센터에서 개발한 자료와 Will Hueston, Paul DeVito, Vincent Covel 및 Peter Sandman이 Abbreviation: SARS, systemic acute respiratory distress syndrome.

"내가 그렇게 말했기 때문에"

순응(compliance)과 준수(adherence)라는 용어는 지난 몇 년 동안 의료 분야에서 뜨거운 주제였으며 환자의 건강, 전문 서비스의 시기적절한 사용 및 비용에 영향을 주게 됩니다. 일반적으로, 이 용어는 의사의 권고와 지시를 고객이 올바르게 따르는 정도를 말합니다. 의사가 처방한 예방, 진단 및 치료 계획에 대한 데이터는 명확한데, 사람들은 이를 따르지 않고 있습니다.

2003년 의뢰인을 대상으로 한 설문조사에 따르면 조사 대상자의 52%가 심장충 예방, 65%는 치과 예방, 약 65%는 노령 건강 검진, 약 80%는 처방 식이요법을 준수하지 않는 것으로 나타났습니다.[93] 그 이유는 최선의 환자 치료를 위한 의사의 제안과 의뢰한 돈과 노력이 궁극적으로 그들에게 어떻게 도움이 되는지에 대한 고객의 이해 사이의 의사소통 단절과 관련이 있습니다. 순응 및 준수 여부와 관련한 설문조사와 인의학 관련 유사한 설문조사는 어떤 것을 할지 말지를 결정하는 권한은 고객에게 있음을 명확히 보여줍니다. 의사의 의료 조언을 따르거나 무시하는 것의 차이는 고객이 스스로 하는 약속과 관련이 있습니다. 이러한 약속은 강요나 지시나 제한적인 선택권 제공이 아닌 교육과 협상으로부터 유도됩니다. 동기 부여는 내부적으로 발현되며, 어떤 것이 달성되어야 하는지, 무엇을 언제 수행해야 하는지, 그리고 고객이 필요한 작업을 성공적으로 완료할 방법을 이해하는 데 기반을 두고 있습니다. 성공적으로 협상하려면 당사자의 모든 요구를 충족시켜야 하며 고객의 관심사를 알아내기 위해 적극적으로 고객의 말을 경청해야 합니다. 이익 기반 협상은 서로가 win-win 하는 결과를 만들어 내고 모든 문제에 대해 몇 가지 만족스러운 해결책을 제시할 수 있습니다.

융통성 없는 고객을 응대하는 경우, 고객의 입장과 요구사항과 겹치는 관심사를 찾아보아야 합니다. 협상은 단순히 당사자 간에 이익이 어떻게 배분되는지를 결정하는 것이며 고객이 해답으로 인해 어떠한 이익을 얻을 수 있는지에 따라 달라집니다.

서비스 요청

보호자(고객)의 동물을 위한 필수적인 의료 개입의 필요성에 직면했을 때, 고객들은 종종 재정적 딜레마에 직면합니다. 기술 전문가로서, 고객들이 예산의 '유리 천장-보이지 않은 저항선'을 뚫고 필요한 수의학 서비스에 대한 비용을 낼 수 있는 방법을 찾을 수 있도록 독려하는 것은 수의사의 몫입니다. 그렇게 하는 것은 그들의 동물과 우리의 관계를 유지하고 안락사보다는 치료의 방향으로 결론이 나도록 합니다. 고객들과 돈에 관해 이야기하는 것은 오늘날 금융 컨설턴트들이 고객에게 더 많은 대출을 하도록 시키는 것의 이익과 손해와 현금, 수표, 그리고 신용카드를 사용하는 것의 이익 비교에 대해 강의하는 것을 듣는 것과도 유사한 일입니다. 외부 신용 서비스는 고객이 필요한 서비스에 대한 비용을 낼 수 있는 자금을 제공함으로써 빠르게 성장했습니다. 이러한 금융 사업은 그들이 대출 수수료와 이자를 얻을 수 있었기 때문에 성공적이었습니다. 재정적으로 성공적인 수의사 행동 방식은 비용 통제, 고객 방문 유치, 고객 방문당 더 필요한 서비스 제공, 특정 서비스에 대한 더 높은 수수료 징수 등 네 가지 비즈니스 요소를 조합함으로써 최상의 환자 진료를 지원하는 것입니다. 대부분의 실무 관리 조언은 마지막 세 가지 변수를 최적화하는 데 중점을 둡니다. 수의 임상 분야의 성공은 고객이 원하는 의료 서비스를 얻을 수 있도록 돕는 것에서 시작됩니다.

고객과의 성공적인 관계와 비용 청구는 적극적인 경청으로 고객의 욕구를 이해하고, 고객에게 정보와 옵션을 제공함으로써 자신을 위해 최선의 결정을 내릴 수 있도록 하며, 보호자가 지원적, 비판단적이 되도록 하는 등의 개방적인 커뮤니케이션이 필요합니다.

메시지

수의사들은 모든 의사소통에 성공할 수는 없습니다. 고객과의 모든 상호작용의 관계에 어떻게 영향을 주는지 예측하기도 어렵습니다. 대화 중 응답하지 못하거나 전화를 다시 확인하지 않는 것과 같은 일은 고객을 추측, 가정 및 잘못된 인식으로 유도할 가능성이 있습니다. 이번 장에서 성공적인 수의사들이 어떻게 긍정적인 메시지를 만들고, 의사소통의 메시지가 어떠한 역할을 하는지 알아보도록 하겠습니다.

효과적인 메시지는 **중요한 순서대로 보상(목표), 목적(왜), 행동(무엇을), 타이밍(언제) 및 과정(어떻게, 방법)**이 필요합니다. 가장 효과적인 메시지는 보상과 직접적으로 관련된 용어로 설명하는 것입니다. 의뢰인. 동물 서비스, 시설, 장비(어떻게)를 강조하기보다는 동물이 어떤 이익을 얻을 수 있는지(목표)에 초점을 맞추어야 합니다. 신뢰는 상호 작용을 통해 구축되므로 고객은 서비스를 살 준비가 되기 전에 수의사와 협력해야 합니다. 좋은 소식과 연관되기 위해 노력해야만 합니다.[91] 의사는 정기적으로 검사 결과를 환자에게 알려 주며, 결과가 정상이라면 축하함으로써 환자와의 관계를 강화할 기회를 가질 수 있습니다. 수의사들은 그들이 제안한 테스트가 결정적인 진단으로 이어지지 않는다면 사과하는 경향이 있습니다. 음성 테스트에 대한 메시지를 긍정적인 결과로 프레임화 시켜야 합니다. "이것은 좋은 소식입니다. 우리는 X, Y, Z 질병을 배제할 수 있었습니다. 동물의 장기 생존율을 증가시키기 위해서 노력하고 있으며, 임상 증상을 일으킬 수 있는 질병의 원인을 좁혀나가고 있습니다."

사람들이 자신에게 문제가 있다는 것을 알고 있을 때만 해결책을 제시할 수 있습니다. 문제가 동물에게 어떤 영향을 미칠 수 있는지 설명해야 합니다. 사람들은 알고 있는 것이나 친숙한 것을 유지하고 싶어 합니다. 이것을 이해하고 보호자들이 보내는 메시지를 구체화하도록 합니다. 나쁜 선택을 하지 않기 위해 먼저 노력하고, 그다음에 가장 적절한 선택을 하는 쪽으로 초점을 맞추어야 합니다. 문제 목록의 우선순위를 정하고 가장 의학적으로 중요한 것으로 초점을 이동시킴으로써 고객이 인지하는 위험을 치료의 다양한 옵션과 비교하고 해석하도록 도와줍니다. 예를 들어 "'춘식이'는 돌아다니고 있지만 더는 소파에 앉거나 계단을 오를 수 없어요."와 같이 환자의 현재 상태와 대안적 접근 방식을 비교함으로써 정보를 전달합니다. '춘식이'의 관절염을 치료하기 위해 우리가 할 수 있는 일은 많지 않습니다. 그리고 이용할 수 있는 약은 더 자세히 논의해야겠지만, 몇 가지 위험이 있습니다. 그러나 약물치료가 '춘식이'가 현재 경험하고 있는 **고통 대부분을 경감 시키고**, '춘식이'가 하고 싶은 것들을 할 힘을 줄 가능성이 매우 높습니다."라고 이야기합니다. 이익을 전달하는 것에 앞서서 '**고통을 멈추 도록**'이라는 메시지를 먼저 정리하여 전달합니다.

사람들은 다르고, 메시지의 효과도 사람들의 숫자만큼이나 다릅니다. 남성은 여성보다 시각적이고 이미지, 도표 및 모델을 통해 설명하는 것이 더욱더 효과적입니다.94 여성들은 위험과 실용성을 더 싫어하는 경향이 있고, 개입을 덜 받아들이며, 종종 의학적인 결정을 내리기 위해 더 많은 정보와 시간을 선호합니다. 동물의 회복 가능성이 75%라면 여성은 남성보다 지출을 많이 했으며, 회복 가능성이 10% 경우 남성이 더욱더 적은 비용을 지출하는 경향이 있습니다. 개와 비교했을 때, 남성과 여성은 고양이에 대한 지출 한도가 더 낮게 나왔습니다.3 선호하는 의사소통 방식도 성별과 관계없이 개인마다 다르며, 몇 가지 주요 차이점과 접근 방식에 대한 유용한 정보가 표 6-2에 제시되어 있습니다.

[표 6-2. 효과적인 의사소통 스타일에 따른 보호자 (고객) 선호도]

	개	고양이	소	말
알기를 원하는 것	누가 어떻게	왜 어떻게	왜 무엇을	무엇을 누가
개인적인 스타일				
기본 요구 사항	정직함	합리성	지시	다른 사람에 의한 통제로 부터의 자유
기대하는 것	정서적 참여	논리	판단	감각
설명 방식	열정, 참여	데이터 기반, 분석	체계적, 실용적, 구체적	모델 및 신체적 접촉을 포함한 손을 통한 상호 작용
문제가 발생할 수 있는 설명 방식	부정직, 감정 부족	감성과 논리 부족	장애, 불안정	권위, 오만함
의사소통 스타일				
선호하는 시작	문제를 논의 하기 전에 관계성 수립	더욱 많은 의료 개념과의 연결	정확한 사실들	행동(들)의 결과
설병 방식	고객과 동물의 관계에 중점	문제가 환자 에게 고유하게 미치는 영향	논리적 순서	몇 가지 대안과 권고를 선호
강조할 사항 (Emphasis)	다른 환자에서 대안이 어떻게 작용	결과, 성과에 대한 향후 기대	장단점이 있는 선택 사항들	권장 사항 및 예상 결과의 실용성
시간 민감도		느리고 신중한 접근	가장 느린 동화 (assimilation)와 고려	간단한 설명을 선호하는 빠른 동화
도움이 되는 사항	인정된 기관에 대한 언급	주요 개념에 대한 개요 설명	제안 사항 개요	시각 자료, 도표, 모델

Data from Maddrone T. Living your colors: practical wisdom for life, love, work and play. New York: Warner Books; 2002;

Carlson Learning Company. DiSC dimensions of behavior. Minneapolis (MN): Carlson Learning Company; 1994

Youker R. Communication styles instrument: a teambuilding tool. In: Anderson RJ, editor. Personal Medical Information First International Workshop Proceedings. Cambridge (UK): Springer-Verlag; 1996. p. 796.

Available at: web.mit.edu/mbarker/www/pmi96/commp796.txt. Accessed January, 2006.

수수료에 대한 논의는 지출에 대한 의견을 나누는 것은 다릅니다. 요금을 정당화하기 위한 수단으로 들어가는 비용을 설명함으로써 고객들로부터 동정과 이해를 끌어내려는 일반적인 함정을 피해야 합니다. 고객은 재무 상황이 아니라 자신과 자신의 현실에 관심이 있습니다. 대부분의 고객은 당신의 수입을 과대평가하고 당신이 그들보다 더 쉬운 삶을 살고 있다고 생각합니다. 보호자에게 지출에 대해 논의하는 것은 단순히 전문적으로 보이지 않게 할 수도 있고 당신의 동기에 대한 의심을 불러일으킬 수 있습니다.

수의사는 보호자가 수의사를 돕는 것이 보호자 본인 스스로에게도 이익됨을 은연중에 계속 인식시키도록 합니다. 예를 들어, "시간을 절약하기 위해, 이 양식을 작성합니다.", "비용을 최소화하려면, 오늘 오후 6시까지 당신의 동물을 데리러 오세요." 그리고 "제가 빨리 마칠 수 있도록 도와줍니다."와 같은 문구를 사용하는 것이 더욱더 도움 됩니다.

견적서는 고객에게 강력한 메시지가 될 수 있으며, 다음과 같은 주의사항이 있습니다. 각 항목 또는 서비스에 대한 세부 정보가 아닌 범주로 비용 그룹화, 관련 요금과 함께 너무 많은 세부 정보를 제공하면 고객이 해석할 수 없는 정보가 전달되고 수많은 의문이 생길 수 있습니다. 이것은 불화를 부추길 수도 있습니다. 동물병원에 세부 목록에 있는 한 항목과의 자신의 생각과 다르게 과도하게 청구되었을 때 고객은 모든 요금이 의심스럽다고 충분히 생각할 수 있습니다.

진심을 담아서 "감사합니다"라는 메시지를 보내야 합니다. 고객들과 그들의 동물들이 있으므로 수의사가 있는 것이고, 담당 수의사로서 보호자(고객)에게 왜 그렇게 해야 하는지에 대한 이유가 될 것입니다. 사업하는 보호자들은 자신의 동물을 보살피는 것을 당신에게 믿고 맡김으로 당신에게 엄청난 기여를 한 것입니다. 고객들은 동물을 잘 돌보고 있다는 것을 증명하고 싶어 합니다. 여러분의 전문지식을 찾음으로써, 보살핌의 시작을 하는 것입니다. 보호자들이 동물을 위해 선택하는 것이 그들의 기분을 좋게 만들도록 여러분이 돕도록 해야 합니다. 많은 사업체는 서비스 시점에서 감사함을 담아 연말에 카드를 보낼 수도 있습니다.

메시지의 전달자

수의사들은 매일 진료 속도와 분위기에 주된 영향을 미치게 됩니다. '직원 감염(staff infection)'은 전염성이 있으며 수의사가 어떠한 태도를 가졌는지에 따라서 직접적으로 영향을 줍니다. 고객은 수의사와 직원으로부터 의료 서비스와 수술이나 시술의 필요성과 가치에 대한 정보들을 얻습니다. 수의사는 서비스와 제품이 고객과 환자에게 가치를 제공하는 방법을 설명할 수 있어야 합니다. 병원에서 제시하는 진단과 치료의 권장 사항이 환자의 상태에 따라 적절하고 고객과 진료에 대해 내는 비용이 공정하다는 것을 자신과 직원에게 지속적으로 알게 해주어야 합니다. 일관되고 믿을 수 있는 메시지가 고객에게 전달되려면 전체 의료팀 내의 공통된 이해와 헌신이 필수적입니다.

고객은 다양한 정보와 사실을 신속하게 판단합니다. 검사실(상담실)에 입장한 지 1분 이내에 병원을 방문한 사람들은 당신의 성격, 정교함, 신뢰도, 유머 감각, 사회적 지위, 교육 수준, 경력 능력 및 성공에 대한 인식을 형성합니다.[3] 평가 대부분은 당신의 외모와 몸짓에 근거하고, 당신이 말하는 방식보다는 의사소통에 사용하는 단어에 근거합니다. 전문적 시각으로 보고 행동해야 합니다.

각 검사실(상담실) 밖에 거울을 두고 들어가기 전에 자신을 확인합니다. 상담실을 들어가기 전에 더러운 가운을 갈아입고 머리를 빗고 외모를 점검하도록 합니다. 검사실에 들어갈 때 보호자 앞에서 손을 씻거나 소독제를 사용합니다. 문을 통과하여 고객을 맞이할 때에는 정신적 혼란과 좌절감을 내비쳐서는 안 됩니다. 마음을 비우고 함께 시간을 보내는 동안 고객에게 전적으로 집중하고 고객과 환자를 돕는 것에 집중하도록 합니다. 관계 구축, 의제 설정, 정보 교환, 감정에 대한 반응, 단서 감지, 공통점 도달 및 다음 단계에 대한 동의는 고객 상호 작용의 이정표입니다.

고객의 가치 또는 필요에 맞는 행동을 강요하기보다는 정보를 바탕으로 한 결정을 내릴 수 있도록 정보를 제공합니다. 강압적이거나 지배적인 힘을 사용하면 의사와 고객(보호자) 사이의 거리가 더 멀어지고, 불신이 커지며, 자신의 자아를 더 높이 평가하면서 지배적인 당사자에 대한 부정적인 생각을 가지게 됩니다. 대조적으로, 정보, 전문성, 친밀함을 포함한 비공식적 힘의 사용은 긍정적인 관계를 구축합니다.[95]

비용

대부분의 진료 비용의 목록은 실제 비용을 반영했을 수도 있고 그렇지 않을 수도 있지만, 공정한 이윤을 포함할 수 있는 다양한 증례들로부터 발전했습니다. 이상적인 수수료 책정은 소모품, 시간, 기술, 시설 공간, 보험, 파손 또는 손실 및 기타 비용과 관련된 현재 비용을 평가하는 것을 포함하며 비즈니스 수행의 실제 비용에 대한 회계를 포함하고 정당한 이익을 반영해야 합니다. 이 방법은 시간이 오래 걸리고 어렵습니다. 대부분의 관행은 생활비 데이터(인플레이션율 또는 소비자 물가 지수)를 기반으로 한 비율 증가로 현재 수수료 구조를 주기적으로 업데이트하는 더 간단한 경로를 사용합니다. 일부 제품의 비용은 급격히 변하기에 수익성을 유지하기 위해서는 해당 제품과 관련된 비용(진료비)은 이에 맞추는 것이 중요합니다.

진료 비용은 특정한 시술의 일부가 아닌 비용이 포함되어 있을 수 있습니다. 사람의 병원에서는 의료 절차에 소모되는 실제 비용에 배수를 적용하는 것이 관례적입니다. 청구된 총진료비에는 서비스 또는 시술(진단, 약 제조, 수술 등)과 관련된 비용, 의료 과실 보험, 청구 비용 및 보험과 관련된 수익 지연 및 빈곤한 치료 비용을 충당하기 위한 비용이 포함되고 있습니다.[87]

독창성과 명성은 더 높은 진료 비용의 청구를 가능하게 하고 경쟁은 수수료를 낮추는 경향이 있습니다. 특별한 교육과 전문 지식, 독점적인 의료 기술 또는 특정 절차의 우수성에 대한 광범위한 명성을 가지고 있어 경쟁 지역에서 고유한 서비스를 제공하는 경우 더 높은 비용이 정당화될 수 있습니다. 진료 비용에는 주관적인 편견이 포함되는 경우가 많습니다. 많은 의사가 특히 좋아하는 시술에 대해 수수료를 할인하고 피하고자 하는 시술에 대해 공정한 시장 가치보다 훨씬 높은 금액을 청구합니다 중성화 수술, 발톱 관리 또는 귀 청소, 기생충 구제, 치과 예방, 예방접종 및 처방식과 관련된 수수료는 서비스 지역 내에서 직접적으로 경쟁상태에 있으며 고객이 자주 **전화 쇼핑**을 합니다.[87] 다른 서비스는 비교하기가 더 어렵고 경쟁에 민감하지 않습니다. 고객이 전화를 걸어 고양이 중성화 비용이 얼마인지 물으면 서비스의 독창성과 가치를 설명하여 경쟁 업체에 비해 더 높은 수수료를 정당화하는 답변을 해야 합니다. 단순히 더 높은 수수료를 말하게 되면 대부분의 **쇼핑하는 사람들**은 다른 곳으로 이동합니다. 고객이 서비스가 더 우수하고 더 높은 수수료의 가치가 있는 이유를 알지 못하기 때문입니다.

의료 관련 의사뿐만 아니라 수의사도 자신의 전문 지식을 지속해서 발전시켜 나가야 합니다. 서비스 비용을 청구하는 것은 진정한 전문가가 되기 위한 과정의 일부입니다.[88] 벤치마킹 수수료는 수수료를 검토할 때 일부를 포함하도록 합니다.

표 6-3은 시간과 전문 지식의 비교 가치를 상기시키는 데 도움이 되는 몇 가지 로컬 벤치마킹 비교를 제공합니다. 실무에서 얻은 정보로 표 6-3을 작성하고 제안된 대로 다른 서비스 제공 업체로부터 현재 지역의 수수료를 수집하여 벤치마킹 비교를 작성하시기 바랍니다.

수수료에 대해 직접적이고 명시적으로 사과하지 마시기 바랍니다. 기분 좋게 청구서를 제시하고 고객의 대답을 기다리시기 바랍니다. "저희(우리)는 동물의 상태에 대해 최고의 의료 서비스를 제공할 수 있습니다. 비용이 문제 된다면 더 저렴한 대안을 찾아보도록 하겠습니다."와 같은 이야기를 통해 고객이 여전히 결정을 내리지 못한 경우 결정을 지연시키는 원인이 무엇인지 물어보고 정보 격차를 줄이도록 합니다.

[표 6-3. 수의사 및 직원에게 전문 서비스 비용을 청구해도 된다는 확신을 주는 기준]

직업	교육 및 훈련	비고
수의사 (Veterinarian)	• 평균 6년 이상의 대학 교육 • 전공별 대학원(외과 내과 영상 등) 2년~4년 • 수의사 국가 자격증 시험 • 평생 교육	• 신체검사, 소모품 및 진단 검사 비용 및 소요 시간 (비용/검진 x 횟수/시간 1/4 = 시간당 요금)
물리 치료사 (Physical ther-apist)	• 2~4년 대학 교육 [물리치료학과]* • 국가 자격증 시험	• 치료 1시간당 비용 (초봉 2,500~3,600만 원)
전기 기사	• 동일 유사 분야 기사 등급 이상 • 산업기사: 실무경력 1년 • 기능사: 실무경력 3년 • 동일 종목 외 외국 자격 취득자 또는 관련학과 졸업자(4년제/3년제, 실무경력 1년, 2년제 + 실무경력 2년)	• 집 전화 요금 및 설치 시간당 요금 • 재료를 제외한 새 전기 콘센트 • 중소기업 2,400~4,000만 원 (평균 3,000만 원) ** • 대기업 취직 연봉 4,000~7,000만 원 선 (2021년 기준)
애견 미용사	• 5~6개월 교육 프로그램 • 한국 애견협회/한국애견연맹에서 발급 • 연령, 학력 무관 • 1급(4년 이상 실무), 2급(1년 6개월 이상 실무), 3급 해당 없음	• 건당 3만 원~9만 원 ***

*서울호소예술실용전문학교 스포츠 건강관리 계열(2년제), 신국대학교 물리치료과(3년제), 용인대학교 물리치료과(4년제), 가천대학교(4년제)

**전기 기사 연봉 https://kr.indeed.com/

***소비자 교육 중앙화 2019년 기준

서비스의 전달

사람들이 당신을 항상 신뢰하지는 않으며, 당신의 조언을 항상 따르지 않습니다. 전달자는 열정적으로, 전문적으로, 그리고 희망적으로 확신을 가지고 메시지를 전달해야 합니다. 즉, 고객이 이해하는 언어를 사용하여 효과적으로 의사소통할 수 있도록 준비하는 데 시간과 노력을 투자해야 합니다. 가이드 및 리소스 전문가의 역할을 하면서, 상호 작용을 주도하기보다는 기다리며 살펴보도록 합니다. 환자의 요구 사항을 충족하는 데 사용할 수 있는 의료 옵션에 대한 결정을 해석, 전달, 교육하는 수의사의 역할을 하도록 합니다.

메시지 전달에 실패하면 최악의 경우 과실 소송이라는 결과를 낳게 됩니다. 의사와 환자 간의 수백 건의 대화를 녹음했습니다. 미국의 경우, 의사의 절반은 소송을 당하지 않았지만, 나머지 절반은 적어도 두 번 고소당했습니다.[96] 우리나라에서도 소송이 더욱 빈번하게 일어나고 있으나 명확한 데이터가 없습니다. 미국의 연구에 따르면, '의료 품질의 정보'의 공유량에는 차이가 없었습니다. 차이점은 환자와 대화하는 방식에 있었습니다. 소송을 경험한 적이 없는 외과의는 각 환자와 약 3분 더 시간을 보냈고(18.3분 대 15분) 다음과 같은 **예비 교육성의 코멘트**를 할 가능성이 더 컸습니다. "나는 먼저, 당신을 진료와 검사를 할 것이고, 그다음 우리(의사와 환자)는 내가 알아낸 사실들에 대하여 당신(환자)이 원하는 질문들에 할 시간을 충분히 드리겠습니다."

과실 소송을 경험하지 않은 수의사들은 "(환자에게) 당신이 궁금해하는 것에 대하여 더 말해 주세요." 혹은 "더 궁금하신 사항은 없으신가요?" 등의 적극적으로 경청하는 자세를 더 많이 보였습니다. 또한, 환자가 방문하여 상담하는 동안 더 많이 웃었습니다.

추적 조사(follow-up)를 평가하는 방법으로 한 심리학자는 녹음 내용을 조사하고 단어를 알아볼 수 있게 만드는 고주파 음을 제거하여 실제 단어를 가린 다음 '느낌'을 반영하는 저주파 소리를 남겼습니다. 따뜻함, 적대감, 지배력, 불안감, 심리학자는 어떤 외과의가 소송을 당했는지 정확하게 예측할 수 있었습니다.

고객은 존중받고 지지받고 있다는 느낌 받아야 합니다. 또 다른 연구에서는 40초간의 공감 대화가 암 환자의 불안을 줄이고 의사의 보살핌과 도움에 대한 인식을 높인 것으로 나타났습니다.[97] 고객에게 표현하는 감정에 주의를 기울입니다. 고객 상호 작용에 대한 오디오 테이프 녹음을 만들고 검토합니다. 직원에게 전달한 내용에 대한 피드백을 요청하고, 감사를 표현합니다. 메신저로서 직원이 개선할 부분이 있다고 지적하면, 다시 교육을 시행하거나 방침을 바꾸도록 합니다.

고객과 관계를 맺고 나면 고객이 동물과의 관계에 관심이 있음을 알립니다. 이 장의 다른 부분에서 볼 수 있는 의사소통 프레임 워크를 따릅니다. 하나의 의사소통 프레임이 모든 상황에 맞지는 않을 것입니다. 정보 제공 방식에 대해 고객의 선호도가 다르다는 점을 인식합니다. 개인에 맞도록 안내 및 가이드 하는 표현 방식을 다르게 조정해야 합니다.

신규 고객이나 불안한 고객을 만날 때 계획 한 일에 대한 요약을 제공하고 고객이 질문할 수 있는 시기를 식별하여 방문 준비를 하는 것이 도움 됩니다. 많은 수의사는 검사실에 있는 화이트보드를 사용하여 질문이 나올 때 기록하고 적절한 시기에 해결할 계획임을 시각적으로 보여줍니다.

고객에 대한 가정이나 가치 판단을 피해야 합니다. 내담자는 종종 우선순위에 따라 우려 사항을 전달하고 가장 효과적인 의사는 내담자가 '아니요'라고 말할 때까지 다른 문제 나 우려 사항이 있는지 계속 묻습니다. 의미를 명확히 하기 위해 질문을 하고 고객의 의견을 녹음하고, 귀하(수의사)가 듣고 있음을 보여주고 고객이 원하는 것을 이해했는지 확인해야 합니다. 고객에게 "좋은 소식입니다." 또는 "저에게는 우려되는 사항입니다."와 같은 문구를 사용할 수 있습니다.

얼마나 자세한 것을 원하는지 물어보고 정보를 개별 단위로 제공합니다. "당신은 …를 해야 합니다."와 같이 권위 있고 강요하는 문구보다는 중립적이고 객관적인 문구를 사용합니다. 예를 들어 "내가 처방하는 약은 비싸지만, 이 질환을 가진 대부분 환자에게 가장 좋습니다. 받아들이기 힘든 부분이 있다면, 그 부분을 알려 주시면 다른 방법이 있는지 확인하겠습니다.", "이해하셨지요?"라고 말하고 기다렸다가, 고객의 반응을 보고 듣고 대답을 합니다. 받아들이기 힘든 부분이 있다면 당신이나 당신의 전체 계획을 거부하는 것이 아니라 더 많은 정보가 필요함을 의미하는 것이며, 소중한 정보 제공의 기회가 됩니다.

고객에게 말한 내용을 이해하고 생각을 정리할 시간을 줍니다. 계속하기 전에 시간이 더 필요한지 물어봅니다. 교사는 학생들에게 질문한 후 최소 6초 정도 기다릴 것을 권장합니다.[98] 특히 심각한 건강 문제에 직면했을 때 검사실에서 6초는 긴 시간처럼 보입니다. 그러나 사람들은 서로 다른 속도로 정보를 처리하고 환자의 문제가 의사와 동물병원 직원과 팀에게 익숙한 영역을 나타낼 수 있지만, 고객에게는 새로운 정보일 가능성이 높습니다.

고객에게 제공하는 정보에 대해 고객이 선호하는 세부 정보 수준을 물어봅니다. 고객이 치료 계획의 비용 및 대안에 대해 논의하기를 원할 수 있음을 예상합니다. 제안된 의료 계획의 모든 부분과 관련된 비용을 알 수는 없지만, 예를 들어 파보 바이러스, 골절 또는 자궁 축농증의 평균 사례에 대한 비용 범위를 전달할 수 있는 능력은 귀하의 지식과 가치에 대한 긍정적인 메시지를 보냅니다. 당신(수의사)이 제공할 수 있는 것들 중에서 최대 2~3개의 대안을 제공합니다. 너무 많은 옵션이 의사 결정 과정을 압도하고 마비시킵니다. 마지막으로, 고객이 행동 방침을 결정하면 대안 제공을 중단합니다.[92]

다양한 유형의 고객이 있습니다. 수의사의 추천에 대해 냉담한 표정으로 응답한 고객은 수의사를 이해하지 못했거나 아직 충분한 신뢰를 가지지 못한 것입니다. 고객이 우유부단한 경우 배우자, 파트너 또는 믿을 수 있는 친구에게 전화를 걸어 옵션에 관해 이야기할 수 있는 기회를 제공합니다. 보호자 자신을 교육하려는 노력을 인정하고 검증할 때 가장 잘 반응합니다. '나는 의사이기 때문에, 나는 고객보다 더 많이 안다.'라는 생각에 빠지면 안 됩니다. 임상가로서의 추천 사항을 설명하고 그들이 획득한 반대되는 정보에 관해 논쟁을 벌이지 말고 그들의 질문에 답합니다. 문제가 있는 경우 "제 경험으로는 …" 또는 "의견 차이가 있을 수 있지만 … 저의 추천 내용은 …" (신뢰할 수 있는 정보를) 기반으로 합니다."

의사소통 연결의 마무리

소규모의 병원에서는 고객이 제품을 구매할 수 있도록 충분히 신경을 써야 합니다. 고객의 주요한 관심사는 진단과 치료에 있기 때문에 물품의 구매를 권유하는 것이 가치가 있다고 믿지 않는다면 좋지 않게 비춰어 질 수도 있습니다.

보호자(고객)가 가장 중요한 포인트를 포착했는지 확인하기 위해 고객에게 집에 갈 때 가족 및 친구와 정보를 공유할 계획을 물어보도록 합니다. 그들이 생각과 이해를 체계화하고, 과정이 어떻게 전개될 것인지에 대한 명확한 기대치를 만들고, 답변하지 않은 질문이나 우려사항에 대해 보호자들이 확인하도록 도와줍니다. 보호자와 어떻게 협력할 계획인지를 몇몇 문장으로 요약해주고, 보호자의 경험을 더 편안하게 만들기 위해 무엇을 할 수 있는지 물어봅니다.

요약

서비스는 제공자가 정의합니다. 만족은 고객이 결정합니다. 고객은 특히 개인적인 상호 작용, 운영의 모든 측면, 제품 또는 서비스 전체를 고려하고 자신의 개인 가치 체계에 대해 평가합니다.[86]

관행과 관련된 모든 사람은 커뮤니케이션 팀의 일원으로 고객의 선호도에 대한 정보를 수집 및 기록하고 제품 및 서비스에 대한 정보를 배포합니다. 수의학 진료의 가장 큰 차이점은 진료의 질이 아니라 고객을 대하는 방법에 있습니다. 그것이 당신에 관한 것이 아니라 그들에 관한 것이라는 사실을 받아들입니다. 내담자는 가족과의 관계를 유지하기를 원합니다. 효과적인 의사소통은 귀하의 헌신, 신뢰성, 전문성 및 관심을 보여 주며 경력을 쌓아가는 성공과 만족에 필수적입니다.

7장

수의학적
응급상황에서의
의사소통

응급상황에서 성공적인 의사소통은 반려동물의 치료를 원하는 보호자들과 진료팀 모두에게 무척이나 어려운 상황입니다. 응급상황에 있는 가족들은 아마 오랜 시간을 낯선 환경에서 보낼 수도 있으며, 갑자기 다수의 의료진과 이야기하며 의견을 조율하게 됩니다. 그리고 갑작스러운 상황에 더하여 응급의료 진료에 대한 비용은 의료진과 보호자 사이에서 잠재적인 갈등의 요소가 됩니다. 대부분 응급진료 시 흔히 직면하는 의료적 상태는 매우 심각한 상태일 가능성이 크며, 과정 중에 반려동물에게 '나쁜 소식' 또는 '삶의 끝'에 대한 대화를 하게 됩니다. 응급 수의 진료팀과 가족들 사이의 의사소통은 불안정한 상태에서 감정적으로 힘든 복잡한 상황이 일어날 수밖에 없습니다.

수의사 응급 진료팀도 응급진료를 하면서 여러 어려움이 있습니다. 수의 응급 진료팀은 대부분 많은 근무 시간에 시달리고 있으며, 신속하고 숙련된 대응이 필요한 반복적인 의료 상황, 반려동물 및 보호자들과의 감정적인 의사소통을 하는 경우가 매우 많이 있습니다. 또한, 응급 진료팀은 다음 위기가 언제 발생할지 또는 여러 위기가 동시에 발생할지 불확실성과 마주하고 있으며 의료팀의 가용 물품이 한정적이라는 상황도 부담감을 가중할 수 있습니다. 또는 종종 다른 응급 진료로 인하여 방해받을 소지도 있습니다. 이런 상황에서 반려동물의 보호자들과의 효과적인 의사소통 능력은 응급 의료 지침의 필수적인 역량이라 할 수 있습니다. 응급 의료진은 환자를 안정시킨 뒤 다음 단계의 치료를 담당하는 또 다른 진료팀(내과/외과)으로 넘기는 것에 목적을 두고 있습니다. 응급 팀들이 환자를 안정화 시킨 후 다른 해당 진료 분과로 전과를 하려고 할 때 병원 내에서 갈등이 발생하는 경우도 있습니다.

환자와 의료 상황은 끊임없이 변화할 뿐만 아니라 이러한 다양성에 의해 발생하는 본질적인 어려움 자체가 응급 및 중환자 치료 의료 분야의 직업을 선택하는 수의사들에게는 매력적일 수 있습니다. 신속하고 핵심적인 조치가 필요한 스트레스가 많은 환경을 좋아하는 사람에게 있어 의사소통 스타일에도 영향을 주게 됩니다.[99] 그렇기에 신속하고 계산된 의사결정에 대한 고급 기술과 의료팀 내의 다른 사람과 결단력 있게 의사소통할 수 있는 능력은 응급 진료 시 의료 위기를 관리하기 위해 필수적입니다. 의료팀 내에서 객관적인 의료 용어나 전문 용어를 사용한 신속하고 직접적이며 집중적인 의사소통 방식이 선호됩니다. 하지만 이러한 의료진의 의사소통 방식을 보호자에게 사용한다면 의사소통에 장애가 되거나 어려운 상황을 만들 수 있습니다. 따라서 효율적인 의사소통 방식은 수의 응급 진료를 보는 의료전문가들 사이의 방식과 보호자의 상황에 따른 요구를 충족시키기 위해 전혀 다른 의사소통 방식으로 구분할 수 있어야 합니다.

응급 의학에서 다양한 상황과 많은 변수가 존재하듯이, 역시 응급 상황에 적용될 수 있는 의사소통의 원칙 또한 이에 맞추어 변해야 합니다. 이번 장에서 다루는 수의 응급 진료에서 매개변수는 다음과 같습니다.

(1) 응급한 의사소통에 대한 중요성

(2) 어려운 고객이나 어려운 상황에 대한 처리의 의사 결정 및 비용

(3) 의료 위기 시 정보에 입각한 동의를 얻는 요소와 보호자에게 나쁜 소식을 전하는 요소

(4) 죽음 또는 안락사에 대한 고객과의 대화

주요 고려사항

응급 수의사들은 의사소통할 수 있는 시간이 제한되어 있기 때문에, 한정된 시간이 효과적인 의사소통의 가장 큰 장벽이라고 오해하는 경우가 있습니다. 좋은 의사소통에는 많은 시간이 필요하다는 인식이 있지만 실제로는 오히려 부적절한 진단평가, 대인관계의 갈등, 가이드라인 부재 등이 더 큰 장애로 작용하는 경우가 많습니다.

다양한 고객들과 성공적인 의사소통을 하기 위해서는 고객과 의사소통을 담당하는 수의 임상의들은 상황에 따른 차이에 예민해야 합니다. 이러한 차이는 연령, 성별, 종교적 또는 정신적 신념, 사회적 지위, 경제적 지위 또는 읽고 쓰는 능력 수준에 기초한 상호 간의 편견(수의사 vs 보호자)에 따라서 달라질 수 있습니다. 이러한 상황에서의 갈등은 거의 항상 비언어적 소통으로 이루어지는 경우가 많습니다. 따라서 수의사들은 고객이 불편해하거나 오해할 수 있는 어떠한 상황을 만들지는 않았는지 주의를 기울여야 합니다. 잠재적 갈등은 열린

질문, 귀 기울이기, 적절한 공감의 표현을 함으로써 줄어드는 경향이
있습니다.

> ○○ 씨, 제가 제시한 진료 계획에 확신을 가지시지 못한 것 같습니다. 어떠한
> 부분이 이해되지 않거나 마음에 걸리시는 부분이 있을까요? 제가 할 수 있는 최
> 선을 다해서 ○○ 씨(보호자)를 돕고 싶습니다. 감정적으로 힘든 상황일 수 있을
> 거 같습니다만, 이 상황을 해결할 수 있도록 저를 좀 도와주실 수 있을까요?

사전 동의서 얻기

임상에서 고객의 사전 동의를 받고 진료나 치료를 실시하는 것이 윤
리적이고 전문적인 진료를 위해서도 필요합니다. 응급상태가 아닌 일
반적인 상황에서 사전 동의를 얻는 경우에는, 수의사가 고객과 임상
문제, 제안된 진단 또는 치료 개입에 대한 대안(각 옵션의 유익성과 위해성
외에) 및 각 선택 사항과 관련된 가능한 부작용과 장기적 관리 및 예후
에 대한 상담이 이루어져야 합니다.[100] 이러한 표준화되어 있는 '임상'
요소적인 대화 이외에도, 수의사는 먼저 보호자의 진단과 치료에 대
한 선호도와 이해도를 평가해야 합니다.

보호자께서 어떠한 결정을 하셨는지 그리고 '만박이'의 상태가 어떤

정도인지 이해가 되실까요? 궁금한 점은 없으신가요?

보호자는 '만박이'의 상태에 대해 진단과 치료 계획에 대해 다른 의견이 있으실까요?

어떤 사항들 때문에 이러한 결정을 하셨을까요?

사전 동의를 얻을 때 이러한 요소들을 포함하는 것은 관계가 중심이 되는 공유된 의사결정 의사소통 모델을 만들고 키워나가는 데 도움이 될 수 있습니다.

응급상황은 사전 동의를 얻는 과정에서 많은 제약이 있습니다. 가장 흔하게 마주하는 상황은 간략하게 내용을 줄여서 전달할 필요가 있다는 것입니다. 이러한 상황에서는 여러 가지 이유로 의사결정의 공유가 불가능할 수 있습니다. 의사결정이 잘 되었는지 그렇지 않은지 고객이나 고객의 가족들과의 고려할 수 있는 시간적인 여유가 없는 경우도 많이 있습니다. 사실, 보호자들은 반려동물에게 수의사가 더 관심을 기울이고 응급한 처치가 필요하다고 생각할 수도 있어서 대화하려는 시간을 줄이고 싶어 할 수도 있습니다. 여러 경우에서 동물은 많은 질환이 복합적으로 나타난 경우가 많아서 짧은 시간 안에 쉽게 설명하기 어려울 수도 있습니다.

보호자들은 주어진 정보나 상황을 제대로 인식하지 못하고 감정적인 상태에서 잘못된 인식을 지니거나 결정을 내리게 될 수도 있습니다. 이러한 상황에서, 수의사는 자신의 의사소통 방식을 보호자의 상황에 맞게 바꿀 수 있습니다. 즉, 수의사는, 숙련된 의료전문가로서,

핵심적으로 필요한 것으로 판단되는 정보만을 제공하고 가능한 빨리 윤곽이 드러난 의료 진단과 치료 계획에 대해 이야기 합니다. 동시에 고객의 신뢰를 얻어내고 이어서 의료적·법적 절차와 관련과 승인 또는 동의를 얻게 됩니다. 이러한 상황에서, 수의사는 간략하게 생명을 살리기 위해서 보호자의 반려동물의 의학적 상태와 가용한 범위에서 최선의 선택에 해당하는 치료가 무엇인지 의견을 나누도록 합니다. 이러한 응급 상황에서의 세부 의사 의사소통 내용은 치료와 관련된 성공 또는 실패 가능성에 대한 현실적인 평가, 의학적 상태에서 오는 장기적인 치료 결과, 그리고 즉각적인 의료 계획과 관련된 대략적인 비용에 대한 내용을 포함해야 합니다. 만약 환자가 심하게 다치거나 치료비가 엄청나게 많이 든다면, 인도적인 안락사가 필요한지에 대해서 논의할 수도 있습니다. 고객의 의사 결정에 지나치게 영향을 끼치지 않기 위해, 수의사 개인의 의견이 반영되지 않도록 하며, 객관적인 진단 및 치료 옵션을 제시하고 보호자의 결정을 따르도록 합니다.

다음과 같은 예시를 살펴보도록 하겠습니다.

○○ 씨, 저는 수의사 XXX입니다. 괜찮으신가요? [대답을 위한 멈춤] 제가 방금 '새디'를 진찰했는데, 유감스럽게도 '새디'가 차에 부딪혀 심하게 다친 것 같습니다. 뼈가 여러 개 부러진 것 외에도 심각한 내상을 입은 것으로 보입니다. 응급 팀에서는 정맥 주사를 시작했고 출혈을 막으려고 노력하고 있습니다. 안정을 위한 응급 처치가 끝나면, 저는 '새디'의 통증을 조절할 수 있는 약을 줄 것입니다. 제 생각에 '새디'

의 폐가 일부 퍼지지 않고 있는 상태여서 호흡을 안정시키기 위해 가슴에 흉관 튜브를 꽂아야 할 것 같고, 아마도 수혈이 필요할 것 같습니다. 일단 저희는 '새디'의 상태를 안정시키기 위해 최선을 다할 것입니다. 우리가 성공적일지 알기는 너무 이릅니다. 한 번에 받아들이기에는 많은 정보를 드리게 되었습니다. '새디'의 상태에 큰 변화가 생기면 바로 알려 드리도록 하겠습니다. [보호자의 상황을 잠시 살핌] 그리고 '새디'의 치료 예상 비용에 관해서 이야기해야 할 것 같습니다. 괜찮으실까요? [대답을 위한 일시 중지] '새디'를 안정시키고 부상 정도를 파악하기 위한 초기 진단과 치료 비용으로 80만 원쯤 필요할 것으로 보입니다. 추가로 만약 응급처치가 잘 되어 안정화하는 데 성공하면, '새디'의 부상 정도를 고려할 때, 골절 치료 비용을 포함한 총 비용은 350만 원을 쉽게 넘길 수도 있습니다. 우리가 '새디'를 살릴 수 있을 거라는 희망을 여전히 가지고 있다는 점을 알고 계시는 건 중요합니다. [비용 문제가 있으면] 인간적인 안락사가 많은 가족에게 책임감 있고 합리적인 결정이 될 것이라고 저는 생각합니다. 당신이 어떤 결정을 내리든 저는 지지합니다. 너무 많은 정보를 빨리 알려드려서 죄송합니다. 시간이 많지는 않지만 한두 가지 질문에 대해서는 대답 부탁드립니다. 어떻게 진행하시겠습니까?

나쁘고 슬프거나 반갑지 않은 소식을 전달해주기

의료 전문가들에게 가장 난감하게 생각하는 상황 중 하나는 나쁜 소식의 전달을 할 때 발생하는 경향이 있습니다. 나쁜 소식은 '희망이 전혀 없는 상황, 사람의 정신적 또는 육체적 행복에 대한 위협, 확립된

생활방식을 뒤엎을 위험, 혹은 개인의 삶을 제한하는 상황'으로 정의됩니다.[101] 수의사들은 나쁜 소식을 전달하는 의사소통 전, 중간, 후에 상당한 불안과 스트레스를 경험한다고 알려졌습니다.[102] 그러한 상황은 종종 관련된 모든 사람들이 압도적으로 느낄만한 원초적인 감정적 내용을 가지고 있습니다. 서로가 원하지 않는 상황에서 보호자와 수의사 간의 의사소통은 상대방의 감정을 공유하는 경험을 하게 됩니다. 환자가 치료하는 사람이 되거나 선생님이 학생이 되어 다른 관점에서 바라보는 것처럼 수의사와 보호자가 감정이 서로의 관점에서 바라보게 되고 이를 공유하는 특별한 순간들이 생기기도 합니다. 이런 경험들은 평생 지워지지 않는 각인 효과를 가지거나 좌우명이 바뀌는 핵심적인 사건일 수도 있습니다. 그러나 일반적인 현실에서는 수의사는 보호자의 감정을 공유하지 않는 방법을 배우거나 익히는 경우가 있는데 이러한 경우, 지나치게 자기 보호적 시각을 가지는 경우가 있습니다.

수의사의 입장에서 불편한 상황이 발생하였을 때 상황이나 위기에 대한 고객의 감정적인 반응을 보면 판단을 내리는 것이 더 쉬울 수 있습니다. 좀 더 자세히 살펴보면, 감정적인 행동을 보인다는 것은 수의사와 보호자 서로가 두려움이 있다는 것을 의미합니다. 이런 상황에서 필요한 기술은 공감입니다. 우리 자신의 내면 깊숙이 파고들어 고군분투하고 있는 다른 사람들을 보고, 혼란과 고통의 말을 듣고, 그들이 이해할 수 있도록 돕는 것은, 직업에서 가장 도전적이고 가장 보람있는 경험일 수 있습니다.

나쁜 소식을 전달하는 방법이 수의사와 고객 관계에 상당한 영향을 미칠 수 있습니다. 그래서 나쁜 소식을 전달하는 사람에 대한 스트레스를 줄이며, 듣는 사람의 입장에서도 좋은 결과로 이어지도록 할 수 있는 몇 가지 모델들이 있습니다.[103] 많은 문헌은 노련한 임상의들의 경험적인 접근법에 바탕을 두고 있습니다.

　임상의가 어떻게 환자(보호자)에게 소식을 전달할 수 있는지에 대한 세 가지 개념적 모델을 제시하였습니다.[104] 이 연구의 모델에서 임상의사는 나쁜 소식을 전달할 때 환자, 질병 또는 감정 중심의 의사소통 방식을 채택할 수 있습니다. 감정 중심의 스타일을 채택하는 임상의는 친절하지만 바람직하지 않을 수 있습니다. 어떤 임상의는 서두르지 않고, 동정과 공감에 지나치게 초점을 맞추고, 진지하고 엄숙하며, 격려나 희망을 거의 주지 않습니다. 잘못된 희망을 키울까 봐 이런 식으로 소식을 전달하려는 생각이 임상의에게 생길 수도 있습니다. 소식을 듣는 사람은 이 기본형태 메시지의 비언어적 측면에 초점을 맞출 수 있으며 실제보다 상황이 더 나쁘다고 가정할 수 있습니다. 질병을 중심으로 설명할 경우, 전문용어보다는 이해하기 쉬운 기본형태를 사용하여 나쁜 소식을 전하는 임상의가 있을 수 있습니다. 이러한 임상의가 하는 질병과 관련한 정보들은 단순히 '의사가 하는 말'로 메시지를 전달하며, 일반적으로 무뚝뚝하고 무감각합니다. 이런 형태의 소식 전달보다 환자 중심적인 접근법이 더 유용합니다. 이 접근법은 이해와 긍정적인 내용으로 채워져 있습니다. 임상수의사는 고객의 요구와 우려에 따라 주의를 기울이고 유연한 태도로 진실로 전달하고 메시지를 전달해야 합니다. 이 형태의 핵심 요소는 고객이 메시지를 이해하는지 검증하는 것입니다. 공감의 표현, 그리고 적절하다면, 고객이 소식에 대해 현실적인 희망을 유지하도록 도와주는 것입니다.

1996년 타첵(Ptacek)과 에버하트(Eberhardt)[101]에 의한 인의학 문헌에 대한 검토에서는 나쁜 소식의 전달에 이용하기 위해 제안된 많은 유용한 요소들을 보고하였습니다. 이전 연구에서 비롯된 여러 요소를 정리해 보면 놀랍게도 확인된 많은 요소가 이전에 확인된 나쁜 소식을 전달하는 환자 중심 모델과 매우 유사합니다. (상자 7-1) 이러한 조사자들의 권고사항 외에도, 의료진이 나쁜 소식을 전달할 수 있도록 몇 가지 다른 프로토콜이 개발되었습니다.[105-107]

상자 7-1. 나쁜 소식을 전달하는 의견일치 요소

1. 물리적·사회적 환경
   - 위치: 조용하고 안정적이고 사적인 공간
   - 형식: 편한 시간, 방해가 없고 침착함을 유지할 수 있는 충분한 시간 (일대일로 얼굴을 마주 볼 수 있으며, 아이컨택을 유지하면서 환자와 가까이 앉아서 물리적인 장벽을 없앤 상태)
   - 사람: 고객의 요구를 확인하고 표현

2. 메시지: 무엇을 이야기 할 것인지
   - 준비: 미리 주의를 환기시키기, 이미 고객이 알고 있을 사항을 파악하기, 어느 정도의 희망을 전달하기 (고객의 반응을 확인하고 감정적 표현이 가능하게 하기)
   - 질문 허용: 글 형식, 녹음, 문서로 상담 내용 요약해주기

3. 언어의 전달 방식
   - 감정적인 부분: 배려, 보살핌, 공감, 존중하는 언어
   - 간단하고 직설적인 단어 사용(애매한 단어 사용하지 않기)
   - 기술적인 전문용어·의학 전문어 사용 줄이기
   - 듣는 사람이 받아들일 수 있는 정도에 맞추어 내용을 전달하고, 요약하는 것을 도와주기

이러한 프로토콜 중 일부를 사용하는 의료진은 나쁜 소식을 전달해야 할 경우 불안과 스트레스가 감소한다고 보고했습니다.[105,106] 훈련생들은 프로토콜을 사용하는 훈련을 받은 후 나쁜 소식을 전달하는 능력에 더 자신감을 느낀다고 보고했습니다.[106] 요약하자면, 의료진은 나쁜 소식을 효과적으로 전달할 수 있도록 도와주는 기술이 필요하며 이것을 활용해야 한다는 것입니다. 문헌 대부분은 의뢰인이 아닌 임상의의 관점에서 나쁜 소식을 전하는 것에 주의를 기울여야 한다고 이야기하고 있습니다. 의료인들은 고객에게 도움이 된다고 믿는 단어를 사용했지만, 고객이 필요한 고객의 관점을 공감하는 단어는 훨씬 적게 사용하게 되었습니다.[103]

한 연구에서 세 가지 나쁜 소식 전달 방식의 기본 형태에 대한 고객 선호도를 평가했습니다.[108] 여학생들을 모집하여 남자 의사가 유방암 진단과 같은 나쁜 소식을 여자 배우에게 전달하는 3가지 형식의 비디오테이프를 보여주었습니다. 여학생들에게는 본인이 그 환자인 것처럼 감정을 투영하고 의사의 의사소통 방식에 자연스럽게 반응하도록 지시를 내렸습니다. 환자 중심으로 소식을 전달하는 의사가 나오는 비디오테이프를 보았을 때 권위적이지 않으며 감정적 위안, 희망의 표현을 통하여 정보를 전달받았다고 생각하였으며, 가장 적절한 모델로 평가했습니다. 이 비디오테이프를 본 학생들은 또한 방문 만족도가 가장 높고 부정적인 감정이 거의 증가하지 않았다고 보고했습니다. 실제 환자를 연구하지 않고 여성 지원자들에게 그들의 '역할극'의 반응에 의존하는 것은 이 연구의 명백한 한계가 있었습니다만, 어떤 방식으로 나쁜 소식을 잘 전달할 수 있는지 보여주는 예시일 것입니다. 수의 임상에서 의료진이 환자 또는 고객의 관점으로 나쁜 소식을 전달하는 것이 얼마나 좋은지는 추가로 연구가 필요합니다.

수의사들이 나쁜 소식을 전달하는 방식에 대해서는 광범위하게 연구되지 않았습니다. 62명의 수의사를 대상으로 한 설문조사를 통해서 나쁜 소식 전달에 관한 수많은 가설을 조사하였습니다. 이 연구의 목적은 나쁜 소식을 전할 때 수의사의 불안이나 스트레스를 줄이는데 어떤 요인이 작용하는지 알아내는 것이었습니다. 그 결과는 나쁜 소식을 공유하는 것이 수의사들끼리 경험을 쌓으면서 더 쉬워지는 것 같다고 했고 나쁜 소식을 전달하는 것에 대하여 일반 의사들보다 수의사들이 덜 스트레스를 받는다는 것으로 나타났습니다. 수의사들은 고객의 감정적 반응에 대한 스트레스를 덜 받았다고 보고했으며, 일반적으로 문헌에 보고된 기법들이 자신들과 고객들에게 도움이 된다고 생각했습니다.

나쁜 소식의 전달과 관련된 스트레스와 불안의 강도와 시기가 전달자와 수신자에게 다르다는 점을 알고 있어야 합니다.[101] 전형적으로 나쁜 소식을 전하는 사람은 나쁜 소식을 전달하기 전이나 전달하는 도중에 큰 불안을 경험합니다. 일단 메시지를 전달하면, 스트레스와 불안은 사라집니다. 반대로, 수신자는 나중에 어느 시점까지 나쁜 소식의 전달과 관련된 스트레스와 불안의 최고 고도를 경험하지 못합니다. 불안함에 최고조를 느끼게 되는 시기 전달자가 방을 나간 후, 접수 데스크에서 혹은 고객이 집으로 돌아온 후일 수도 있습니다. 따라서 모든 수의사는 고객의 반응을 능숙하게 다룰 수 있도록 훈련받는 것이 중요합니다. 고객들은 복잡한 감정적 또는 분노의 반응을 경험하고 있을 것입니다. 직원이 메시지를 개인화하지 않도록, 또는 그러한 나쁜 소식을 전달하고 난 이후의 상황에서 방어적으로 되도록 훈련하는 것이 중요합니다.

예를 들어, 나쁜 소식을 전달하고 난 후에 다음과 같이 말할 수 있습니다.

"○○○ 씨(보호자 분), 많이 놀라시고 화가 나셨을 것 같습니다. 여기 상담실에서 몇 분 있다가 나가도록 할까요?"
"기분이 좋지 않을 거라고 짐작할 수 있습니다. 제가 보호자 분과 같은 나쁜 소식을 들었다면 무척이나 화가 났을 거 같습니다. 제가 감정에 도움이 될 수 있게 해드릴 일이 있을까요?"

버크만(Buckman) 등의 5단계 접근법(상자 7-2)[109]은 수의학적인 맥락에서 나쁜 소식을 전달하기 위한 대화형 교육으로 준비, 고객 지식 그리고/또는 선호도에 대한 평가, 소식을 공유하기, 감정에 대한 주의, 그리고 고객에게 팔로우 업과 계획에 대해 요청하는 단계를 제시하였습니다. **준비 단계**는 특히 응급 의료진들에게 매우 중요한 것입니다. 고객과 이야기하기 전에 자기 생각과 감정을 정리하고 추스르기 위해 바쁜 움직임으로부터 잠시 속도를 늦추고 시간을 갖는 것이 중요합니다.

▶ **준비**

• 사실을 검토하라– 무슨 말을 해야 할지 미리 준비

• 시간과 장소

• 누가 참석해야 하는가

• 발생할 가능성이 있는 문제

• 대응 방법

• 검토 및 피드백

• 사생활이 존중되는 조용한 장소

• 무선호출기(휴대폰)는 진동으로

• 스태프에게 방해하지 말라고 가르치기

• 수의사는 중요한 정보원으로 역할 (사용하려는 단어를 사전에 검토하고 고객의 질문과 반응을 예상하는 것은 도움이 됩니다.)

▶ **고객의 지식과 선호도 평가하기**

• 고객이 있는 곳에서 시작 (사용된 단어, 회피적이고 비언어적 행동)

• 얼마만큼 또는 어느 정도의 정보를 줄지 평가하기 (대부분의 고객은 완벽한 진실을 기대합니다.)

• 나쁜 소식 공유하기

• 사전 경고로 시작하기

• 동물의 이름을 사용하기

• 의학용어 및 전문용어 사용금지

• 작은 말 단위로 정보를 전달하기

• 페이스를 늦추고 고객이 정보, 심각성, 최종성을 흡수할 수 있는 시간을 허락하기

• 암, 사망(died), 사망(dying)과 같은 잘못 해석이 되지 않는 단어를 쓰기

▶ 감정에 주의를 기울이기
- 다양한 반응에 대비 (예를 들어 말이 막힘, 슬픔, 의심, 화남)
- 언어적, 비언어적인 감정의 표현을 관찰하기
- 고객이 반응할 공간을 주기
- 강한 감정을 조절하고 정당화하기
- 상황과 관계없이 유죄는 흔하다는 것을 이해하기
- 당신 스스로 비언어적인 소통에 관심을 기울이기 (눈높이, 앉기, 아이컨택, 말을 느리게 하기, 낮은 톤의 목소리는 아마 걱정을 줄일 것입니다. 적절한 터치의 사용)

▶ 계획 및 후속 조치
- 고통의 신호를 경계하고 지원을 위한 고객의 자원을 평가
- 현실적인 희망과 지지에 대한 메시지를 제공하기
- 당신 스스로 감정적인 반응을 알기
- 문서 정보로 제공

응급의 긴급성 때문에 **고객의 지식과 선호도의 평가**는 아마 매우 다양할 것입니다. 예를 들어, 수의사들이 검사한 결과들에 대하여 전달하기 전에 보호자가 어떤 생각을 하고 있는지 알아보는 것이 도움이 될 수 있습니다. 당장 원하는 것이 무엇인지 장기적으로는 어떤 것을 원하는지를 확인하는 것도 좋습니다.

'만박이'의 현재 상태는 어떻다고 알고 계시는지요?
암(종양)이라는 질병에 대해서 어떻게 알고 계시는지요?

환자의 상태가 아직은 희망적이지만 치료하는 중에 갑자기 사망할

가능성도 적지 않습니다. 보호자께서 알고 계시면 좋을 것 같습니다. 갑자기 일어날 수 있는 상태로 심폐소생술을 해야 할지도 모르기 때문에 이에 대한 준비를 할 것입니다. 이런 일이 일어나면 어떻게 하실 것인지 보호자께서 원하시는 것이 있으신지 알고 싶습니다.

고객의 지식이나 선호도에 따라서 고객의 반려동물의 죽음이나 다른 형태의 치명적인 합병증에 대한 언급을 처음에는 생략할 수도 있습니다. 고객이 치료에 대한 선택을 함에 있어 전체적인 평가를 할 때 우선순위에 맞추어 단계적으로 추가적인 정보나 소식을 전달할 수도 있습니다.

다음 단계는 **고객과 소식을 공유**하는 것입니다. 나쁜 소식의 복잡성과 본질에 따라, 정보는 수신자가 정보를 소화하기 위해 적절한 일시 정지 상태와 더불어 짧은 언어 단위로 제시되어야 할 필요가 있을 것입니다. 계속 말하기보다는, 보호자가 이해하고 있는지를 확인하는 시간이 작은 말 단위 사이에 필요합니다.

또한, 고객이 제공된 정보를 완전히 흡수할 수 있도록 정보전달 사이에 자연스럽게 일시적으로 침묵하는 것이 도움 됩니다. 또한, 나쁜 소식의 전달을 사전 경고로 시작하는 것은 고객이 다가오는 소식에 대한 자신의 대처 자원을 동원하도록 하는 데 도움이 될 수 있습니다. 예를 들어 보겠습니다.

○○ 씨, 당신과 나누어야 할 아주 힘든 소식이 있습니다. [일시 중지

를 하고, 고객이 준비하도록 허용합니다.] 보호자께서도 아시다시피, '감자'의 부상은 매우 심각했습니다. 저희는 할 수 있는 모든 것을 회선을 다해서 했습니다. 그 애가 몇 분 전에 죽었다는 말을 해야 해서 정말 안타깝습니다. [일시 중지하고 고객이 소식에 대한 반응을 보일 수 있도록 허용하고, 고객이 다음 진술을 들을 수 있게 되면 계속합니다.] '감자'가 죽을 때 우리는 같이 있었습니다. 최대한 그 애가 편안한 상태를 유지할 수 있도록 확실히 했습니다. [일시 중지, 그리고 고객의 감정적 반응에 집중합니다. 소식을 계속 전하는데 적절한 상황이면 고객의 선호도 평가를 시작합니다.] 당신이 소식에 대해 논의할 준비가 되었다고 느끼면 당신이 해야 할 몇 가지 선택들이 있을 것입니다. 이제 조금 더 이야기를 드려도 될까요? 먼저, 보호자께서는 '감자'와 함께 있으면서 그 애를 안아주거나 포옹해 줄 수 있으십니다. 제가 당신을 위해 그 애를 방으로 데려올 수 있습니다. [부검, 부검의 종류, 화장 또는 매장과 같은 각 상황과 관련된 나머지 선택사항은 여기에서 논의할 수 있습니다.]

고객의 감정적인 반응에 참여하는 것은 응급 의료진에게 가장 불안감을 유발하는 경험일 수 있습니다. 보호자(고객)의 순수한 감정은 예측이 불가능하다는 것을 다시 한번 확인하게 됩니다. 이에 대해 효과적으로 대응하는 법을 배우는 것은 개인적 또는 문화적 가치와 규범에 따라 매우 달라질 수 있습니다. 유명한 통증 치료 전문의인 아이라 바이옥(Ira Byock)은 "시간의 기능 중에 친밀함이 쌓이는 것은 없다." 87,110라고 했습니다. 나쁜 소식에 힘들어하는 고객들의 감정적 반응에 공감하는 것에 있어서 반드시 상대방을 잘 알고 있어야 하는 것은 아닙니다. 단순히 배우고, 연습하고, 그리고 공감적인 말을 하는 능력 그리고 필요로 하는 조치를 하면 됩니다. 고객들이 경험하고 있을지도 모르는 강한 감정을 정상화하고 정당화하는 것도 중요합니다. 예시를 살펴보도록 하겠습니다.

- 당신에게 이것이 얼마나 어려운 일인지 저는 압니다.
- 당신이 얼마나 화가 나셨는지 들었습니다. 그렇게 느끼는 건 정상입니다. 만약 저한테 이런 일이 일어났다면 저도 화가 났을 겁니다.
- 당신에게 이런 일이 일어났다는 것을 받아들이기 어렵다는 것은 충분히 이해할 수 있습니다. 모든 일이 너무 빨리 벌어졌습니다.
- 화를 내시는 것은 정상입니다. 저도 버디가 우리가 바랬던 데로 반응하지 않아서 너무 마음이 무겁습니다.
- 고양이는 집 밖으로 잘 나갑니다. 당신은 이런 일이 일어나게 한 게 아닙니다. 당신은 ○○이를 최대한 빨리 병원으로 데려왔습니다. 당신은 그 애를 돕기 위해 할 수 있는 최선을 다 했습니다. 때때로, 사건은 그냥 일어난 것입니다.

최종단계에는 **계획과 후속 조치가** 포함되어야 합니다. 이 단계의 가장 중요한 요소는 고객이 메시지를 이해하였는지 계속 확인하는 것입니다. 계속되는 감정적인 반응은 정상적이며 종종 이전 단계에서 현 단계로 왔다 갔다 해야 합니다. 전달된 소식에 대해 특별히 감정적인 반응을 경험한 고객에게는 그들을 집으로 데려다줄 수 있는 사람을 부를 기회를 제공하거나 적어도 그들이 운전하는 것이 안전하다는 것을 확인하기 위해 병원 직원들에 의해 한 번 더 확인받아야 합니다. 격렬한 감정적 반응을 경험하는 고객에게 마찬가지로 중요한 것은 이후 그들을 돕기 위해 이용할 수 있는 자원을 결정하는 것입니다. 펫로스(pet loss) 핫라인, 펫로스 지원 그룹 또는 펫로스에 관한 읽기 자료와 같은 지원 시스템에 대한 참조를 제공하는 것이 종종 도움 됩니다. 사망 통지 이외의 상황에서는 다음과 같이 현실적인 희망의 메시지를 제공하는 것이 필요합니다.

- '미미'가 암에 걸렸다는 것을 듣는 것은 힘들 것입니다. 하지만 저는 수술을 통해 모든 종양을 제거할 수 있을 거라는 데에 희망적입니다.
- 이는 슬픈 소식입니다. 하지만 최소한 우리는 우리가 무엇에 직면하고 있는지 그리고 '샘'의 설사를 설명할 필요가 있습니다.
- '토비'의 암은 꽤 진행되었고 저는 당신이 그를 놓아줄 준비가 되어 있지 않다고 들었습니다. 그가 떠난 시간 동안 우리가 그를 좀 더 편하게 해줄 수 있는 많은 것들이 있다고 생각합니다.

요약

비록 스트레스받을 수 있지만, 나쁜 소식을 전달하는 것은 의료 전문가들이 고객과 소통하는 가장 중요한 상황 중 하나입니다. 부적절하게 전달되는 나쁜 소식을 받은 고객들은 혼란과 괴로움, 원망을 느낄 가능성이 큽니다. 여기서 언급된 요소 또는 전략의 일부 또는 전부를 사용하여 나쁜 소식이 능숙하게 전달될 경우, 몇 가지 긍정적인 결과를 초래할 수 있습니다. 능숙하게 전달된 소식을 받아야 하는 고객은 의료 문제에 대한 더 나은 이해를 경험하고 의사결정을 하고 결과를 수용할 준비가 더 잘 되어 있을 수 있습니다. 응급 치료 및 중환자 치료를 하는 수의사들은 종종 나쁜 소식의 감정적인 영향을 강화하는 어려운 상황에서 나쁜 소식을 전달해야 하며, 따라서 확인된 스킬(skills)과 테크닉(techniques)을 배우고 사용하는 것이 도움 될 수 있습니다. (부록 1)

부록

그룹으로 나누어 나쁜 소식을 전해야 하는 상황에 관해 토론을 해 보도록 합니다. 최근 또는 과거에 마주친 상황이나 마주치지 않았지만, 우려스러운 상황일 수 있습니다. 특정 상황에서 이런 소식을 전달하는 가장 어려운 측면에 관해 토론합니다. 그룹을 형성해서, 본 논문에서 제시된 정보를 바탕으로 여러분의 상황에서 사용할 수 있는 대체 언어를 브레인스토밍합니다. 개방형 질문, 성찰적 경청 및 공감적 진술의 사용에 특히 주의를 기울입니다. 만약 당신이 편하다면, 파트너와 함께 일하고 역할극에서 나쁜 소식을 다시 전달합니다. 또 다른 방법은 역할극을 비디오로 녹화하여 직접 검토한 다음 다른 사람에게 듣도록 하는 것입니다.

시작하기 위한 예로는 다음과 같은 시나리오가 있습니다.

1. OX 씨는 방금 심각한 호흡기 질환에 대한 추가 평가를 위해 10살의 중성화한 암컷 푸들인 초코를 데리고 왔습니다. 초코는 이전에 심각한 승모판내막증으로 진단받았고 지금까지 심각한 울혈성 심부전 때문에 두 번 입원해서 치료받았습니다. 초코는 현재 모든 최신 약물을 복용하고 있으며, 당신은 그 애의 약을 더는 "바꾸겠다."라고 할 수 있다고 생각하지 않습니다. 또한, 초코

는 한 달 전에 전이성 유선 종양 진단을 받았습니다. 당신은 현재 호흡기 질환의 원인이 심장 질환인지 종양의 전이 때문인지 확실하지 않습니다. OX 씨는 가까운 가족이 없는 연로한 미망인입니다. 초코는 보호자에게 감정적으로 중요하며, 초코가 '떠나는 날'을 상상할 수 없다고 여러 번 이야기한 적이 있습니다.

2. XX 씨가 차에 치인 2살짜리 래브라도 리트리버를 방금 당신에게 데려왔습니다. 심한 흉부 손상이 있었습니다. 공격적인 소생술 노력에도 불구하고 개는 병원에 도착한 지 몇 분 만에 죽었습니다. XX 씨의 10살 된 아들이 실수로 개를 끈 없이 풀어주었고 부모인 XX 씨와 함께 병원에 온 것입니다.

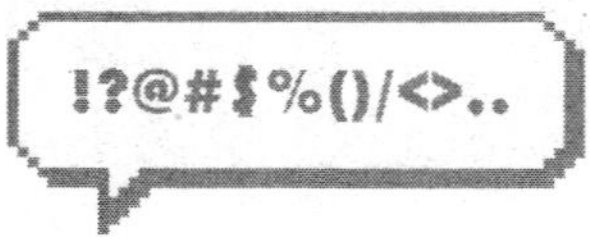

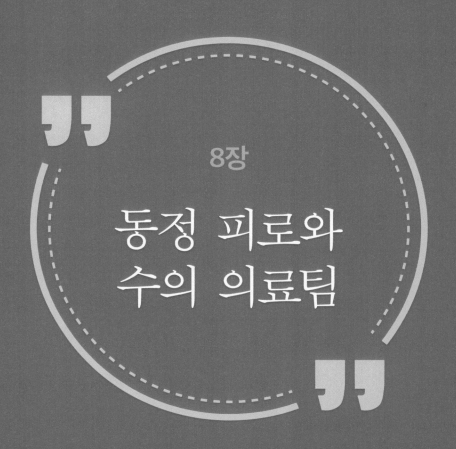

8장

동정 피로와
수의 의료팀

동물병원에서 바쁜 하루를 보냈습니다. 첫 진료로 차에 치인 어린 개 한 마리를 진료한 후, 가족들 참관하에 17살 된 고양이를 안락사하였습니다. 동물보건사는 늦잠을 자서 지각하여 동물병원을 들어왔습니다. 잠이 들면, 누군가가 수술실에 몰래 들어와 모든 장비를 오염시키고, 수술 후 감염이 발생해서 곤란한 상황에 빠지는 꿈을 꿉니다. 직장에서 다른 누구도 당신만큼 병원 일에 관심을 쓰지 않는다고 느낍니다. 가족도 당신의 일을 이해하지 못하고, 당신은 문제를 혼자만 알고 있습니다. 병원에서 너무 늦게까지 있어 주말에만 아이들을 볼 수 있고, 겨우 평일에 휴가를 내었지만, 너무 지쳐서 아이들을 볼 기력이 없습니다. 실은, 맥주 두어 잔으로 자신의 방에 혼자 틀어박혀 있는 편이 낫다고 생각합니다.

이런 상황들이 익숙하게 들리나요? 수의사인 당신은 자신에 대해 걱정하나요? 저렇게 잠이 많은 동물보건사는 어떤가요?

수의사들은 감정 노동이 심한 직업 중 하나로 알려졌습니다. 미국수의사협회(American Medical Veterinary Association, AMVA) 통계에 따르면 수의사 6명 중 1명은 자살을 생각한 적이 있으며. AMVA가 Merck Animal Health와 협력하여 2020년에 발표한 보고서에 따르면 수의사는 일반 대중보다 자살로 사망할 가능성이 2.7배 더 높았습니다.[111] 위의 증상(수면 장애, 금단 증상, 과민증, 자기 소외 등)들은 동정 피로의 전형적인 증상입니다. 이 장에서는 동정 피로에 관한 여러 문헌에서 나오는 관련 증상과 최악의 경우를 예방하거나 극복할 방법을 제시하고자 합니다. 개념의 유래, 증상과의 관련성, 의료 및 심리학적 위험 요소, 대처 방법에 대한 순서로 살펴보도록 하겠습니다.

수의사, 동물보건사, 동물 보호소에 관련된 일에 종사하기로 진로를 선택한 사람들은 대부분 동물을 돌보고 싶어 하고 돌보지만, 가끔 자신을 스스로 보호하지 못합니다. 개인이 자신을 스스로 보호하지 못할 경우는 동물 지향적인 직업을 선택한 이유를 약화하고 때로는 극단적인 상황으로 치닫게 될 수도 있습니다. 그 동물을 돌보는 사람이 스스로가 건강하지 않으면 어떻게 반려동물을 돌볼 수 있을까요?

동정 피로는 무엇인가?

'동정 피로(compassion fatigue)'란 고통스러운 현실이 지속되면서 고통받는 자들에 대한 동정심이 약화되는 것을 가리킵니다. 긴급구호 전문가나 간호사, 사회복지사 등, 재난 현장에서 일하거나 돌봄노동에 종사하는 사람들은 동정 피로를 겪기 쉽고, 수의사들과 동물보건사도 여기에 속합니다.

유래

동정 피로라는 용어는 정의는 명확하지 않지만, 자선 기부, 의료, 외상 회복 등 다양한 상황을 기술하는 데 사용됐습니다. 동정이란 무한히 표출할 수 있는 감정이 아니기 때문입니다. 지하철에서 노숙자가 구걸하고 있으면 동정심 많은 사람은 지갑을 열 수도 있습니다. 하지만 그들도 조금 뒤 다른 구걸하는 이를 보면 이를 지나가면서 못 본 체하게 될 수도 있습니다.

1980년대, 세계적인 행사인 '생명 지원(Live Aid)' 콘서트(http://I-news-wire.com/pr34930.html) 같은 대중의 인식과 단체 활동을 통해 재난을 해결하려는 노력으로 이어졌습니다. 아프리카 가뭄과 같은 한 재난에 열렬히 시간과 돈을 기부했을지도 모르지만, 시간이 지나면 더 많은 재난이 나타나자 기부자들은 점점 돈을 주고자 하는 욕구가 줄어들었습니다. 일부 학자들이 이러한 동정적인 감정이 무디어지는 것을 '동정 피로'라고 불렀습니다.[112]

탈진(burn out)

동정 피로라는 용어는 또 다른 용어인 탈진(burn out)이라는 표현과 유사한 부분이 많습니다. 한 가지 일에만 몰두하던 사람이 신체적·정신적인 극도의 피로감으로 인해 무기력증, 자기혐오, 직무 거부 등에 빠지는 증상입니다. 어떤 직업에서 지속해서 스트레스를 받게 되면, 그 근로자는 피로와 같은 육체적 징후와 탈진(burn out)이라고 알려진 상태인 금단 같은 감정적 징후를 모두 경험하게 됩니다.[112]

탈진(burn out)의 초기 증상은 늦게 출근하거나 프로젝트를 미루는 것으로 시작할 수 있습니다. 만약 스트레스 수준이 개선되지 않는다면, 그들은 다른 사람들, 심지어 가족 구성원들을 피하거나 술을 너무 많이 마실 수도 있습니다. 치료받지 않은 채 방치된 채, 피로가 점진적으로 누적되면, 이러한 스트레스가 많은 상황을 완전히 벗어나기 위해 행동하게 되는 것을 말합니다. 예를 들어, 한 동물 보호소의 동물보건사가 하루에 수의사가 안락사할 숫자를 제한시키는 행동을 할 수 있습니다. 2~3마리의 안락사가 진행된 후 동물보건사는 더 이상 도움을 주는 것을 꺼리고 화장실에 간다는 핑계를 대고 난 후 어딘가로 숨어 버릴 수도 있습니다.

정서적 외상 또는 2차 외상 후 스트레스 장애로서의 동정 피로

동정 피로라는 개념에 대한 다른 이론적 근거는 베트남 전쟁으로부터 생겨났습니다. 베트남 전쟁 후 미국인들은 일부 귀환 참전용사들이 지속적인 스트레스 증상을 경험하는 것으로 조사되었습니다. 그들은 과거 회상(flash back)을 경험했고, 성급하고 짜증을 잘 냈으며, 전쟁에 사로잡혀 있거나 아니면 그것에 대해 논의하기를 거부하는 것 같았습니다. 이들 중 일부는 술을 마시거나 약을 먹거나 정신질환자나 노숙자로 전락했습니다.

연구원들이 외상 후 스트레스 장애(PTSD)라고 부르는 이 행동을 연구하면서, 그들은 간접적으로 트라우마에 노출된 사람들조차도 영향을 받을 수 있다고 믿게 되었습니다. 이야기를 듣고, 텔레비전 방송을 보거나, 정신적 충격을 받은 사람들을 돌보는 가족, 상담사, 그리고 다른 사람들은 그러한 사건들을 겪으면서 실제로 살았던 사람들과 같은 증상을 보였습니다. 홀로코스트 생존자[113], 성적 학대 생존자의 보호자[114], 정신적 충격을 받은 군인들의 반려자[115], 그리고 사고와 테러가 발생했던 마을의 거주자들은[116,117] 마치 그들이 직접 충격을 받은 것처럼 과거 회상(flash back), 수면 문제 또는 과민증을 경험했습니다. 일부 관찰자들은 이것을 2차 PTSD라고 표현하기 시작했습니다. 1989년 찰스 피글리(Charles Figley)[118]는 PTSD와 관련하여 동정 피로라는 용어를 사용하였고, 1995년까지 PTSD를 경험하는 사람들을 돕는 사람들은 '2차 외상성 스트레스 장애'의 위험에 처해 있다고 주장했습니다.[119]

탈진 vs 동정 피로

비록 많은 사람이 탈진과 동정 피로라는 용어를 서로 혼용하여 사용하지만, 그것들은 두 가지 다른 개념입니다. 탈진은 업무 스트레스에서 비롯되며 스트레스 호르몬인 코티솔의 높은 수치와 관련이 있습니다.[120] 의료 종사자들에 대해서 광범위하게 연구됐고, 감정의 과도한 소비는 외부 보상이[121] 거의 없는 높은 직업 수요에서 비롯되며, 개인 또는 휴가 기간이 부족하기[122] 때문에 발생한다고 보고되었습니다. 긴급한 요구와 감사 부족, 휴식 부족에 시달리는 근로자들이 상황을 바로잡지 못하면 아예 그만두기 전에 감정적 행동을 중단할 수도 있습니다. 탈진한 사람은 겉으로는 정상적으로 보이나 실제로는 아무런 의욕이 없는 상태입니다.

이름에서 알 수 있듯이 PTSD는 외상성 사건에 노출된 취약한 사람들에게서 발생합니다. 연구가 계속되고 있지만, 위험요인과 효과는 신체적, 정신적인 것으로 보입니다. 탈진과 달리 PTSD는 체내 다른 과민반응의 원인이 될 수 있는 낮은 코티솔 수치와 연관되어 있습니다.[123] 심한 스트레스에 노출되면 기억과 스트레스를 다루는 뇌의 부분인 해마가 줄어들 수 있습니다. PTSD에서는 일란성 쌍둥이를 대상으로 한 연구에서 가장 취약한 사람들이 외상성 사건 이전에도 평균보다 작은 해마를 가질 수 있다는 증거가 나왔습니다.[124] 연구원들은 PTSD가 일반적인 스트레스 반응과는 다른 독특한 생물학적 패턴을 보여준 것으로 생각됩니다.[125] 2차 PTSD를 가진 사람들의 이러한 변화를 확인하기 위한 연구는 거의 이루어지지 않았습니다.

PTSD에 대한 심리학적 위험도 탈진 시와 다릅니다. 대부분의 연구는 기존의 정신 질환, 정신 질환의 가족력, 또는 이전의 외상 기록의 세 가지 요인이 있습니다.[126,127]

많은 학자가 정신적 충격을 받은 개인을 돌보는 사람들(가족이나 신경정신 전문의)도 원래의 피해자와 같은 증상을 보이는 경향이 있으며, 성격 특성과 노출 빈도에 따라서 영향을 받은 것으로 밝혔습니다. 피글리(Figley)[3]는 어려운 상황에 있는 사람을 대할 때 '정말, 깊이 신경을 써주는 사람'이 되는 것만으로 충분하다고 이야기합니다. 왜냐하면, 임상수의학과 동물 보호 분야(예를 들어 동물 보호소)에서 일하고 깊이 관심을 두는 사람들이 많이 있어서, 그들이 동정 피로를 일으킬 위험이 크기 때문입니다.

성별에 따른 차이와 정신적 충격을 받은 사람들에 대한 노출 정도에 따라서 다른 경향이 있습니다. PTSD는 남성과 여성에게 발생하지만, 증상과 배경은 성별에 따라 다를 수 있습니다. 한 연구에 따르면 남자들은 다른 증상을 보였습니다. 남자들은 더 많은 과민성(위험에 대한 높은 인식), 더 많은 자극성, 알코올 중독 등의 증상들을 보였습니다. 같은 연구에서는 PTSD를 앓고 있는 여성들이 남성들과 다른 생활 경험을 가지며, 많은 수의 여성들이 성적인 학대의 받은 경우 PTSD를 보인다고 보고된 바 있습니다.[128] 또 다른 위험 요소는 가족과 간호인이 정신적 충격을 받은 개인에게 노출되는 빈도와 시간입니다. 2001년 9월 11일 테러의 희생자들을 돕는 성직자들에 대한 연구는 그라운드 제로에서 보낸 시간과 동정 피로 사이의 직접적인 상관관계를 발견했습니다. 성직자들이 시간을 많이 쓸수록 동정 피로가 발생할 위험이 더 컸습니다.[129]

---

(3) http://www.medscape.com/viewarticle/513615_print

동정 피로의 효과

징후 및 증상

많은 문제처럼, 동정 피로도 서서히 발전합니다. 어떤 사람이 진정으로 어떤 것이 잘못되었다는 것을 인식할 때쯤에는 다음과 같은 여러 가지 문제가 생길 수 있습니다.

1. 분열
2. 멍함(무감각)
3. 격리
4. 과경계(Hypervigilance)
5. 수면 문제
6. 슬픔
7. 회피 또는 집착

지속적인 스트레스는 몸을 힘들게 합니다. 인간을 포함한 동물들은 위험에 대응할 수 있는 메커니즘이 내재되어 있습니다. 당신이 퇴근하는 길에 사자가 당신에게 달려드는 것을 봤다고 상상해 봅시다. 당신의 몸은 코티졸과 같은 스테로이드 호르몬과 아드레날린과 같은 신경 전달물질을 방출할 것입니다. 이러한 것들은 신체의 다른 부분들이 '투쟁 또는 도피'라는 잘 알려진 조건인 위험으로부터 도망치도록 생물학적인 작용을 일으킵니다.

사람들은 지속적인 스트레스를 두 가지 방법 중 하나로 처리하는 경향이 있습니다. 그들은 에너지를 절약하려고 노력하거나, 또는 그냥 그대로 과도한 스트레스에 노출됩니다. 에너지를 절약하는 한 가지 방법은 직장에서의 압력이나 무서운 경험과 같은 스트레스 요인으로부터 분리하는 것입니다. 사람들의 육체는 직장에 존재해야 하지만, 직장에서 일하고자 하는 마음은 없앨 수 있습니다. 단절은 사람들이 현실 세계와 정신적으로 분리될 때 일어납니다. 때때로 사람들은 그 일이 난 상황에서 '떠남'으로 충격적 경험에 대처합니다. 즉, 더 광범위한 종류의 **분열**입니다. 반복되는 학대와 같은 경험이 혹독하고 진행된다면, 사람은 도피하는 것에 너무나 익숙하게 되어, 정신학적인 보호장치로 시작된 것이 그 자신의 문제로 발전하게 될 수 있습니다. 이러한 사람은 기억력 감퇴를 경험하거나 다른 정체성처럼 보일 수 있습니다. 이들은 또한 위험에 부적절하게 반응할 수 있습니다. 예를 들어, 불이 났을 때 집이 타버리는 것을 본 한 남자가 본인을 구조해준 소방관들에게 이렇게 멋진 경치를 가진 것이 행운이라고 말하는 본인의 상황에서 도피하여 다른 사람의 입장에서 이야기하는 듯한 발언을 하는 것입니다.[130]

멍함(numbness)은 다른 종류의 단절입니다. 나쁜 소식을 듣는 충격은 일시적으로 사람을 느낄 수 없게 만들 수 있습니다. 반복되는 심리적인 타격은 단지 하루를 이겨내기 위해 누군가 감정을 완전히 닫아버릴 수 있도록 합니다. 사람들이 스트레스를 받을 때 에너지를 절약하려고 하는 또 다른 방법은 고립입니다. 그들은 아이들을 침대에 눕히는 대신 친구들과 만나는 것을 그만두고 집에서 컴퓨터를 하며 시간을 보냅니다. 어차피 자기들의 처지를 아무도 이해하지 못하기 때문에 의논해 봐야 소용없다고 믿게 될 수도 있습니다.

외상이나 스트레스에 대한 또 다른 반응에는 **과민반응이나 과충전 상태**를 유지하는 것이 포함됩니다. 과잉된 상태로 이것은 위험 가능성에 대한 경각심이 고조된 상태라고 할 수 있습니다. 이러한 상황은 사람들의 신경을 곤두서게 하고 불안하게 만듭니다. 자신과 가족을 보호하기 위한 끊임없는 과잉된 상태는 결국 사람을 지치게 할 수 있습니다.

수면장애는 우울증과 스트레스의 증상입니다. 누군가는 평소보다 훨씬 더 많이 잠을 자거나, 반대로 잠을 자는 데 어려움을 겪을 수 있습니다. 불면증은 환자를 병, 졸음, 그리고 근본적인 스트레스를 더욱 악화시킬 수 있는 다른 문제들로 연결됩니다.

동정 피로를 겪는 많은 사람은 더 자주 **슬픔**을 표시하고 눈물을 흘린다고 보고 합니다. 예를 들어 반려동물의 보호자가 자신이 돌보아 왔던 반려동물과 또는 이를 기억 나게 하는 특정한 사물만 보아도 울음을 터트릴 수 있습니다. 친구들과 가족에게 자신의 상황을 설명하려고 할 때 갑자기 무력감에 휩싸여 울기도 합니다. 즉, 일반적인 상황으로도 어떤 이유인지 알 수 없는 경우에도 눈물을 보일 수 있습니다. 예를 들면 직장에서 끝없는 하루를 보낸 후나 아침 샤워를 하거나 집으로 차를 운전하여 돌아올 때 갑자기 울게 되는 것입니다.

동정 피로에 대처하기 위한 마지막 메커니즘 그룹은 **집착과 회피**라는 한 쌍의 상반 되는 감정들입니다. 어떤 사람들은 끔찍한 경험이나 만성적인 고통을 지속적으로 겪고, 일부는 다른 관심사에 초점을 맞춥니다. 그들은 신문 스크랩을 수집하고, 모든 텔레비전 프로그램을 시청하며, 행사나 이슈에 대해 끝없이 토론합니다. 다른 사람들은 어떠한 노출도 피함으로써 그들의 경험을 처리합니다. 이 기술은 그들이 그들의 고통의 근원과 원격으로 관련될 수 있는 어떤 것도 피하게 하는데, 고립과 마찬가지로 그들의 삶을 좁히고 다른 사람들과 단절시킬 수 있습니다.

동정 피로와 동물건강 그리고 복지팀

다른 사람들과 마찬가지로 동물 건강 및 복지 분야의 구성원은 동정 피로에 취약합니다. 게다가 수의사, 동물보건사, 그리고 다른 동물 보호 종사자들은 자신들을 힘들게 하는 특수한 다의 스트레스 요인들을 내재하고 있습니다. 일반적으로, 모든 동물 보호 종사자들은 반려동물과 야생동물에 대한 사랑을 공유합니다.

수의사들

수의사들은 삶과 죽음에 책임을 지고 있습니다. 어느 순간 수의사들은 환자의 피와 고통에 직접적으로 닿아 있다는 것을 알아채게 될 것입니다. 환자들의 생명은 의사의 능력과 빠른 생각에 따라 전혀 다른 결과를 낳을 수 있습니다. 갑작스러운 응급이나 복잡한 시술 후에 많은 의사가 그들 스스로 감정적으로 회복시키는 것이 어렵습니다. 수의사들은 감정적인 긴장을 푸는 대신 피로를 명예의 배지처럼 달고 다닙니다.

의술이 발달하고 정교해지면서 고객들은 윤리적 딜레마를 가지고 있는 사항을 요구할 수도 있습니다. "수의사-종양 관련 전문의는 성공할 가능성이 거의 없는 프로토콜 하나를 더 시도해야 하는가 아니면 고객이 안락사를 고려하도록 설득하는가?"와 같은 질문이 대표적인 예입니다.

오늘날의 진료에서, 높은 수준의 진단 및 치료와 이에 따르는 의사결정은 종종 보호자들의 반려동물이 가족의 일부라고 느끼는 보호자들이 원하여 이루어지게 됩니다. 몇몇 수의사들은 인간을 상대하기 싫어서 직업을 선택했다고 이야기하는 경우도 있습니다. 하지만 수의 임상 환자를 치료하려면 수의사에게 사람을 관리하는 기술은 필수적입니다. 이러한 필요조건을 모르는 의료계 종사들은 사람들을 다루고 마주하는 일에 쉽게 지칠 수 있습니다. 내성적인 사람들은 혼자 있어서 재충전하는 반면, 외향적인 사람들은 다른 사람들 주변에 있는 것으로부터 감정적인 에너지를 받아 재충전합니다.

수의사들은 사람들을 치료하는 의사들과 유사한 많은 특징을 가지고 있습니다. 두 그룹에서 모두 똑똑하고, 둘 다 독립적으로 활동하는 사람들이 구성원 대부분을 차지하고 있습니다. 둘 다 죽음과 상실에 대처하는 기술이 필요하지만, 적절한 감정 거리를 얻는 것을 배우고

다른 사람에게 공감하는 것에 대해서는 부족할 수 있습니다.[131]

일부 수의사들은 고객들과 환자들에게 지나치게 헌신할 수 있습니다. 이러한 수의사들은 늦은 시간과 긴 전화에 자부심을 느끼기도 합니다. 실제로 지나치게 까다로운 의뢰인의 요구 사항은 없지만, 지나치게 헌신적인 의사는 자신이 모든 것을 스스로 해야 한다고 믿습니다.

"다른 사람들은 이해하지 못할 수도 있어. 그 보호자는 안락사시킨 것에 대해 많은 죄책감을 가지고 있어서 나는 그 보호자와 일주일에 한 시간 정도 통화를 하고 있어. 그 사람은 이러한 위로가 필요한 거야."

수의사에게 미치는 또 다른 문제는 약물에 대한 접근성입니다. 일부 수의사와 자신을 진정시키는 베타브록커(beta-blockers)를 접근이 가능하며 복용하기도 쉽습니다. 몇몇 수의사들은 안락사 약물을 스스로 목숨을 끊기 위해 사용하기도 했습니다. 다른 약물 남용 문제와 마찬가지로 마약 보관함에 자주 접근하는 것도 가능하므로 향정신성 약물의 중독에도 쉽게 노출될 수 있습니다.

동물보건사들

동물병원 동물보건사들은 수의사들과 같은 동정 피로 위험 일부를 공유하고 있고 그들 자신의 위험도 있습니다. 법과 표준 관행은 의사들에게 책임지게 하므로 동물보건사들의 작업상황에 대한 통제력이 떨어집니다. 수의사가 원할 때 그들은 수의사가 원하는 것을 해야 합니다.

만약 진료 현장이 대형 동물병원이라면, 몇몇 동물보건사들은 고객과의 접촉이 거의 없는 영역 밖에서 머물며 홀로 소외감을 느낄 수 있습니다. 환자 치료에 대한 결정은 종종 동물보건사의 조언 없이 이루어지지만, 치료와 안락사에 대한 윤리적 딜레마로 같이 공유하는 경향이 있습니다. 동물보건사들의 임상 진료에는 말기 신부전증에 걸린 고양이들을 치료하고 심장마비를 일으킨 개들이 산소 케이지에서 호흡하기 위해 몸부림치는 모습을 무기력하게 지켜보는 것 같은 경험을 피할 수 없습니다.

"수의사가 그 사람들에게 거짓말을 하는 것이 틀림없어요. 저 개는 어제 안락사시켰어야 했어요. 그 개는 괴로워하고 있었거든요. 저는 동물을 고문하기 위해 동물보건사의 직업을 택한 것이 아닙니다."

사실 수의사는 고객에게 모든 선택권을 주고 안락사를 권했을지 모르지만, 만약 고객들이 준비되지 않았다면, 직원들은 그 동물을 계속해서 치료해야 합니다. 수의사가 정기적으로 전 직원과 일에 대해 상의하지 않으면 동물보건사들은 환자에 대한 헌신에서 고립감을 느낄 수 있는데 이는 동정 피로를 느낄 수 있는 상황입니다.

병원 사무직원

동물에 대해 실질적으로 의료적인 책임이 있는 사람들만이 동정 피로를 초래할 수 있는 스트레스를 경험할 수 있는 것은 아닙니다. 접수직원이나 사무관리인과 같은 사무실 직원들도 불안해진 주인들이 달려들거나 죽어가는 동물들과 마주칠 수 있습니다. 수의사, 동물보건사 그리고 다른 건강관리 스태프들이 동물을 안정시키기 위해 치료구역에서 노력하는 동안 접수대 직원들은 화가 날 수도 있는 고객들로부터 정보를 교류하기 위해 남아서 자리를 지킵니다. 이 직원은 가족을 진정시키고, 그들을 위로하고, 수의사과 의료진의 메시지를 전달해야 합니다.

가장 어려운 부분은 고객들이 어떻게 대하든 직원들은 침착하게 도와주는 역할을 해야 한다는 점입니다.

보호소 직원

스트레스가 동정 피로를 일으킬 수 있는 또 다른 그룹의 근로자들은 동물 보호소 직원들입니다. 동물들의 비상사태와 인간의 감정을 다루는 문제 외에도 보호소 직원들은 반려동물의 과잉된 재난에 직면해 있습니다. 비록 보호소에서 일하는 많은 사람이 동물을 사랑하기 때문에 그것을 하지만, 유기동물들을 위한 충분한 공간이 없거나 입양되지 않기 때문에 매년 수백 마리의 건강한 개와 고양이들을 안락사시킬 수밖에 없습니다. 반려동물 안락사의 윤리와 도덕에 관한 논문에서, 버니 롤린(Bernie Rollin)[132]은 이것은 도덕적 스트레스라고 묘사했습니다.

보호소 직원들은 자신들이 지나치게 헌신하지만, 인정받지 못하는 결과가 누적될 경우, 결국 고립되고 냉정해지거나 적개심을 가질 수도 있습니다.

자가 진단

지금까지 동정 피로나 스트레스로 인해 겪을 수 있는 일부의 예시를 들어 보았습니다. 사람이 어떻게 동점 피로를 경험하고 있는지 알 수 있을까요? 다음 테스트를 통하여 평가해 보도록 합니다. 비록 질문에 대한 답변이 검증된 심리학적 테스트는 아니지만, 대략적인 스스로의 평가가 가능할 것으로 생각됩니다.

테스트를 실시한 대부분의 사람은 12개 항목 중 적어도 1개의 항목에서 '그렇다'라고 말합니다. 질문의 절반 이상에 '그렇다'라고 말하는 사람은 동정 피로를 겪고 있을 수 있습니다. 이런 경우는 적극적으로 도움이 필요한 경우입니다.

동정 피로에 대해 무엇을 해야 하는가?

지금까지 본 장은 동정 피로를 그 유래와 이론적 근거에 비춰 정의하고 그 징후와 증상을 기술했으며 동물 의료팀의 다양한 구성원들을 위한 위험 요인을 알아보았습니다. 그리고 피해를 이미 받고 있는지 그러한 성향이 내재하여 있는지를 알아보기 위한 테스트에 관해 설명하였습니다. 아마 독자들은 동정 피로 징후를 인정했고 이것에 능동적으로 대처하기를 원할 수 있습니다. 혹은 동정 피로에 걸리기 전에 예방하고 싶을 수도 있습니다. 어느 경우든 스스로 자기 관리하는 것이 우선시되어야 합니다.

자기관리

자기 위로

첫째, 동정 피로의 사이클이 짧게 끝나고 시작하도록 일정한 한계점을 설정하도록 합니다. 동료들이 환자, 고객 및 의료진의 책임과 더불어 "그 정도면 훌륭해" 하는 정도의 업무 수행을 하는 데에 믿음을 가지도록 합니다. 만약 문제가 너무 많이 복잡한 상황이라면, 동료들과 공감하고 고객들에게 마음을 전달하되 당신 자신을 돌보는 것도 좋습니다. 다른 사람과 어려움을 나누는 행동을 통해 종종 생각하는 것보다 더 많은 도움을 받을 수 있습니다. 다른 사람들의 문제나 어려움을 반드시 해결할 필요는 없으며, 단지 도움이 필요한 사람들이 스스로 장점을 찾도록 도와주면 됩니다.

몸 감각과 다시 연결

둘째, 몸의 감각과 다시 연결합니다. 사람들이 기분 나쁜 상황으로부터 자신을 스스로 차단함으로써 에너지를 절약하려고 할 때 그들은 종종 즐거움과 연결이 끊깁니다. 규칙적으로 운동하는 것을 멈추지 말아야 합니다. 잠시 노을을 바라보거나 의자의 질감을 느껴 보는 여유로운 시간을 자신에게 선물할 수도 있습니다. 하루 중 한두 번씩 심호흡을 하는 것을 잊지 않도록 알람을 맞추어 놓을 수도 있습니다. 마사지 같은 것으로 근육을 이완시켜 줄 수 있는 것도 나쁘지 않습니다. 마사지 스케줄을 예약해서 몸의 어디가 뭉쳐있는지 풀고 어디가 긴장 상태를 파악합니다. 몸의 감각과 연결되면서 쓸데없는 걱정을 없애면 진정한 삶을 만들어 갈 수 있습니다.

사람들과 다시 관계 형성

동정 피로를 경험하는 사람들은 종종 다른 사람의 부탁을 들어주지 않는 경우가 많습니다. 사람들로부터 자신들을 차단하는 데 심지어는 자신의 반려동물이나 가족들의 부탁까지도 거부하는 경우가 있습니다. 환자가 아닌 다른 사람들과 관계를 다시 맺도록 노력해야 합니다. 본인의 일과 관련이 없는 다른 누군가에게 대화하도록 노력해보시길 바랍니다. 마트에서 포장해 주는 아르바이트생이나 커피 가게의 직원에게 이야기를 걸어 보도록 합니다. 시간을 내서 가족들에게 일과에 대해 물어보고 나서 경청하도록 합니다. 친구, 가족, 지인들은 내성적인 사람들까지도 건강한 마음 상태를 유지할 수 있도록 도와줄 수 있습니다.

몸 관리

스트레스는 몸에 해를 끼치기 때문에, 피로에 대항하는 에너지를 축

적하기 위해서 몸 관리를 해야 합니다. 잠자기, 운동 그리고 영양 보충은 스트레스로 잃어버린 것들을 회복시킬 수 있습니다. 수백만 명의 사람들이 온종일 상쾌하고 효과적이라고 느낄 만큼 충분히 잠을 자고 있지 못합니다. 동정 피로가 있는 사람에게는 쉽게 잠들고, 길고 깊게 쉬고 달콤한 꿈만 꾸는 것은 오래전 기억일 수 있습니다. 자신의 침실을 도피처의 용도로 사용해서는 안 됩니다. 직장 때문에 피해를 볼 수 있는 사람들에게 있어서 자신의 영역 밖에서 일하는 것은 필수적입니다. 목욕탕이나 어둡고 조용한 방에서 휴식을 취하거나 규칙적인 취침 시간을 가짐으로 에너지를 회복하는 데 도움을 줄 수 있습니다.

운동

운동은 과도한 스트레스를 받는 몸을 튼튼하게 하고 잠을 촉진하며 불안을 잠재웁니다. 과학자들은 오래전부터 운동이 뇌의 기분 좋은 화학물질인 엔도르핀을 발생시킨다는 것을 알고 있었습니다. 또한, 수면 전문가들은 아침 일찍 운동하는 것은 밤에 잠을 잘 수 있도록 몸을 만드는 요소로 보았습니다. 최근의 연구에서도 적당한 운동이 충분히 기분을 고조시키고 삶의 에너지를 채워 줄 수 있다는 것이 확인되었습니다.[133,134]

휴식과 명상

스트레스를 줄이고 예방하는 강력한 방법의 하나는 휴식입니다. 휴식은 스트레칭이나 몇 번의 심호흡만으로도 이루어질 수 있습니다. 명상 또한 마음이 차분하고 집중이 잘되는 자연스러운 상태입니다. 명상은 다른 영적 행위의 일부일 수도 있고 그 자체를 위해 행해진 것일 수도 있습니다. 직업과 책임을 진 대부분의 평범한 사람들은 명상 장소와 시간을 그들의 일상생활의 일부에서 찾고 만들 수 있습니다. 어떤 강사들은 최소한 20분 동안 명상을 추천하지만 다른 강사들은 단 몇 초라도 없는 것보다는 낫다고 주장합니다. 특히 하루에 몇 번이라도 명상하면 더욱 그렇습니다.[135]

명상을 시작을 위해, 간단한 만든 휴식 프로토콜을 여기 제시합니다. 워크숍 참석자들은 이 연습이 쉽게 삶에 적용할 수 있고 아주 유용하다는 것을 확인하였습니다. 아래의 내용은 동정 피로를 다루고 있으며 그 단어들을 녹음기에 소리 내어 읽고 다시 재생할 수 있습니다. 이것을 자신에게 전하는 메시지로 생각해도 됩니다. 이 내용이 본인에게 마치 사실인 것처럼(예 당신은 일을 즐긴다 또는 당신은 잘 먹는다) 생각합니다. 왜냐하면, 무의식은 이러한 접근에 더 잘 반응하기 때문입니다.

의자에 편하게 앉으세요. 의자가 당신을 지지하게 하세요. 눈감고 긴장을 푸세요. 호흡이 점점 더 쉬워지고 더 깊어지고 있다는 것에 주목하세요.

[일시 정지]

이제 손을 모으고 앞에 들고 작은 힘 덩어리를 들고 있다고 상상해보세요. 이 공을 세게 쥐어짜면 뺄수록 더 세게 저항하여 모양을 바꿀 수 없게 됩니다. 계속 쥐어짜세요. 쥐어짜면서 여러분 자기 내면에 더 깊이 들어가고 있다고 자신에게 말하세요. 이제 갑자기 모든 것을 놓아버리고 마음의 긴장을 느끼세요.

[일시 정지]

부드러운 구름 위에 떠 있는 것을 상상해 보세요. 당신은 매우 편안하고 기분이 좋습니다. 노력이나 주의 없이 쉽게 떠다니는 느낌을 즐기세요.

[일시 정지]

이제 영화가 상영되고 있는 당신의 주위를 둘러보세요. 거대한 스크린이나 물웅덩이가 반사되는 것일 수도 있습니다. 이 스크린에서 당신은 당신 자신의 영화를 봅니다. 여러분은 일을 즐기고 생산적이고 동물과 사람들을 돕는 자신을 볼 수 있습니다. 여러분은 또한 휴식을 취하고 제대로 먹고 동료들과 웃고 있는 자신을 볼 수 있습니다.

[일시 정지]

이제 자신에 대한 호감을 느끼고 퇴근하는 자신을 보세요. 남은 인생도 일만큼 성취감을 준다는 것에 주목하세요. 당신은 친구 가족 취미를 즐깁니다. 푹 쉬고 밥도 잘 먹고 운동도 잘합니다.

전문적인 치료

자기관리는 때로는 동정 피로를 극복하기에 충분하지 않습니다. 과잉된 개입에 오히려 부작용 될 수 있습니다. 불면증, 고립 등은 스스로 삶을 극단적으로 내몰 수 있습니다. 약물 중독을 생각해 봅니다. 그런 상태에 빠진 사람들은 그 행위가 나쁘다는 것을 알고 있습니다. 중독된 사람은 직장이 위험에 처하고 통장 계좌의 잔액은 줄었으며 가족이 자신도 모르는 사이 멀어지는 단계로 진행 되게 됩니다. 자신을 동정 피로로 왜곡시킨 과로는 인생도 망칠 수 있습니다. 빨간 구두를 신고 멈추지 않고 계속 춤을 추는 동화의 소녀가 어떻게 되었는지 알고 있나요?

동정 피로가 삶의 다른 부분을 위태롭게 한다면, 전문적인 도움을 구해야 할 때입니다. 첫 번째 단계는 동정 피로로 발생한 신체적 고통을 평가하고 필요하다면 상담사나 심리치료사를 만나보도록 합니다.

요약

이 연구는 동정 피로의 의미, 그것을 인식하는 방법, 그것을 예방하거나 극복하는 방법을 요약했습니다. 수의사, 동물보건사, 보호소 근로자들은 동물들을 깊이 사랑해서 종종 그들 자신을 돌보지 않기 때문에 동정 피로라는 특별한 심리적인 위험에 처할 수 있습니다.

일과 삶의 다른 부분 사이의 건강한 균형을 회복하는 것은 노력이
필요하고, 필요하다면 주변에 도움을 요청하도록 합니다.

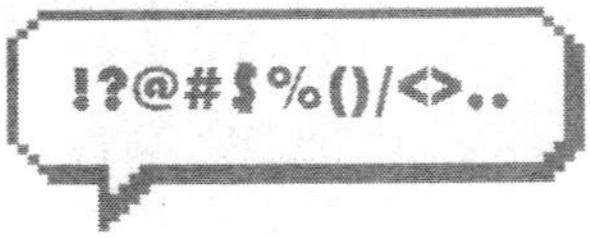

9장

수의임상에서
실망감 전달

문제점

수의사와 의료팀의 노력과 최신 의료 기법의 적용 여부와 관계없이, 고객들은 가끔 치료 측면에서 실망감을 느낄 수 있습니다. 여러 이유 중에는 고객의 동물이 받은 치료에 대한 인식, 의학적 결과에 대한 기대, 수의학적 치료에 대한 비용에 대한 갈등으로 인한 것들이 있습니다. 이러한 실망과 갈등에 직면하여 고객이 받은 치료의 질과 고객이 적절하게 정보를 받고 그것이 치료 결정에 포함되었는지를 궁금해하는 것은 당연합니다. 임상 진료에서 우리는 고객들이 수의사가 주어진 상황에 최선을 다했으며, 이러한 수의사의 노력에 대한 비용이 타당하다는 받아들여지고 인정해주길 원합니다. 이번 장에서는 수의학 및 의학에 대한 연구와 경험뿐만 아니라 더 광범위한 고객 서비스 문헌을 바탕으로 소동물 진료에서 실망감을 어떻게 전달되는지에 대해 이야기하겠습니다. 이어서 실망의 빈도와 강도를 줄이고, 이러한 실망이 발생했을 때 더 만족스럽게 해결하는 방법들을 제시하고자 합니다.

수의학의 변화

다른 많은 직업과 마찬가지로, 수의학은 지난 수십 년간 빠른 변화를 겪어왔습니다. 1990년대 이후로, 미국 수의과대학 지원자의 70% 이상이 여자지만, 1960년대에는 여자의 비율이 약 5%에 불과했습니다.[4] 한국의 대학교 남/여 비율을 90년 중반을 기점으로 여성의 비율이 50%에 가깝게 증가하였습니다. 이러한 남/여 성별의 비율 변화는 수의업종에 많은 영향을 주게 되어 있습니다. 대표적인 수의업종 사업도 양식 생산 농가 동물이나 대형 동물이 중요시되었던 문화에서 반려동물 치료의 기반이 되는 '실질적인 가치가 없는 동물에 대한 보살핌'에 초점을 맞추는 문화로의 인식 전환이 일어난 것을 예로 들 수 있습니다.[5] 수의학적 서비스는 반려동물 치료의 수요에 따라 지난 10년간 엄청난 성장을 보여주고 있습니다. 평균적으로 미국에서는 매년 강아지 한 마리당 263달러를 치료비용으로 사용하고, 고양이의 경우 그 비용이 113달러로 조사되었습니다. 전체 반려동물 산업은 지난 수십 년간 소비자 지출에 비해서 엄청난 증가세를 보여주었습니다.[136,137]

수의학은 지난 20년 동안 단계적으로 최첨단 진단 기술을 사용할 수 있게 되었고, 더 강력한 치료법과 수술방법을 동물 질병의 치료를 위해 사용하고 있습니다. 이러한 기술 발전들은 전문적인 치료를 제공할 기회를 더 자주 만들어냈습니다. 예를 들어, 미국 수의협회(Ameri-

---

(4)   http://www.anapsid.org/vets/vetdemos.html

(5)   http://www.animallaw.info/journals/jo_pdf/vol10_p125.pdf

can Veterinary Medical Association)는 22개 전문의 과정을 두고 있으며[6] 2000년 7,000명 전문의에서 2015년 11,000명으로 증가하였습니다.[7] 2020년 현재 우리나라에서도 안과 전문의 2011년 5명의 설립전문의로 출범한 아시아수의안과학회(AiSVO)는 2015년까지 디팩토 전문의를 선정한 후 2016년부터 전문의를 배출하기 위한 시험을 시행하고 있으며 2020년 처음 아시아 수의 안과 전문의 과정을 거친 인력이 배출되었습니다. 이에 이어 수의 영상 전문의협의회(2018년), 수의 내과 전문의 과정 실시(2019년) 등이 이루어지고 있습니다. 이처럼 광범위한 전문성과 정교한 양식은 특히 심각한 질병을 가진 동물들의 보살핌을 중심으로 반려동물 주인과 수의사들에게 의사소통과 의사 결정 과제를 증가시켰습니다. 비록 가슴 아프지만 어쩔 수 없는 선택이었던 안락 대신 이제는 광범위한 여러 치료 옵션을 제시할 수 있는 환경이 되었습니다.

인의학과 마찬가지로 수의학에서 전문화의 증가는 '일반의'가 실망스러운 의학적 결과를 내었을 때 어떤 기준을 적용할 것인가에 대한 문제를 제기합니다. 예를 들어, 아기를 돌보는 가정의학 전문의에게 산과 전문의와 같은 기준을 적용해야 하는가? 일반 수의사(동등의학에서 일차 진료 제공자와 동일)가 이러한 영역에서 반려동물을 돌보거나 보호자에게 조언할 때 면허를 받은 안과 전문 수의사 또는 내과 전문의와 같은 기준으로 판단할 수 있는가? 일반 수의사는 다른 서비스의 제공자(영상, 종양, 안과)와 진료를 권유하고 이를 조율하며, 각각 적절한 시기

---

(6)   https://www.avma.org/education/veterinary-specialtie

(7)   https://www.veterinarypracticenews.com/about-veterinary-specialists/

에 의사소통, 추적 조사에 이어 후속 조치를 실시해야 합니다.

동물의 치료에 여러 조력자를 참여시키는 것은 고객이 다른 의견을 받을 기회를 증가시킵니다. 실시된 치료 혹은 앞으로의 치료 계획에 대한 설명의 차이는 불만이나 의문 사항으로 발전할 수도 있습니다. 의학의 의료 과실에 대한 연구에 따르면 소송 대부분은 다른 의료 전문가가 과실이 발생했을 가능성을 언급했기 때문에 발생했습니다.[73]

또한, 의학은 진단 또는 치료에 대한 불확실성이나 의견충돌이 있을 때 의사가 서로 직접 의사소통하는 것을 꺼리고 환자 안전을 위해 더욱 실시간으로 조정해야 하는 상황에서 차트의 의료 기록에 과도하게 의존한다는 비판을 받았습니다.[138] 수의 진료 결과뿐만 아니라 인간 의료에 악영향을 미치는 가장 빈번한 원인으로 의사소통 실수와 오해가 있습니다.[39,139-141] 1인 진료에서 그룹 진료로의 전환 및 응급 진료 시설 이용의 증가와 같은 수의학의 추세는 정보 전달, 치료 계획 조정 및 역할 명확화에 대해 구체적으로 고려해야 하도록 변화하였습니다. 그렇기에 반려동물의 고객은 그룹 진료에 비해 1인 수의사 및 그 진료 환경에 실망할 수 있으며, 진료에 대한 확신을 가지지 못해서 유대감을 형성하기 어렵게 될 수도 있습니다.

현재 동물병원 방문은 더 복잡하고 비용이 많이 드는 추세이며, 이러한 경향은 진료를 볼 때 수의사와 고객의 관계에 의도하지 않은 결과가 발생할 가능성이 있습니다. 전반적인 수익 상승을 위한 방법으로써 경영 컨설턴트들은 수의학 진료의 방문당 지출액을 증가시켜야 한다고 주장합니다. 고객들은 연간 검진, 예방접종, 동물병원에서 판매하는 반려동물 음식과 물품, 그리고 동물등록 내장 칩 이식과 같은 서비스를 위해 동물병원을 방문하는 빈도가 증가하고 있습니다.[3] 만약 이런 것들을 세심하게 대처하지 않는다면, 고객의 마음에서 수의사들은 '믿음직한 조력자'로서 이미지보다는 '작은 회사의 기업가'로서의 수의사가 될 수도 있습니다.[142]

새로운 진단 절차, 수술 및 치료법으로 인해 반려동물의 생애 마지막 몇 주와 몇 달 동안 반려동물과 그 주인에게 상당한 수의학적 개입(수술 및 치료)과 그에 따른 비용을 초래할 가능성이 큽니다. 반려동물을 '가족'으로 표현하는 85%의 소동물 주인들은 어려운 수의학적 치료에 대해 결정할 때, 종종 심리적으로 취약한 위치에 놓입니다.[3] 주인의 반려동물에 대한 사랑 때문에 그들은 번거롭고 치료 비용이 많이 들며 삶의 질을 향상하거나 연장하는 데 실패할 수 있는 치료 계획에 동의하게 될 수 있습니다. 사람의 의료보험은 실제 치료비, 제공자에 대한 지급, 그리고 소비자에 대한 비용 사이에 약간의 완충재의 역할을 제공했습니다. 반려동물 건강보험의 완충이 없으면 반려동물 주인은 반려동물을 잃은 슬픔과 동시에 큰 동물병원 진료비에 직면하게 됩니다. 수의사는 주인의 불안으로 인해 반려동물을 놓아주지 못하는 상황에 직면한 헛된 상황에서 부담스러운 치료 중단을 주장할 준비가 되어 있어야 합니다. 왜냐하면, 수의사들은 신뢰할 수 있는 조언자와 이익을 추구하는 사업가의 이중적인 역할을 구분하기 위한 윤리적 책임을 지고 있기 때문입니다.

수의 치료에서의 실망스러운 결과

반려동물 주인들이 불만족스러운 의료 결과에 대한 설명을 요구하는 것은 자연스러운 일입니다.[8] 그렇지만 앞서 다른 장에서 밝힌 바와 같이 인의학에서 부주의한 치료보다는 의사소통 문제로 가장 빈번하게 실망감을 주게 됩니다. 고객이 의료 서비스로부터 기대하는 결과와 실제로 나타난 결과의 차이가 발생할 때, 의학과 수의학에서 많은 문제가 발생합니다. 수의적 치료에서 고객은 각각의 동물들이 진단 검사와 결과에서 다른 반응을 보이는 것과 기저 질환의 임상적 표현이 동물마다 다르며 같은 동물에서도 시간이 지남에 따라 다르다는 것을 완벽히 이해하지 못합니다.

생물학적 다양성의 결과로, 수의사가 내린 결정은 치료에 대한 동물의 시간 경과에 따른 증상 및 징후의 진행과 검사한 결과를 바탕으로, 명확한 확진을 위해서 다른 잠정적인 진단들과 치료 방식들은 고려하고, 감별 진단 목록을 줄여나가게 됩니다. 고객에게 이러한 '가설 검증' 접근은 이 과정이 명확하게 전달되지 않은 경우 진단과 치료 실수와 더불어 혼란이 발생하게 될 수도 있습니다. 합리적인 치료 계획조차도 합병증과 부작용이 발생했을 때 고객의 신뢰를 흔들 수 있습니다. 뒤늦게 확인한 다른 의견들은 고객이 수의사들의 진료 능력을 미리 파악할 수 없으므로 실제보다 이러한 결과가 더 예측할 수 있고, 따라서 예방할 수 있는 것처럼 보이게 할 수 있습니다.[143]

---

(8)　www.washingtonpost.com/ac2/wp-dyn/A45754-2004Sep23

결국, 실망스러운 의료 결과들이 발생하며, 나중에 전문적인 기준에 미치지 못한 것으로 판단하게 됩니다. '의료 과실'들은 의학이나 수의학에서 흔합니다. '의료과실'은 의도했던 계획 수행의 실패나 잘못된 계획을 치료 목적에 사용한 것으로 정의합니다. 치료의 기준은 다른 비슷한 수준의 의사가 같은 치료에서 '의료과실'을 인식하고 다른 조치를 할 시 피해를 방지했을 것이라고 결정함으로써 대부분 확립됩니다. 주의력 부족, 의사소통 실패, 다루는 장비의 어려움 및 지식 부족과 같은 무수한 상호 작용 요인이 모두 관련될 수 있습니다.[144] 관련된 '치료 기준'을 결정하고, 그 기준에 맞추어 수의사의 치료를 평가하는 것이 의료과실을 결정하는 가장 중요한 특징입니다.[145,146] 예방할 수 있는 고통이거나 반려동물을 잃어버리는 이유가 반려동물 보호자들의 결정으로 인한 것일 경우 더 큰 스트레스를 유발할 수 있습니다.[(9)] 수의사는 피해에 대한 정확하고 잠재적으로 자기 비난적일 수 있는 설명을 민감하게 전달해야 합니다. 수의사는 보호자가 느끼는 스트레스를 해결해주기 위한 윤리적, 감정적, 실제적 문제에 대해 책임이 있습니다. 다른 비즈니스에서와 마찬가지로 '고객'은 자신이 표준 이하라고 평가되는 서비스에 대해 비용이 청구되는 것을 거부합니다. 따라서 실망스러운 결과와 함께 치료 청구서를 받는 것이 종종 불만 또는 의료과실 조치를 유발하는 사건이라는 것은 놀라운 일이 아닙니다.[147]

우리는 결코 부정적 의료 결과들을 배제할 수 없으므로, 의료팀이 처음부터 고객과 효과적으로 의사소통하는 것은 서로에게 가장 좋습

---

(9) http://www.usatoday.com/news/nation/2005-03-14-pets-malpractice_x.htm

니다.[142] 여기에는 고객이 현실적인 기대치를 가지고 있고 진단과 치료의 불확실성을 이해하고 모든 상호작용을 수행함으로써 수의사가 그 역량, 철저함 및 노력에 대해 '의문의 이익'을 부여받도록 하는 과정이나 결과에 실망하는 것이 포함됩니다.

고객과 수의사와의 기존 관계는 실망스러운 의료 결과 이후에 고객이 어떻게 반응을 할 것인지 결정하는 데 있어서 중요한 요소입니다. 인의학의 의료과실 소송에 대한 연구에서, 환자와 가족 그리고 의사가 기존의 의사-환자 관계를 보는 방식에 있어서 차이가 있다는 것을 보여줬습니다. 특히, 소송의 경우, 환자 또는 가족은 의사보다 일반적으로 의사-환자 관계를 더 나쁜 시각에서 봅니다. 반대로, 변호사들은 환자와 가족이 자신이 좋아하는 의료 제공자에 대해 공식적인 불만이나 과실 소송을 제기할 가능성이 적다고 종종 보고합니다. 정통적이고 숙련된 기술적 치료를 제공하는 것을 넘어서, 의료진의 따뜻함, 그리고 고객과 긍정적인 관계를 유지하고 형성하는 것에 대한 집중하는 좋은 고객 우대 서비스들은 진료의가 할 수 있는 가장 효과적인 위험 관리 방법입니다.[148]

의료과실 신고: 궁극적인 실망

수의사 면허 소지자에 대한 의료과실 신고를 하거나 불만을 표현한다는 것은 고객의 실망이 부적절하게 또는 기대에 훨씬 못 미치게 해결되었다는 것을 의미합니다. 우리는 대부분의 고객이 전문가가 스스로 인지하거나 그들의 의료진이 인지한 예방 가능한 오류들에 대해 대응하기를 원한다는 것을 잘 알고 있습니다.[147,149,150] '상급자 책임 (master respondent)'의 법적 원칙하(직원 중 누군가에 의해 고객들에게 야기되는 피해에 대한 상급자의 법적 책임)에, 고객들은 투명하고 진실된 공개의 일환으로 충분한 설명을 원합니다.[148] 진료에 대해 실망감을 표시한 사람들은 반성과 진정한 사과를 받기를 원합니다. 그들은 수의사가 다른 동물에게 유사한 피해를 주지 않도록 바꾸고 이 슬픈 사건에서 좋은 일이 일어날 것이라는 확신을 주기를 원합니다. 마지막으로, 의학적 경험에서 '사과'는 일반적으로 사람들이 입은 피해에 대해 어떤 형태의 배상을 하겠다는 의미로 받아들여질 수 있습니다. 사과에서 비롯된 배상을 하겠다는 의미는 최소한 실수로 인해 발생한 피해와 관련한 치료에 대한 비용을 청구하지 않는 것일 수 있습니다.

일반적으로 반려동물은 전통적으로 법원 시스템에서 개인 재산(즉, 소지품)으로 취급되어 왔기 때문에,[151] 피해를 본 반려동물 소유자는 수의학적인 관행의 측면에서 과실이 입증될 수 있더라도 경제적 가치(대체 비용, 훈련 비용, 관리 비용, 때로는 예상 사육 수익 손실)만을 보상받을 권리가 있습니다. 가족 가보 등 개인 재산의 애장품이라도 분실 또는 훼손할 경우 소유자는 그 물건의 감정금액을 초과하여 손해배상을 청구할 수 없기 때문입니다. 그러나 대부분의 반려동물 주인들은 반려동물을 재산 이상으로, 그리고 실제 가족의 일원으로 보는 것으로 확인되었습니다.[3] 법학자들이 법원에서 사용한[10] '재산으로서 반려동물'

---

(10)   http://www.animallaw.info/journals/jo_pdf/vol10_p125.pdf

삼단 논증은 오늘날 대부분의 사람이 받아들이기 힘들 정도로 불공정하다고 평가됩니다. 왜냐하면, 그것은 인간과 반려동물의 관계가 경제적 가치를 넘어 현대의 부모-자식 관계가 된다는 일반적으로 이해되고 있는 현실을 무시하기 때문입니다. 수의사가 200만 원 상당의 진단 및 치료를 권장한 동물이 예상치 못한 죽음 이후에 40만 원 이상의 법적 가치를 가진다고 주장하는 것은 더 어렵습니다.

외국에서는 슬픔에 잠긴 반려동물 주인이 '재산'이라는 동물의 대체적인 가치를 넘어서는 보상을 요구하는 과실 청구를 추구한 몇 가지 주목할 만한 사례가 있습니다. 몇몇 사례에[146], 배심원들은 주인의 아픔과 고통 그리고 수의학 비용의 회수에 대해 2,400만 원을 초과하는 보상을 권고했습니다. 이러한 판결은 여전히 매우 드물게 일어납니다. 예를 들어, 법원은 인간 가족의 죽음으로 허용될 수 있는 것과 같이 동반자 관계 상실에 따른 청구에 대해 반려동물 소유자에게 보상을 허용하지 않았습니다.[152] 현재로서는 수의사에 대한 과실 조치를 하는 것은 어렵고 비용이 많이 듭니다.[152] 일반적으로 회수율이 매우 적기 때문에 반려동물 소유자가 사건을 처리하는 데 관심이 있는 원고 변호사를 찾는 것은 여전히 어렵습니다. 즉, 변호사들은 더 많은 사건을 접수하고, 현재 많은 로스쿨에서 동물 법 과정을 제공하고 있습니다. 국내에서 '반려동물 법률 상담 사례집(예『반려동물 법률 상담사례집』, 박상진, 이진홍, 문효정, 서영현, 박영스토리, 2021)' 관련 책자들이 발간되고 있습니다. 미국에서는 판사와 배심원에게 호소할 수 있는 주장들이 있으며, 실제로 미국인의 58%가 한 마리 이상의 반려동물을 소유하고 있습니다.[11] 원고 측 변호사들은 불법행위 제도의 문지기이기 때문에, 변호사들의 이용 증가는 불가피하게 불만을 품은 반려동물 주인들이 그들의 불만을 표출할 수 있는 범위와 능력을 넓혀줄 것입니다. 상심한 반려동물 주인들과 의료과실에 대한 위험, 또는 면허 관리 위원회에 대한 민원 등을 다루는 것은 대부분의 치료제공자에게 엄청난 고통을 일으킬 것입니다.

다음 부분에서, 실망스러운 임상 결과가 있을 때 원만한 해결의 가능성을 높이고 과실 청구 또는 면허 위원회 고발의 기회를 줄이기 위해 취해야 할 조치에 대해 알아보도록 하겠습니다.

고객의 실망 줄이기. 예방과 조기 인식을 통하여

실망스러운 수의학 결과를 관리하는 가장 효과적인 접근 방식은 발생 위험을 최소화하고, 확대되기 전에 고객 불만을 해결하며, 이미 발생한 실망을 인식하고 해결하기 위한 효과적인 접근 방식을 개발하는 것입니다. 의료 과실 주장은 근본적으로 실망한 고객이 수의사와 직접 상호작용하여 달성하는 것보다 법적인 개입을 통해 더 공평하고 만족스러운 해결책을 찾으려 하고 노력하는 것에서 시작합니다.

---

(11)   http://www.investopedia.com/articles/pf/06/peteconomics.asp

고객 만족: 기초

동물 진료는 직원과 수의사의 서비스가 반려동물의 생명에 대한 고객 기대에 성공적으로 부응해야 한다는 것을 인지하도록 해야 합니다. 우수한 고객 서비스는 직원의 따뜻한 인사, 고객 친화적인 시설, 효과적이고 이해할 수 있으며 신뢰할 수 있는 비즈니스 및 임상 절차, 유용한 정보 제공에 따라 구축됩니다.[3]

우수한 환자 서비스에는 정기 방문과 응급 시의 전화 문의에 대한 적절한 대처가 포함되어야 합니다. 여기에는 대기 시간 최소화, 예상치 못한 의료 절차 지연에 대한 의사소통, 반려동물의 상태에 대한 진행 상황 보고서 제공 등이 포함됩니다. 식품, 미용 보조제, 벼룩 관리 제품 및 식별 칩과 같은 수익을 창출하는 반려동물 관리는 편리한 서비스로 제공될 때 고객이 쉽게 받아들일 수 있습니다. 그러나 기회주의적 '업 셀링(up selling)'에 대한 인식은 이러한 관행이 고객들에게 너무 기업가적이라고 생각될 수 있고, 진단 및 치료 권장 사항의 필요성과 타당성에 대한 의심을 불러일으킬 수 있습니다.[150]

수의학에서 사업적인 부분은 큰 비중을 차지하므로 적절한 시기에 효율적으로 수익을 내는 것이 성공적 요소 중 하나입니다. 결과적으로 수의사-고객과의 만남이 따뜻하고 정중한 어조로 수행되지 않는다면, 진료 비용 및 수수료 청구에 대한 논의는 수의사가 돈 버는 데에만 관심 있는 것처럼 보일 수 있습니다.

기초를 넘어선: 치료의 상호작용의 구체성

고객 서비스의 기본은 고객과의 실망스러운 결과를 효과적으로 관리할 수 있는 실무 능력의 기초를 형성하는 것입니다. 정보에 입각한 동의, 고객 교육 및 공유 의사 결정은 고객이 진단 및 치료 계획에 대한 선택의 책임을 받아들일 수 있도록 보장하는 가장 중요한 도구 중 하나입니다. 실망스러운 의학적 결과가 발생하거나 서비스 비용이 예상보다 높을 경우, 수의사는 고객이 비용 결정에 있어 상호 역할을 한다는 것을 인지시키도록 합니다.

치료 옵션 및 예상 비용에 대한 논의는 반려동물 소유자의 관점에서 환자 및 고객의 최선의 이익에 중점을 두어야 합니다.[153] 예를 들어, "저희는 ○○○ 씨가 원하시는 대로 치료 방법의 선택과 비용에 있어서 최선의 선택을 하실 수 있도록 하고 있습니다. 이해하셨을까요?" 사람의 경우 다른 의료 관례처럼 일부 진료는 보험이 적용되지 않으므로 의료비용 상담 업무를 지정된 직원이나 기타 관리자에게 위임할 수 있습니다. 예를 들어, 치아 교정 전문의원이나 레이저 안과 수술 클리닉에서는 의사가 치료 권유를 하고 지정된 직원이 비용 내용을 제공하고 초기 지급액과 서명된 동의서를 받아 진행하는 것이 일반적입니다. 이것은 정의된 서비스에 대해 정해진 요금이 있는 환경에서 매우 잘 작동할 수 있지만, 수의학에서 많은 진단 및 치료 서비스가 그렇게 쉽게 정의되지는 않습니다. 반려동물 주인의 특정 선호도는 예측하기 어려울 수 있으며, 추정하는 것조차도 힘들 수 있습니다. 결과적으로 수의사가 재정적 영향의 실질적인 맥락에서 다양한 치료 옵션의 장단점을 검토하는 데 관여하는 것이 중요합니다. 사전 동의는 결과와 최종 비용을 예측할 수 없는 상황에서 고객들에게 선택에 대해 책임감을 느끼게 합니다.

파트너십을 형성하고 실망감을 줄이기: 기대를 불러일으키다

많은 고객은 그들의 반려동물에게 무슨 일이 일어나고 있는지, 어떤 정도의 건강 관리가 필요한지, 그리고 어떤 치료가 있을 것인지 어느 정도 예측하고 동물병원에 방문합니다. 이러한 생각은 이전 수의학 경험이나 조언, 다른 반려동물 주인과의 대화, 인터넷을 통한 검색, 심지어 텔레비전에서 동물 및 수의학 프로그램을 시청한 교육의 결과라고 할 수 있겠습니다. 효율적인 수의사는 고객의 방문 초기에 진단, 아이디어 및 기대치를 끌어냄으로써, 진단 또는 권장 사항에 대해 동의할 가능성이 있는 시기와 그것이 고객에게 합리적으로 받아들여지는 데 필요한 추가 논의의 시기를 더 빨리 인식할 수 있습니다.

예를 들어 "'후추'의 체중 감소 원인이 무엇이라고 생각하셨나요? 이번 진료 방문에서 꼭 해결하시고 싶은 부분이 있으신가요?"라고 물어봅니다. 수의사는 고객의 직감과 기대치를 고려하는 것의 중요성을 재확인하고 있습니다. 초기에 이러한 생각을 끌어내면 수의사는 병력 조사, 신체검사 및 치료 계획 단계에서 고객의 기대치를 더 효율적으로 해결할 수 있습니다.

이와 비슷한 맥락에서, 잠정적인 진단을 내리면, 수의사는 이렇게 말할 수 있습니다. "제가 생각하는 것과 그 이유는 이렇습니다. 보호 자님과 저의 의견이 같을까요?" 만약 수의사의 평가가 고객의 초기 생각들과 다르다면, 검사하는 동안에 '무심결에 내뱉는 말'은 고객이 추가적인 가능성을 생각하게 해줍니다. 이 틀에서 진단을 내리는 예는 다음과 같을 것입니다. "보호자 분, '후추'의 증상을 살펴보고 검사를 진행해본 결과, 위장 문제가 원인일 가능성이 가장 커 보입니다. 100% 확신할 수 없으므로, 당분간은 이렇게 하셨으면 좋겠습니다. 그리고 그 이상의 비용이 들지 않으리라고 예상합니다. 다음 2주 동안 '후추' 를 자세히 관찰하고 모든 증상이 해결되지 않으면 그때 다시 보도록 합시다. 어떻습니까?" 상호 합의를 설정하거나 추가 논의가 필요한지 확인하려면 고객의 응답을 끌어내기 위해 대화를 잠시 멈춰야 합니다. 수의사의 책임은 과학과 경험을 적용하여 치료 옵션과 예상되는 비용과 이점을 설명하는 것입니다. 고객의 선호도와 상황에 맞는 옵션 중에서 선택하는 것은 고객의 권리와 책임입니다.

이미 일어난 실망감을 다루기

실망스러운 사건 또는 최종 결과가 좋은 않은 경우, 고객이 하는 질문 중 하나는 "다른 수의사가 했어도 같은 결과였을까요?"입니다. 아이러니하게도, 보호자는 먼저 수의사가 스스로의 진료를 평가하고 치료할 때 실수나 기타 문제가 될만한 사항을 만들지 않았는지 확인하려고 합니다.[154] 인의학에서와 마찬가지로, 최근 들어 수의학 고객들도 실망스러운 결과를 이해하려고 할 때 동물의 건강과 수의학에 관한 여러 가지 정보에 접근할 수 있습니다. 이로 인해 화가 난 반려동물 주인이 무슨 일이 일어났는지, 왜 그런 일이 발생했는지 이해할 필요가 있을 때 수의사나 직원에게 방어적인 태도를 보이며 공격적인 질문으로 이어질 수 있습니다. 그들의 실망감을 가능한 한 빨리 알아차리는 것이 불만을 줄이는 데 있어서 가장 중요합니다. 고객 설문조사를 통해서 업무 내에서 또는 수정이 필요한 특정 직원의 행동을 파악할 수 있습니다. 고객이 병원을 나서기 전에 방문에 대한 피드백을 요청할 수 있습니다. "오늘 진료 만족 경험은 어떠셨나요? 서운했거나 아쉬웠던 점이 있으셨습니까?" 하지만 대부분의 경우 고객의 불만 사항은 확인되지 않으며, 불만 사항이 있을 경우 전화 조사에서 전화를 받지 않거나 거부하는 경우가 많습니다.

고객의 불만을 설명하고 자신의 행동을 정당화하려는 직원의 방어적 시도는 당장은 위안을 느낄 수 있지만, 방어적인 태도는 동물병원에 대해 좋지 않은 소문, 병원 운영의 경제적 소실, 비용 청구에 대한 지급 거부 등으로 이어질 수 있으며, 최악의 경우 고소를 하는 경우도 있기 때문에 최대한 자제하도록 합니다. 상충 되는 의견을 해결하고, 고객과 동물을 진료하는 문제에 대해 밝히고 사과하고, 적절한 경우 보상이나 배상의 제공(예 수수료 면제 또는 할인, 반려동물 가게 또는 미용을 위한 상품권, 합의)을 통해서 관계를 손상하고 불편하게 느꼈던 부분 등에 대한 불만들을 줄일 수 있습니다.[155]

잘못을 따지기 어려운 경우가 많으므로 마음이 내키지 않을 수 있습니다. 보호자가 환자에 대해 말할 때 수의사는 주의 깊게 그리고 적극적으로 경청하는 것이 필수적입니다. 즉, 전적으로 주의를 기울이고 질문을 명확히 하고, **보호자나 환자의 관점에서 무엇이 필요한지 대한 것을 확인하거나 명확히 하기 위해 간략하게 요약**하여 알려드리도록 합니다. 짧은 요약을 통해 수의사는 목표를 잡을 수 있으며 간과되거나 오해를 받았을 수 있는 고객의 문제를 더욱 쉽게 확인하고 수정할 수 있습니다. 이제 이것을 어떻게 할 수 있는지에 대한 몇 가지 구체적인 예를 살펴보겠습니다.

이런 상황을 상상해보세요. 한 고객이 퇴근길에 강아지를 데리러 온다는 말을 들었습니다. 고객은 강아지가 일찍 중성화된 상태이고 충분히 회복되었을 것으로 예상했던 것입니다. 고객이 도착했을 때 강아지는 걷지 못하고 주변 환경에 반응할 수 있는 능력이 없었기 때문에 퇴원시키는 데 오랜 시간을 기다려야 했으며 불편함을 느꼈습니다. 보호자는 답답하다는 목소리로 수의사에게 퇴원 계획 변경된 것에 대해 아무도 전화를 걸어서 알려주지 않아 기분이 나쁘다며 화를 내고 있습니다. 이 상황에서 사려 깊은 수의사는 어떻게 반응할까요?

물론, 직원들이 이 문제를 예측하고 그를 안내할 수 있을 만큼 일찍 고객에게 연락했더라면 가장 좋았을 것입니다. 그랬다면, 수의학 팀은 고객의 반응을 예상하고 기분 나쁜 감정에 공감하며 방어적으로 대응하지 않도록 준비를 더 잘 할 수 있었을 것입니다. 고객의 전체적인 메시지를 주의 깊게 듣는다면 고객의 속상한 감정을 쉽게 이해할 수 있습니다. 예를 들어 수의사는 "그렇군요."라고 말할 수 있습니다. "아침에 '대발이(강아지)'가 오늘의 첫 수술이었기 때문에 오늘 저녁 퇴근 시간까지 퇴원할 준비가 될 거라는 말을 들으셨죠? 휴대폰 번호를 알려주셨기 때문에 변경 사항이 있으면 알려드릴 것이며 적어도 오늘 저녁 이곳을 오가는 긴 이동으로 인한 번거로움을 덜어주었을 것입니다." 이런 식으로, 적극적으로 듣고 보호자에게 상황을 요약해주면 세 가지를 이점이 생깁니다. 첫째, 수의사 또는 의료 팀원이 고객의 경험을 이해하기 위해 최선을 다하고 있음을 보여주며, 고객이 자신이 최소화하거나 놓친다고 느끼는 것을 강조하기 위해 반복할 필요성을 줄여줍니다. 둘째, 수의사가 불편하거나 위험한 상황에서 고객의 관점에 집중하고 자연스러운 '불만 표시 또는 도피 반응'에 대응함으로써 자신의 감정을 관리할 수 있도록 합니다. 마지막으로, 수의사에게 고객의 입장에서 화가 나고 기분 나쁜 사항을 어떻게 해결할 수 있었는지 알려줄 수 있습니다.

고객의 상황에서 이해하는 능력과 관점의 전환은 고객의 실망감을 줄이고 문제를 해결할 수 있는 핵심입니다. 공감적으로 대응한다는 것은 고객의 관점, 우려, 좌절 및 기대를 이해할 수 있으며, 그 결과 고객에게 미치는 영향을 인식하고 상황이 달라졌으면 하는 바람을 전달하는 것을 의미합니다. 공감한다는 것은 고객이 말하는 모든 불만에 동의하고 요구하는 것을 전부 들어준다는 의미가 아님을 알고 있어야 합니다.

다음은 이전 시나리오를 사용하여 공감하는 방법의 예를 알아보도록 하겠습니다. "○○ 씨, 저는 당신의 불만을 충분히 이해합니다. 시간을 내서서 '대발이'를 집으로 데려가시려고 오늘 저녁 내내 운전해

오셨는데 헛걸음하게 만들어서 죄송합니다. 이런 일이 일어난 것에 대해 정말 안타깝게 생각하고 있습니다." 어떻게 보호자에게 수의사가 공감을 표시하고 보호자가 표시할 수 있는 불만을 하지 않도록 만드는지 주목해보도록 합니다. 하지만, 보호자에게 방어적이고 무시하는 접근법을 사용한다는 그 예시는 다음과 같을 것입니다. "글쎄요, ○○ 씨, 우리가 여기 진료소에서 매우 바쁜 것을 보셨을 겁니다. 그리고 병원에서는 보호자 분의 강아지를 안전하고 빠르게 깨어나게 하려고 노력하고 있습니다. 하지만 우리는 얼마나 빨리 강아지가 마취에서 회복할지 장담할 수 없습니다. 보호자께서 강아지를 집에 데리고 가셨다가 오늘 밤늦게 응급 상황이 발생하는 것을 원하지 않으실 것입니다. 그렇지 않습니까?"

의학에서 실망스러운 결과를 다루는 조사에 따르면, 공감의 표현이 적절한 경우 솔직한 사과가 해결에 있어서 필수적이라는 것을 알려줍니다. 우리의 윤리는 고객이 일어난 일에 대해 정확히 이해할 권리가 있다는 것을 포함하고, 다른 어떤 일을 하는 것은 기만적으로 판단될 수 있다는 것을 분명히 해야 합니다. 일어난 일에 대한 우리의 가장 정확한 이해는 동정심의 공감 표현이 충분한지 또는 고객이 피해에 기여한 치료와 함께 예방할 수 있는 문제에 대한 책임을 인정하는 사과를 받을 자격이 있는지를 결정합니다. 실수가 발생하지 않았을 때, 예를 들어 '우리가 바라던 대로 항암치료로 암을 막을 수 있었더라면 좋았을 텐데…'와 같은 언어를 사용하여 일이 진행되었던 방향으로 유감을 전달하는 것이 유용할 수 있습니다. ○○ 씨의 이전 사례에서, 고객이 실망하고 일이 더 잘 처리될 수 있었을 때, 수의사가 이렇게 말하는 것이 효과적이었을지도 모릅니다. "그 일은 정말 유감입니다. 이곳으로 도착하시기 전에 우리와 연락이 닿았었더라면 좋았을 텐데요." 물론 수의사나 직원이 진정으로 고객의 관점에서 설득력 있게 듣고 공감하기가 훨씬 쉽습니다.

의학적 결과에 대한 대부분 고객의 실망은 부주의한 치료로 인한 것이 아닙니다. 현실적이지 않은 기대들, 생물학적 다양성, 낮은 가능성의 위험과 부작용들, 그리고 수의학의 불확실성은 수의 임상에서 우리가 예상하는 것보다 더 좋지 않은 결과를 가져올 수 있습니다. 치료는 만족스러웠지만, 최종적인 결과가 보호자에게 실망스러웠을 때는 불쾌한 감정을 참을성 있게 해결하기 위해서는 수의사의 의지가 가장 중요합니다.

다음으로, 우리는 행동의 명확한 실패(사업 과정 또는 임상)가 (동물의 부상이나 죽음을 포함한) 실망을 일으켰다고 인식하는 상황에서의 해결 방법은 무엇이 다른지 생각해봅시다. 구체적으로, 우리는 어떻게 다른 종류의 사과를 하고, 배상을 고려하는 의지가 이러한 상황을 원만하게 해결하는데 얼마나 필수적인지 살펴보도록 하겠습니다.

의료 과실로 인해 손상이 발생했을 때

의학에서 의사들과 의료 기관들은 의료과실이 대부분 예방할 수 있는 실수로 인해서 발생한다는 조사 결과가 나왔을 때도 환자의 손해에 대한 책임을 인정하지 않으려고 했습니다. 예를 들어 미국 국립 동물원의 은폐에 대한 『뉴욕 타임스(The New York Times)』의 기사에서 공개적으로 드러난 것처럼 수의학에서도 비슷하게 의료 과실로 인한 환자의 손해를 인정하는 것에 대해 비슷한 거부감을 가지고 있습니다.156 그 예로 동물 사망과 관련된 수의학적 치료 오류가 발생했을 때, 그 후 이 사실을 알 수 없도록 의료 기록을 변경하는 행동을 하였습니다. 치료 과실을 공개하는 것을 꺼리는 이유는 종종 죄책감과 수치심, 비난에 대한 두려움, 자신의 평판과 사업에 대한 잠재적인 손상, 특히 의료과실 신고에 대한 두려움에서 비롯됩니다. 자기방어에 대한 인간의 욕구는 자신이 처벌받는 것이 두려워 거짓으로 문서를 수정하는 상황을 부추긴 것입니다.

다음은 의학에서 인용된 임상 의사와 의료기관이 위해를 끼치는 의료 및 시스템 오류를 사전에 공개하고 해결할 수 있도록 안내할 수 있는 모델입니다. 모델의 약자는 'TEAM'입니다.

'T'는 문제에 접근하는 데 있어 진실(truth), 투명성(transparency), 그리고 팀워크(teamwork)를 의미합니다. 진실과 투명성은 고객에게 위해성과 그 원인에 대한 정확한 설명을 제공하게 합니다. 팀워크는 고객에게 무슨 일이 일어났는지 명확하게 설명하고, 고객과 만족스럽게 문제를 해결하기 위해 협력하는 의료팀을 포함합니다. 예를 들어, 고객과 정서적으로 어려운 토론을 할 때 수의사와 함께 다른 직원이 참석하는 것이 도움 될 수 있습니다. 이 팀원은 토론 내내 건설적인 초점을 유지하는 데 필요한 경우 지원자, 증인, 조력자 또는 중재자 역할을 할 수 있습니다.

'E'는 고객의 경험(experiences)에 공감(empathizing)하고 자기 생각과 감정(emotions)을 이해하는 것을 의미합니다.

'A'는 분명한 사과(apology)를 하고 피해를 준 문제 된 치료에 대해 책임(accountable)을 지는 것을 의미합니다.[152] 책임에는 다른 동물이 유사한 피해를 볼 가능성을 줄이기 위해 취하고 있는 조치를 설명하는 것이 포함됩니다. 의학 연구에서 환자와 가족에게 좋은 것(예 타인에 대한 피해 감소)은 경험에서 비롯된다고 했습니다.[157,158]

'M'은 고객이 가장 만족할만한 해결책에 도달할 때까지 상황을 지속해서 관리(management)하는 것을 의미합니다. 관리에는 지속적인 임상 치료를 제공하거나 고객이 선호하는 경우 다른 진료 과정에 비용을 내는 것이 포함될 수 있습니다. 여기에는 반려동물에게 발생한 손실에 대한 보상을 제공하겠다는 내용을 포함할 수도 있습니다. 이렇게 함으로 고객을 공정하게 대했으며, 피해를 받았다는 인식을 줄여주기도 합니다.[147] 가벼운 피해나 불만 사항의 경우에는 고객이 공정하게 대우받았다는 사실을 만족시키기 위해 진심으로 사과하는 것만으로도 충분할 수 있습니다. (www.pressganey.com)

반대로 치료 문제로 인해 더 큰 피해가 발생하면 TEAM 단계를 수행하는 것이 감정적으로나 실질적으로 더 어려울 수 있습니다. 이는, 수의사가 고객과 다음과 같이 대화를 시작하는 것으로 시작할 수 있습니다. "보호자 분, 우리가 잘못되었다고 생각하는 것에 대해 해명하고, 진심 어린 사과를 드리고 싶습니다. 또한, 이러한 일이 다른 사람에게 발생하지 않도록 예방하기 위해 우리가 취하고 있는 조치를 알려주고, 이 문제를 고치는 데 도움이 될 만한 생각들이 더 있는지 알아보고 싶습니다." 중대한 위해가 일어났을 때, 솔직함, 사과의 진정성, 다른 사람들에게 피해를 줄 수 있는 문제들을 해결하려는 헌신, 그리고 우리가 초래한 위해로부터 최대한 회복하는 데 도움을 주는 것 등에 대해 고객들은 고마워합니다.[157] 수의학에서, 실제 경제적 피해는 일반적으로 작으며 많은 고객은 치료와 관련된 의료비를 낮추는 것 외에 어떤 보상도 기대하지 않습니다. 고객이 동의하는 배상 형태와 금액에 따라(예 수의학 청구서 포기 vs 손실에 대한 재무 보상) 책임 보험사를 참여시켜야 합니다. 일반적인 고객 서비스 연구(www.pressganey.com)에 따르면 특히 의료 경험[157]에서 실망을 해결하는 과정이 솔직하고, 세심하며, 타당하다면 고객과의 유대 관계가 오히려 더 강력해질 수 있음을 보여줍니다.

요약

점점 더 복잡해지는 수의학 환경에서 실망스러운 경험은 드문 일이 아닙니다. 사람과 동물의 유대감의 깊이에 대한 사회적 인식 증가, 신기술, 전문화, 치료의 복잡성과 비용과 같은 변수들이 상호 작용하여 수의학이 달성할 수 있는 것에 대한 기대를 높이고 있습니다. 양측(수의사-보호자)은 진단 및 치료 결정에 내재한 위험을 모두 포함해야 합니다. 임상 또는 경영 과정 또는 예상치 못한 의학적 결과에서 실망이 발생할 경우, 파트너십만큼이나 중요한 것은 없습니다. 이러한 상황을 관리하려면 의료팀이 고객의 실망에 민감하게 반응하고, 고객의 실망을 해결하기 위해 고객과 협력해야 하는 책임을 받아들여야 하며, 재발 우려를 줄이기 위해 경험을 통해 학습하면서 가능한 최상의 해결책에 도달하기 위해 윤리적이고, 민감하며, 유연하게 행동해야 합니다. 이들 사이의 노력과 행동은 실망감과 좋지 않은 결과 발생 후에 친밀감, 믿음, 신뢰 및 충성도를 회복할 수 있는 도와줍니다. 성공은 고객 기반을 구축 및 유지하고 책임 위험을 최소화하는 쪽으로 보다 만족스러운 개선 방향을 제시하고, 이를 시스템화하는 것으로 이어져야 합니다.

부록

연습문제

고객의 만족이나 실망을 만드는 구체적이고 임상적인 예시와 관련된 조치가 무엇인지 더 잘 이해하기 위해 잠시 시간을 내어 다음에 대해 생각해 봅니다. 아래의 질문들을 병원 직원회의에 가져가서 의료팀 구성원들이 자신의 관점을 제시하여 정직한 자기반성을 촉진하고 보다 나은 전략의 기회를 만들 수 있도록 합시다.

(1) 고객이 가장 좌절하거나 실망하는 특정 경험은 무엇인가요?
(2) 진료 방문 또는 입원 시 반려동물의 관리와 관련된 고객의 기대치를 얼마나 잘 이해하고 있나요?
- 우리의 기대와 고객의 기대치가 일치하지 않을 경우, 치료를 시작하기 전에 이 문제를 해결하기 위해 어떤 조치를 해야 합니까?
(3) 현재 고객 불만 사항에 대한 정보를 어떻게 공유하여 문제들이 더 잘 해결되고 악화되지 않도록 하고 있습니까?
(4) 우리는 모든 사람이 그들의 행동과 태도에 대해 피드백을 받을 수 있고 약점을 고치려는 의지를 보이는 문화를 관행 속에서 만

들어 왔습니까?

(5) 실망스럽거나 불리한 임상 결과가 나왔을 때, 치료의 문제점을 드러내더라도 우리는 고객이 무엇을 정확하게 이해하고 있는지를 얼마나 정확하게 보장하고 있습니까?

(6) 진료 과실이 반려동물과 고객에게 해를 끼치는 상황에서 만족스러운 해결책을 지금 얼마나 잘 해결할 수 있을까요?

 - 약점이 있는 경우, 고객과 불리한 결과를 초래할 상황을 해결해야 한다면 어떤 단계를 구축해야 하는지, 어떤 유연성을 개발해야 하는지, 어떤 노력을 해야 하는지 등을 재차 확인하고 있나요?

!?@#§%()/<>..

10장

고객의 진료에서 진료 사항 따르게 하기: 고객을 진료 파트너로 만들기

순응(compliance)과 준수(adherence)

여러분들이 본인이나 가족을 위해 병원이나 치과에 방문했을 때를 생각해 봅니다. 여러분은 본인이 순응적인 환자라고 생각하나요? 여러분은 의사나 치과의사가 처방해준 약을 끝까지 다 복용합니까? 그리고 당신의 건강에 '기준점'을 세워주는 1년에 2번씩 스케일링, 매년 정기검진, 만약 40살 이상의 여자인 경우 매년 유방 촬영, 또는 45살 이상의 남자인 경우 매년 전립선 검사와 같은 정기검진들을 매년 계획하고 예약을 잡나요? **순응**(compliance)의 한 가지 정의는[159] '압박에 굴복하는 행동' 또는 '규칙, 요청, 또는 요구에 동의하는 것'입니다. 수의학에서 순응이라는 용어의 더 전통적인 의미는 "환자가 처방된 치료 요법을 따르는 일관성과 정확성"입니다 의사와 고객의 관계는 고객에게 복종하는 명령을 내리는 전문가에게 달려있습니다. 이러한 권위주의적 관계는 의료 서비스 연속성 그림의 한쪽 끝에 있습니다(그림 10-1).

이제 당신이 환자로서 얼마나 잘 순응하는지 생각해보도록 하겠습니다. 여러분은 하루에 두 번 꾸준히 이를 닦나요? 당신은 적어도 한 달에 한 번은 헬스클럽 회원권을 사용하나요? 당신은 매일 종합 비타

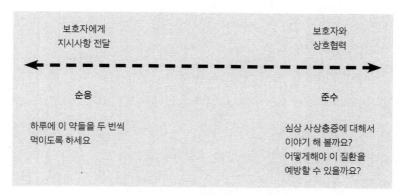

[그림 10-1. 의료 서비스 연속성의 순응과 준수]

민을 복용하나요? 아니면 가끔 하루 정도 건너뛰나요? 휴가 갈 때 종합비타민이나 약을 챙기는 것을 기억하나요? 만약 챙겼다면, 평소와 다른 휴가지의 생활 방식에서 약을 제때 챙겨 먹나요? 당신이나 가족, 또는 반려동물을 위한 항생제 처방을 받았던 때를 기억해보세요. 처방된 기간이 끝날 때 남은 약이 있었나요?

'**준수(adherence)**'란 환자가 **합의된 치료**를 얼마나 지속하는지 의 정도를 의미합니다. 세계보건기구의 준수 프로젝트(The World Health Organization's Adherence Project)[160]는 최근에 이러한 정의를 '**사람들의 행동이 치료 제공자로부터 합의된 권고사항들과 부합하는 정도**'로 수정하였습니다. 수정된 정의의 초점은 의사와 고객이 공유하고 상호 작용하며 합의된 계획에 전념하는 관계 자체에 있습니다. 이러한 관계는 의사와 고객 사이에서 같고, 의료 서비스 연속성 그림에서 순응의 반대쪽 끝에 있습니다(그림 10-1 참조). 의료전문가들은 관계 중심의 접근 방식에 많은 관심을 지니고 있습니다. 왜냐하면, 건강관리 결정에 적극적으로 참여한 환자는 그렇지 않은 사람보다 더 오래 권장 사항에 전념(준수)한다는 경험을 뒷받침하기 때문입니다.

그러나 이것은 '순응'이 항상 "옳지 않다"라거나 '준수'가 본질적으로 "옳다"라는 것을 말하는 것은 아닙니다. '순응'이 필수적인 상황도 있습니다. 예를 들면, 광견병 백신 접종과 같은 정부 법률과 규제나 공공의 안전이 위협을 받을 때입니다. 그러나 의사의 권고사항은 이러한 범주에 속하지 않으며 대부분 고객의 희망과 동기에 따릅니다. 이러한 동기부여는 의사-고객 상호작용의 질에 의존합니다. 치료 권고에 대해 '준수'하지 않는 것은 의학에서 주요한 건강 관리 문제이고, 준수하지 않는 것(nonadherence)의 측정 범위는 30%에서 60%[161,162]로 추정됩니다. 의료 개입의 순응을 평가한 63건의 논문을 검토한 결과, 약 40%의 환자가 처방된 약을 잘못 먹었거나 전혀 복용하지 않았으며, 그 수의 거의 2배는 식이 제한 및 처방된 운동을 준수하지 않았습니다. 또한, 흡연과 음주 같은 타협적인 습관을 계속했습니다.[163]

아직 수의학 문헌에서 고객의 '준수'를 평가한 학술 연구들은 별로 없습니다. 대부분은 적은 수의 실험 대상자를 대상으로 했으며, 개에게 단기간 항생제 투여나 구강 위생 또는 광견병 예방접종의 권장 사항에 대한 고객의 '순응도'를 평가했습니다.[164-169] 학술적인 연구에서 측정에 대한 '표준치(gold standard)'가 없어서 불순응(noncompliance)을 정의하고 측정하는 것은 복잡합니다.[162,164] 측정을 다양한 방법으로 시도했지만, 각각에 대한 유효하고 신뢰할 수 있는 데이터가 생성되었는지 항상 문제로 남아있습니다. 인의학에서 환자 '준수'의 부족은 의사와 환자의 상호 불만을 증가시킵니다.[93,163,170] 이것은 또한 잘못된 진단, 연장되거나 불필요한 치료, 의료 비용의 증가, 그리고 의료 개입의 비용 효율성 감소로 이어집니다. 이러한 고객의 '불순응'에 대한 부정적인 영향은 수의학에서도 인의학과 마찬가지로 유사한 것으로 여겨집니다.

미국동물병원협회(AAHA, American Animal Hospital association)에서 실시한 최근의 양적 연구들에 따르면 여러 주요 영역에서 고객의 '순응'이 수의사들이 예측한 것보다 훨씬 낮았습니다.[93] 연구들은 심장사상충 검사, 고양이와 강아지의 주요 백신, 마취 전 검사, 노령 동물의 건강검진, 치아 질병 예방, 그리고 치료적 식이 관리 영역을 평가했습니다. 대상 영역 중 4가지에서 수의사들은 그들의 진료에서의 실제 '순응도'를 과대평가하였습니다. 반대로 3가지 영역에서는 보호자의 '순응도'와 의도한 방식으로 제품을 꾸준히 사용하는 능력을 과소평가 하였습니다(표 10-1 참조). 예를 들어, 수의사들은 치료적 식이 관리 영역에서 고객의 '순응도'로 나타나는 사료 구매율과 단독 급여 비율을 59%로 추정했지만, 실제 전체 비율은 21%였습니다. 또한, 심장사상충 예방약을 구매하고 사용하는 비율을 70%로 예상했지만, 실제 순응도는 48%였습니다. '준수'를 측정하는 일정하고 믿을만한 수단의 부족은 가능한 최고 수준의 치료를 제공하는 진료의 능력을 과대평가하거나 과소평가하도록 만듭니다. 최근 논문들은 의사 권고의 '준수'를 높이기 위해 실시할 수 있는 내부 진료시스템 및 프로토콜을 검토했습니다.[93] 예약 잡기, 예약 알림 보내기, 리셉션과 진료실에서 환자 받기, 그리고 모든 사무실 방문에 대한 결과는 의료팀이 '순응'에 긍정적인 영향을 미칠 수 있는 전략적 '서비스 요소들'입니다.

[표 10-1. 2003년 미국동물병원협회 연구에서의 순응도 추정치 vs 측정치]

권장 사항	순응도 추정치 (%)	순응도 측정치 (%)
심장사상충 검사	73	83
주요 백신	77	87
마취 전 검사	66	69
노령 동물 건강검진	43	34
심장사상충 예방	70	48
치아 질병 예방	54	35
치료적 식이 관리	59	21

순종형(compliant) **고객과 준수형**(adherent) **고객의 차이**는 미묘할 수 있지만, 일부 동물 소유자가 수의사가 권장하는 대로 하지 않는 이유를 이해하는 데 매우 중요합니다. 고객은 아마도 비만인 반려동물에게 다이어트 사료로 바꾸라는 권장 사항을 따르게 하는데 몇 달 또는 몇 년이 걸릴 수도 있습니다. 그러나 반려동물이 다이어트 사료를 좋아하지 않는다는 것을 알게 되면, 그 사료만을 엄격하게 먹이지 않을 수 있습니다. AAHA 연구에 따르면, 권장 치료 식단을 급여 중인 반려동물 소유자의 55%가 해당 식단을 다른 음식이나 간식으로 보충했습니다. 한 연구에서는, 치료적 체중감량 제품 구매에 대해 순종형(compliant) 또는 비순종형(noncompliant)으로 분류된 고객들을 대상으로 대도시 지역에서 3.5명의 의사가 대규모로 진료하는 곳에서 설문조사를 진행했습니다. 순종하는 고객들은 그들의 개 또는 고양이에게 간식을 줄 가능성이 5배 더 높았습니다. 하지만 의료 기록이 불완전하

고 후속 진료 예약이 일정과 일치하지 않기 때문에 모든 식이요법 권고 사항을 준수(adherent)하는 것으로 간주하였는지 여부는 불분명했습니다.[171]

'순응'에서 '준수'까지의 의료 서비스 연속성을 따라 권고 사항과 행동(또는 결과) 간의 불일치를 '격차(gap)'라고 합니다. 권고 사항과 고객이 준수해야 하는 사항 사이의 격차의 원인을 식별하는 것은 고객 상호 작용과 환자 치료의 질을 개선하는 데 유용할 수 있습니다. 준수(또는 잠재적 격차)에 대한 도전에는 경제적 문제, 시간 제약, 편의성 문제 및 보호자에게 권장 사항의 이점을 이해시키는 능력이 필요합니다.[172] 2003년 AAHA 연구의 고객 및 수의사 조사 결과에 따르면, 반려동물 보호자들은 권고사항을 준수하는 데 주된 장벽이 아닙니다. 일부 고객이 편의성이나 비용 때문에 서비스를 거부하는 것은 항상 사실이지만, 조사에 응한 대부분의 반려동물 보호자(90%)는 그들이 제공할 수 있는 선택권보다 이용할 수 있는 모든 선택권에 대해 먼저 알기를 원했습니다. 여러 가지 권고안을 만드는 것에 대한 일부 수의사의 우려와는 달리, 조사 대상 반려동물 주인 중 오직 10%만이 권고안이 더 많은 돈을 벌려는 욕구에서 비롯된 것이라고 믿었습니다. 의료팀이 소유주에게 권장 사항을 제시하거나 권장 사항의 필요성과 이점을 이해시키는 데 실패하는 두 가지 주요 원인은 바쁜 진료의 시간 제한과 최상의 치료를 제공하려는 고객의 관심을 잘못 인지하는 것입니다. 수의사들은 권장 사항의 가치에 우선순위를 지정하고 기록하며, 권장 사항에 대한 고객의 우려와 질문을 적절하게 해결함으로써 '준수성'을 향상시킬 수 있습니다.

고객의 준수(adherence) 향상의 이점

지난 수십 년간 인의학에서 시행된 연구의 결과들은 의사가 환자의 건강관리 행동에 긍정적인 영향을 줄 수 있다는 것을 보여주었습니다. 이러한 영향력의 핵심은 효과적인 의사소통 능력에 있습니다. 의사와 환자 간의 효과적인 의사소통은 의료 제공자의 정확성과 효율성을 향상합니다. 또한 환자의 결과(예 증상 완화, 생리학적 결과)를 개선하고 치료 권고 사항의 준수를 높이며, 환자와 의사의 상호 작용에 대한 만족도를 향상합니다. 비록 아직 널리 공식화되지는 않았지만, 개업의들이 그들의 의료팀 구성원과 고객들의 의사소통 개선에 중점을 둘 때의 이점이 수의학에서도 같게 발생할 수 있습니다. '준수'의 향상으로 신뢰감 또한 향상합니다. 고객들은 그들이 이해하고 지지한 권고에 대한 조치를 하고 수행하는 것에 대해 만족감을 느낍니다. 의료인들은 치료 계획이 완료되기까지 내내 지켜지는 것을 보고 만족감을 얻습니다. 의사, 간호사 및 보조자의 자신감은 고객, 직원 및 동료와 의사소통하는 능력을 더욱 향상시킵니다. 또한 수의학적 관행은 고객들이 정기적인 건강 및 예방적 진료 방문에 대한 권고를 준수할 때 도움이 됩니다. 성공적인 고객 준수의 기준을 높이는 것은 의료팀에서 의사, 고객 및 다른 사람들 간 상호작용의 질에 크게 의존한다는 것은 아무리 강조해도 지나치지 않습니다.

고객을 당신의 파트너로 만들기 위한 지침(Road map): 관계 구축, 권장, 후속 조치와 끝까지 마무리 짓기

의사소통 기술 훈련에 대한 네 가지 습관 접근법은 25년 전 인의학에서 환자와의 대면을 위한 체계로 확립되었습니다.[10] 이 모델은 관계 구축에 대한 단계적 접근방식을 제공하고 환자(또는 고객)의 '준수'를 개선하기 위한 의사결정에 사용할 수 있는 정보를 최적화합니다. 네 가지 습관은 다음과 같습니다. (부록 10-1)

(1) 시작에 투자하기
(2) 고객의 관점 끌어내기
(3) 공감 표현하기
(4) 마지막에 투자하기

이 접근법의 주요 목표는 유대감과 신뢰를 쌓고, 정보를 효율적으로 교환하고, 이해를 제공하며, '준수'를 높이는 것입니다. 환자와의 대면마다 이러한 기술을 연습하는 습관을 기른 의료진들은 환자의 '준수'와 긍정적인 의학적 결과의 가능성을 높입니다. 네 가지 습관 접근법은 대규모 의료 기관에서 환자 만족도 점수를 지속해서 향상하기 위해 잘 체계화되었습니다.[12] 또한, 의사의 의사소통 행동을 안내하고 측정하기 위한 부호화 체계를 입증하는 모형 역할을 했습니다. 네 가지 습관 각각과 관련된 기술, 기법 및 성과에 대해 상세히 기술하는 이 모델에 대한 포괄적인 검토가 최근 수의학 문헌에 발표되었습니다. (부

록 10-1 참조)[173]

첫 번째 습관인 **시작에 투자하는 것**은 관계를 맺고 방문 일정을 조절하기 쉽게 만드는 포용력에 초점을 맞춥니다. 이러한 기술에는 소개와 인사, 당신의 질문 스타일(폐쇄형 개방형 질문), 반영적 경청(reflective listening), 고객의 우려 사항 파악 등이 포함됩니다.[174] 관계를 성공적으로 구축하고 유지하는 데 필요한 추가 기술로는 바디 랭귀지(당신과 고객의 것을 포함한 비언어적 단서)에 대한 참여와 주의 기울이기와 각 고객 방문에 대한 계획의 우선순위 지정 등이 있습니다.[173]

습관 1 예시	
의사	좋은 아침입니다. ○○ 씨, 다시 뵙게 되어 반갑습니다. 방금 생긴 응급상황 때문에 계속 기다리시게 하여 죄송합니다.
고객	괜찮아요. 저도 오늘 아침에 바빴어요.
의사	요즘 우리가 모두 바쁜 날들을 보내는 것 같아요. 그럼 오늘은 어떤 것 때문에 오셨나요?

두 번째 습관인 **고객의 관점 끌어내기**는 신뢰를 쌓기 위한 기술에 초점을 두고, 고객이 동물의 건강관리에 적극적으로 참여하도록 합니다. 이러한 기술에는 고객의 관점을 평가하고, 치료받아야 하는 이유를 결정하고, 동물의 문제가 고객의 삶에 어떤 영향을 미치는지 탐구하는 것이 포함됩니다.[174] 너무 자주 수의사(의사처럼)가 의사결정 내용을 이해하지 못하거나 동의하지 않으면 고객(환자)이 목소리를 높여 말할 것으로 추측합니다. 고객(환자)은 수의사(의사)가 자신에게 의견을 묻길 원하고 그 의견을 그가 경청했다고 느낄 때, 상호 존중의 감정이

생기고 동반자 관계로 발전할 수 있습니다.[2]

습관 2 예시

고객	우리 집 강아지 루루벨이 요즘 밥을 도통 먹지 않아 걱정돼서 왔어요.
의사	그렇군요. 얼마나 지속됐나요?
고객	이런 증상이 일주일 째째 계속되고 있어요.
의사	그게 혹시 어떤 것과 관련이 있다고 생각하세요?
의뢰인	제 생각에는 오빠 새미가 죽은 후로 아무것에도 관심이 없는 것 같아요.
의사	[침묵]
고객	루루벨이 이러다가 정말 굶어 죽을 것 같아서 두려워요.

세 번째 습관인 **공감 표현하기**는 의료진이 자신의 반응을 보호자가 인식할 수 있도록 하면서 계속해서 신뢰를 쌓는 데 초점을 둡니다. 기술에는 고객의 감정 표현 격려, 고객의 감정 확인, 좋은 비언어적 행동 보여주기, 그리고 고객의 기분 입증이 포함됩니다.[174] 감정에 개방적이고 언어적 또는 비언어적인 공감 표현을 하는 것은 어려울 수 있습니다. 300명의 의사-고객 방문을 평가한 최근 연구에 따르면 진료 예약의 7%만이 수의사가 공감 표현을 했다고 하였습니다.[2] 인의학 연구에 따르면 강한 공감 능력을 갖춘 의사는 시간을 들이지 않고 환자의 감정을 확인하고 검증할 수 있습니다.[31]

의사	보호자님의 걱정이 충분히 이해되는 상황이에요. 반려동물이 밥을 안 먹으면 굉장히 무섭죠. [공감적인 진술]
고객	맞아요. 제 이웃의 개는 계속 밥을 안 먹다가 결국 죽었어요.
의사	걱정하시는 거 압니다. 그리고 이제 루루벨의 먹는 것에 대해 더 확실히 말씀드릴게요. 그 전에, 제가 알아야 하는 다른 것이 있나요?
고객	아뇨, 없어요.

네 번째 습관인 **마지막에 투자하기**는 정보 공유, 의사 결정 그리고 권장 사항 따르기에 초점을 둡니다. 기술에는 명확한 설명 고객의 참고문헌 틀 사용, 고객이 정보를 이해할 시간 기다리기, 질문에 답하기, 테스트 근거 제시 검사의 근거 제시, 이해도 확인, 의사결정 과정 참여 유도, 고객의 치료 계획의 수용성 확인, 준수의 장벽 탐색과 마지막에 다음 단계에 대한 계획의 논의가 포함됩니다.[174]

의사	○○ 씨, 일단 신체검사 상 루루벨은 특이사항 없이 양호했고 모든 혈액 검사 결과는 정상입니다. 동물들이 슬퍼하는 것은 사람들이 슬픔을 느끼는 것처럼 흔한 일이에요. 루루벨의 무기력한 태도나 식욕은 며칠 내로 괜찮아질 겁니다. 혹시 루루벨이 제일 좋아하는 음식은 뭔가요? 사람도 슬플 때 '위로가 되는 음식'을 먹으면 괜찮아지듯이 동물들에게도 도움이 될 수 있어요.
고객	닭가슴살을 정말 좋아해요
의사	그럼 루루벨에게 닭가슴살을 줘보세요. 식욕이 돌아올 때까지 며칠 동안 구운 닭가슴살 반쪽을 사료에 섞어서 주다가, 스스로 먹기 시작하면 조금씩 줄이면 됩니다. 이해 가시죠?
고객	네, 감사합니다.
의사	그럼 제가 보호자님께 안내해 드린 내용을 써 드릴게요. 그리고 간호 선생님이 며칠 후에 루루벨이 괜찮은지 확인전화를 드릴 거예요. 전화는 언제가 가장 괜찮으세요?

권고 사항을 준수하기 위한 개인의 준비, 헌신 정도에 영향을 미치는 두 가지 주요 요인은 확신(conviction)과 자신감(confidence)입니다. 확신은 특정 권고안의 가치나 중요성에 대한 자신의 신념을 말합니다. 고객의 확신을 평가하기 위해 수의사는 다음과 같이 물어볼 필요가 있습니다. 1부터 10까지의 단계가 있습니다. 이 중 10단계가 가장 가치 있다고 할 때, 보호자님은 처방 사료가 브루노의 피부 문제를 해결하기 위해서 몇 단계 정도 가치 있다고 생각하세요? 고객이 권고 사항에 대해 낮은 확신을 보일 때, 그들은 권고 사항을 이행할 준비가 되어 있지 않습니다.

이런 경우 의사는 목표를 수정하고, 고객의 행동 가치에 대한 이해를 높이는 데 초점을 맞춰야 합니다. 확신이 낮은 고객에게 적합한 목표에는 다음이 포함됩니다.

- 권고 사항의 중요성을 설명하는 새로운 정보를 제공하려면 먼저 고객의 의사를 물어보시기 바랍니다. "광견병 백신이 왜 중요한지 좀 더 자세히 알려드릴까요?"
- 장단점을 살펴보고, 고객이 가진 옵션과 선택권을 살펴보시기 바랍니다.
- 행동으로 실천하는 고객의 적은 노력이라도 계속 격려해주시기 바랍니다.

두 번째 요소는 자신감입니다. 개인들은 권고 사항을 수행하는 자신의 능력에 대한 자신감에 영향을 주는 경험을 가지고 있습니다. 예를 들어, 바늘에 대한 두려움을 가진 고객은 매일 주사를 맞아야 하는 치료 지시사항을 잘 준수하지 않을 것입니다. 행동학자들은 자신감은 성공적인 행동 변화의 가장 중요한 결정요소라는 것을 알아내었습니다. 고객의 자신감을 평가하기 위해, 수의사는 다음과 같이 물어볼 필요가 있습니다. "얼마나 잘 이 치료 요법을 실천할 수 있다고 믿으십니까?"

권고 사항 실천의 장벽을 확인하고, 고객과 협력하여 이를 해결하기 위한 계획을 세우는 것이 도움 될 수 있습니다. 시간이 제한된 수의사들은 이 단계를 문제 해결에 더 많은 시간과 전문지식을 가진 의료진에게 미룰 수 있습니다. 자신감을 키우기 위해, 반려동물을 위한(또는 자기 자신을 위한) 의학적 요법에 충실했던 시간을 상기하도록 제안함으로써 의뢰인 자신의 경험에서 출발하는 것이 도움 됩니다. 고객 대부분은 어느 정도 지시를 잘 따르지만, 이전에 사용했던 계획의 영향을 최소화하거나 축소하는 경향이 있습니다. 비록 지시에 따르는 기간이 짧았더라도, 의사들은 "당신에게 도움이 된 것은 어떤 것이었나요?"라는 질문할 수 있습니다.

네 가지 습관 접근법을 통해 의사소통 능력을 향상하는 것은 고객의 건강 이해력(health literacy) 대한 민감도에 크게 좌우됩니다. 건강 이해력은 고객이 (동물과 자신을 위해) 적절한 결정을 내릴 수 있을 정도로 기본적인 건강 정보를 얻고, 처리하고, 이해할 수 있는 정도를 말합니다.[175] 미국의 건강 정보 이해 능력(health literacy) 비율은 26%에서 60% 사이이며, 대부분의 60세 이상 성인은 이해력이 부족하거나 한계가 있습니다. (www.chcs.org, www.nces.ed.gov/pubs)[176] 수천만 명의 미국 성인들이 약품 라벨 및 퇴원 지침뿐만 아니라 책자나 동의서에 있는 기본적인 의학 용어를 이해하는 데 어려움을 겪고 있습니다. (www.chcs.org)[177] 이해 능력이 부족한 환자들은 조기 검진을 이용할 가능성이 작아서 질병이 이미 진행된 상태일 가능성이 더 크고, 입원 가능성도 큽니다. 그리고 치료에 대한 이해도가 낮아 양식을 작성하지 못할 가능성이 크고, 의학적 치료 요법을 준수하는 비율이 낮습니다.[177]

의료팀의 모든 구성원이 사용할 수 있는 '이해 능력 높이기' 전략이 있습니다.[177,178] 의료 정보를 제공하는 수의사와 간호사, 가정 치료 지침을 제공하는 접수 담당자는 모든 고객이 읽고 쓸 줄 아는 사람이라고 가정하지 않아야 합니다. 읽고 쓰는 능력이 제한된 사람들은 그들이 들은 정보를 암기하려고 노력함으로써 의료정보를 제공받을 수 있습니다. 만약 고객이 당신의 설명을 다시 필요로 하는데 메모하지 않거나, 서면 정보를 요청하지 않는 것을 관찰한다면, 이것은 고객의 읽기 능력이 부족한 것일 수 있습니다. 전달 스타일에 따라 다음 전략 중 하나 이상을 적용하여 권장 사항에 대한 고객의 준수를 높일 수 있습니다.

- 의학 용어의 사용을 피하고, 질병 상태와 치료 계획을 설명하기 위해 명확하고 단순한 언어를 사용합니다.
- 말하는 속도를 늦춰 고객이 정보를 처리할 시간을 갖도록 합니다. 정보를 '단어 모음' 단위로 제공하고, 이해하는지 '확인'하세요.: "많은 정보를 훑어봤는데, 한 번에 다 받아들이기 힘든 경우

가 많습니다. 계속하기 전에 보호자님이 지금까지 이해한 내용을 공유할 수 있나요?"

- 고객의 언어적, 비언어적 단서들을 주의 깊게 듣고 관찰합니다.: "당신은 이 소식에 무척이나 놀라셨으리라 생각합니다."
- 의학적 사실을 설명하기보다는 원하는 행동을 강조하거나 보여 줍니다.: "당신이 아침, 저녁 먹을 때 이 가루를 릴리의 캔 사료와 섞어서 주세요. 만약 아침을 먹이지 않는다면, 매일 아침 일어나 자마자 주세요."
- 상처 소독, 영양관을 통한 영양공급, 알약 먹이기, 귀 세정 등과 같이 집에서 해야 하는 관리법을 고객에게 보여줄 때는 가능하면 그림이나 도표, 비디오를 포함한 안내 책자를 제공합니다. 마지 막으로 고객이 질문할 수 있는 시간을 줍니다.: "혹시 집에서 이 치료를 할 때 염려되는 부분이 있으세요?"

중요한 정보를 상기하여 권장 사항을 준수하는 고객의 능력은 이해 하기 쉽고 읽기 쉬운 '서면 지침'으로 제공할 수 있습니다. 가정 관리 치료 지침에 의료 기록이 중복되는 경우 정보를 더 많이 상기시킬 수 있습니다(예 전자 의료 기록 또는 퇴원 지침서). 복사본 지시 사항은 접수처 에서 또는 전자 청구서의 일부가 아니라 진료실에서 제시되어야 합니 다. 고객은 의학적 또는 외과적 상태에 대한 일반적인 정보 또는 가정 관리에 대한 특정 정보(예 음식, 물, 먹는 약, 운동-어떤 것을, 얼마나, 언제)가 필요할 수 있습니다. 권장 사항의 우선순위를 정하는 것은 고객이 다 음 방문까지 단기적으로 무엇에 중점을 두어야 하는지를 명확하게 하므로 중요합니다. 또한 언제(응급 상태는 어떤 것들이 있는지), 어떻게(연락처 번호 또는 이메일 주소) 동물병원으로 연락해야 하는지에 대한 지침을 제공함으로써 준수를 향상할 수 있습니다. 효과적인 집에서의 치료 지침은 의사의 입장에서 약간의 시간이 필요로 할 수 있지만, 그들은 시간적 측면(의료 기록을 통해 역추적하는 데 걸리는 시간을 최소화)과 돈(배달된 치료의 질을 향상해 현재 의료 상태에 대한 결과를 향상한다.)에서 실제로는 더 많은 부분에 이익이 있었습니다.

협업 파트너십 내에서 의사결정이 이루어지는 경우, 임상의는 고객의 관점을 고려하여 가장 유용한 최선의 증거를 제시하고 고객의 의견을 유도하는 데 집중할 수 있습니다. 고객들은 건강, 질병(진단 및 예후), 치료 선택사항, 집에서의 관리를 이해해야 합니다. 그들은 또한 반려동물의 삶의 각 단계에 참여할 필요가 있습니다. 임상의로서, 만약 우리가 참여하지 못하거나, 더 나쁘게, 우리가 고객과 계속 연락하지 못한다면, 환자, 소유자, 우리 자신, 그리고 우리의 의료팀이 실패하게 될 위험이 있습니다. 이와는 대조적으로, 네 가지 습관 접근법을 이용하여 고객을 참여시키고 관계를 유지하는 것은 고객의 준수와 만족도를 향상하기 위한 최상의 현재 실천적 방법을 제공합니다. (부록 10-2 참조)

부록

[부록 10-1. 4가지 습관 접근법[11,171,173]]

습관	기술	기술들과 예시들	보상
시작에 투자 하기	빠르게 친밀감 갖기	• 진료실에서 모두에게 자기소개한다. • 기다리고 있었음을 알린다. • 이전의 진료나 문제들을 언급함으로써 환자를 기억하고 있다는 것을 전달한다. • 환자를 편안하게 한다. • 사회적 이슈나 의학과 관계없는 질문을 해서 환자를 안심시킨다. • 언어, 분위기 그리고 자세를 환자의 반응에 따라 적응한다.	• 환영하는 분위기를 형성한다. • 고객이 방문한 실제 이유에 더 빠르게 접근할 수 있다. • 진단의 정확성을 증가시킨다. • 적은 노력을 해도 됩니다. • 마지막에 "아, 그런데…"를 최소화한다. • 협상을 쉽게 한다. • 갈등의 가능성을 감소시킨다.
	환자의 걱정 거리를 끌어 내기	• 주관식(개방형) 질문으로 시작한다: "오늘은 무엇을 도와드릴까요?" 또는 "당신이 오늘 무엇 때문에 왔는지 알아요…. 자세히 이야기할 수 있나요?" • 통역사를 사용할 때 환자에게 직접 이야기한다.	
	환자와 방문을 계획	• 이해를 확인하기 위해 걱정을 반복한다. • 환자에게 무엇을 기대할지 알려준다: "우리 이것에 대해 더 이야기하는 것이 어떨까요? 그럼 저는 검사를 할 것입니다. 그리고 우리는 가능한 다른 검사 및 방법을 검토할 것입니다. 괜찮죠?" • 필요에 따라 우선순위를 정한다: "x와 y에 대해 확실히 이야기합시다. 당신은 우리가 z를 다루는지 확인하고 싶어하는 것 같아요. 만약 우리가 다른 관심사에 도달할 수 없다면, 우리…"	

습관	기술	기술들과 예시들	보상
고객의 관점 끌어 내기	환자의 생각을 묻기	• 환자의 관점을 평가한다: "증상의 원인이 무엇이라고 생각하나요?", "문제에 대해 가장 걱정하는 것이 무엇인가요?" • 중요한 다른 것에 대해 생각을 물어본다.	• 다양성을 존중한다. • 환자가 중요한 진단 단서를 제공하게 한다. • 숨겨진 걱정들을 알아낸다. • 대체 치료법의 사용 또는 검사 요청을 드러낸다. • 우울과 불안함을 개선한다.
	구체적인 요구를 끌어내기	• 환자의 치료 목표를 결정한다: "이번 방문에 대하여 결정할 때, 우리가 어떻게 도움이 되길 바랐습니까?"	
	환자의 삶에서 중요한 점을 탐색하기	• 전후 사정을 살핀다: "아픈 것이 당신의 일상, 일, 가족에게 어떤 영향을 미쳤습니까?"	
공감 표현 하기	환자의 감정에 마음을 열기	• 보디랭귀지와 목소리 톤 변화를 평가한다. • 짧은 공감 표현이나 제스처를 사용할 기회를 찾는다.	• 방문에 깊이와 의미를 더한다. • 믿음을 형성하고, 더 나은 진단 정보, 준수, 결과를 끌어낸다. • 제한을 설정하거나 "아니오"라고 말하기 더 쉽다.
	적어도 하나의 공감 표현하기	• 가능한 감정을 말한다: "정말 속상할 것 같습니다." • 문제를 해결하려는 환자의 노력을 칭찬한다.	
	비언어적으로 공감 전달하기	• 멈춤(pause), 촉각(touch), 또는 표정(facial expression)을 사용한다.	
	자신의 반응 알기	• 환자가 느낄 수 있는 감정에 대한 단서로 자신의 감정 반응을 사용한다. • 필요하다면 짧은 휴식시간을 가진다.	

습관	기술	기술들과 예시들	보상
마지막에 투자하기	진단 정보를 전달하기	• 환자의 근본적 걱정에 대한 진단을 내린다. • 환자의 이해력을 시험한다.	• 협업 가능성을 높인다. • 건강 결과에 영향을 미친다. • 준수를 향상한다. • 재방문과 재연락을 줄인다. • 자기 관리를 장려한다.
	교육하기	• 검사와 치료에 대한 근거를 설명한다. • 가능한 부작용들과 회복과정을 검토한다. • 삶의 방식 변화를 추천한다. • 서면으로 된 자료를 제공하고 다른 자료들을 참조한다.	
	결정 사항에 환자 참여 시키기	• 치료 목표를 의논한다. • 선택지를 탐구하고, 환자가 선호하는 것에 귀 기울인다. • 정중하게 한계를 설정한다.: "저는 그 검사가 당신에게 어떤 의미가 있는지 이해합니다. 하지만 제 관점에서는 검사 결과가 당신의 증상을 진단하거나 치료하는 데 도움이 되지 않기 때문에 대신 이것을 고려해볼 것을 제안합니다." • 계획을 수행하기 위한 환자의 능력과 동기를 평가한다.	
	방문 완료하기	• 추가적인 질문을 한다.: "혹시 궁금하신 게 있으신가요?" • 만족감을 평가한다.: "혹시 궁금한 것에 대한 대답은 충분했을까요?" • 지속적인 치료에 대해 환자를 안심시킨다.	

출처: 프랭클 알 엠. 반려동물과 수의사: 관계 중심 치료 연구가 수의학을 제공하는 것.
J Vet Med Educ 2006;33(1):22;허가

[부록 10-2. 고객 지속을 향상하기 위한 의사소통 스킬 연습]

의료팀의 모든 구성원에게 실질적인 의미는 의사소통 기술을 가르치고 배울 수 있다는 것입니다. 배움과 가르침에 대한 참조할만한 사항은 환자와 커뮤니케이션하는 기술(Skills for Communicating with Patients)[19]의 두 번째 판에 있습니다. 많은 북미의 의과 대학과 일부 수의과 대학(예 Michigan State University, Ontario Veterinary College, The Ohio State University)은 표준화된 환자 또는 고객 인터뷰에서 비디오로 녹화된 성인 학습자(학생, 인턴, 레지던트, 임상의)에게 피드백을 주고받는 방법으로 교수진 및 개업의를 교육하고 있습니다. 일부 대규모 동물병원 및 전문 위탁 병원은 인적 자원 관리에 대한 배경지식을 갖춘 행정 직원을 고용합니다. 이들은 피드백 제공에 대한 코칭 기술을 가지고 있을 수 있으며 이것은 의사소통 기술 훈련에도 사용될 수 있습니다. 지속적인 배움과 강화를 위한 접근 가능한 코칭의 이용 가능성뿐만 아니라 사업 리더십의 실재적 지원 또한 이론적 경험을 실제 임상 경험으로 전환하는 데 필수적입니다.

동료 관찰과 구두(또는 서면) 피드백은 즉각적인 정보를 제공할 수 있는 연습으로, 다음 환자를 만났을 때 재설정과 수정을 가능하게 합니다. 이러한 종류의 활동은 조용하고 중립적인 공간(진료실이나 분주한 접수 공간이 아닌 개인 사무실 또는 휴게실)에서 동료 관찰 보고서를 공유하는 시간을 포함하는 잘 정의된 형식이 필요합니다. 관찰되는 개인은 단일 관찰 동안 초점을 맞출 학습 목표를 두 개 이하로 확인(또는 설명)해야 합니다. 관찰자는 피드백이 구체적이고 시기적절하도록 명시된 목표와 관련된 기술을 확인하고 문서로 만드는 데 집중해야 합니다. 개별화된 피드백 양식은 4가지 습관 코딩 체계에 자세히 설명된 23가지 기술 중 하나에 대해 설계할 수 있습니다.[19][174] 이 코딩 체계는 복잡하지 않은 5단계를 사용하며, 5점은 가장 높은 단계를 나타냅니다. 동료 관찰 및 피드백 외에도 고객 만족도 조사는 의료팀과 고객 간의 대인 관계를 평가하도록 설계될 수 있습니다.

예를 들어, 만약 당신의 의사가 비만 반려동물의 체중 감량에 대한 긍정적인 건강상의 이점을 설명하고 고객과 상호 합의된 계획을 세우는 능력에 대해 평가받기를 원한다면, 동료 관찰자는 4가지 습관 코딩 방법의 일부를 사용하여 고객-의사 상호작용에서 몇 가지 다른 의사소통 기술을 점수화하거나 등급을 매길 수 있습니다.

- **흡수할 시간 제공하기**: 고객이 정보를 처리할 시간을 제공하는 능력을 평가합니다.

  - 점수 5: 임상의는 정보를 제공한 후 고객이 정보에 반응하고 흡수할 수 있도록 일시 중지합니다.

  - 점수 3: 임상의는 고객의 반응을 위해 잠시 멈췄다가 빠르게 진행합니다(고객이 정보를 완벽히 흡수하지 않았을 수 있다는 인상을 남깁니다).

  - 점수 1: 임상의는 고객에게 반응할 기회를 주지 않고 신속하게 정보를 제공하고 계속합니다(이 정보가 제대로 기억되거나 충분히 인식되지 않을 것 같다는 인상을 줍니다).

- **명확한 설명 제공하기**: 비만의 위험과 체중을 감량하는 반려동물의 긍정적인 건강 결과에 대해 고객에게 명확한 정보를 제공하는 개인의 능력을 평가합니다.

  - 점수 5: 임상의는 비만에 대해 논의하고 반려동물이 체중이 감소하였을 때 도움이 되는 이점들을 표현합니다. 설명은 명확해야 하고 이해하기 힘든 특정 용어의 사용을 최소화하거나 사용하지 않는 것이 좋습니다.

  - 점수 3: 설명에 몇 가지 전문용어가 포함되어 있고 이해하기 다소 어렵습니다.

  - 점수 1: 그 정보는 너무 기술적이거나 고객이 이해하지 못하는 방식으로 기술됩니다(고객은 아마도 그것을 얼버무리거나 적절하게 이해하지 못했을 것입니다).

- **의사 결정 시 고객 참여시키기**: 의사 결정 과정에 고객을 관여시키는 개인의 능력을 평가합니다.

  - 점수 5: 임상의는 의사결정 과정 내에서 고객의 의견을 명확하게 장려하고 관여시킵니다.

  - 점수 3: 임상의는 의사결정 과정에 의뢰인을 참여시키는 데 거의 관심을 보이지 않거나 의뢰인의 시도에 상대적으로 열의가 적게 응답합니다.

  - 점수 1: 임상의는 고객의 개입에 관심을 보이지 않거나 의사결정 과정에 참여하려는 내담자의 노력을 무시합니다.

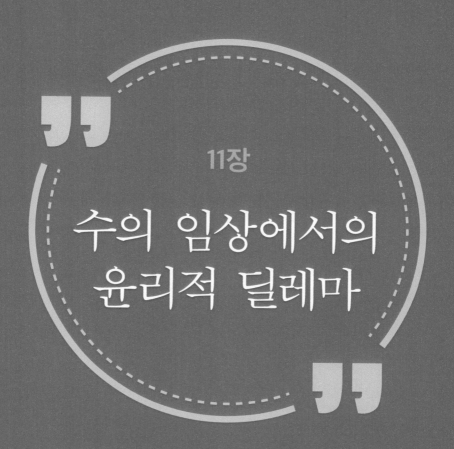

11장

수의 임상에서의
윤리적 딜레마

임상수의사들이 윤리학을 알아야 하는 이유는 윤리와 법의 관련성 때문입니다. 윤리적인 행위들은 법으로 규정되어 있지는 않지만, 공동의 집단이 인정하고 용인하는 대부분의 사람이 지켜져야 한다고 생각하는 지침이라고 이해하면 쉽습니다. 윤리적 결정들은 때로는 즉각적인 감정 반응을 불러일으키기도 해서[179,180], 윤리 문제와 관련된 주제로 대화하는 것이 어렵다고 느낄 수도 있습니다. 신념, 혹은 옳고 그름을 판단하는 원칙인 윤리(ethics)는 개인적, 사회적, 직업적 요소와 관련 있습니다.[181] 직업적 윤리는 특정 분야의 전문가들이 사회적인 '이익'을 위해서 서약하거나 '공언'하므로 별개로 구분되기도 합니다.[182] 직업의 윤리는 '역할 정의'로 정의하며, 전문직에서 지위로서 일할 때 직업과 관련해 특정한 방식으로 행동할 것을 선서하고 이를 준수할 것을 약속한다는 의미를 가집니다.[183] 이와 관련해 잘 알려진 것으로 의사의 '히포크라테스의 선서'를 예로 들 수 있습니다. 히포크라테스 선서는 영국의 종합 의학 위원회(General Medical Council)의 우수 의료 실무(Good Medical Practice)와 같은 국립 의학 협회가 발행한 보다 광범위하고 정기적으로 갱신하는 윤리 강령, 의학 윤리 AMA(1847년에 처음 채택된)에서 이러한 직업윤리 문서로 인정받고 있습니다.

다른 학문에서도 이러한 윤리 강령(예 약학대학은 디오스코리데스 선서, 간호대학은 나이팅게일 선서)이 있습니다. 이와 같은 맥락에서 수의사도 윤리강령을 통해 고객, 동료, 직업 그리고 대중을 포함한 광범위한 책임 감을 나타내고 있습니다.[181,184,185] 또한, 동물들의 보호와 행복에 관련된 책임도 있습니다.(12) [186,187] 미국 수의학 협회(2010)와 캐나다 수의학 협회(2004)도 이러한 선서가 있습니다. 나라마다 약간의 차이가 있지만, 대한 수의사회 수의사 신조는 아래와 같습니다.

수의사 신조

나는 수의사로서 나의 전문적인 지식을 다하여 동물의 건강을 돌보고,
질병의 고통을 덜어주며, 공중보건 향상에 이바지합니다.
나는 국가 사회의 이익을 위해 동물 자원을 보호하고,
수의 기술 발전에 끊임없이 연구 노력할 것을 평생 의무로 삼겠습니다.
나는 수의사의 윤리 강령을 준수하며, 나의 직업에 긍지를 가지고
성실과 양심으로 수의 업무를 수행할 것을 엄숙히 다짐합니다.

수의학은 다양한 윤리적 가치와 태도를 포함하고 있으므로 개업 수의사나 학생들이 이를 이해하는 것이 매우 중요합니다. 수의사는 양측 (보호자와 반려동물)의 입장을 동시에 고려해야 하므로 윤리적인 문제를 직면하는 경우가 더욱 많습니다. 때로는 양측의 상황이나 결과가 충돌할 수도 있습니다.[188] 이러한 상황들이 수의 윤리학의 이해와 적용을 복잡하고 어렵게 만듭니다. 수의사들이 환자와 고객(보호자)을 위해 의료 서비스를 제공하면서 느끼는 긴장감으로 인해 수의학 윤리학

---

(12)   http://canadianveterinarians.net/about-oath.aspx

이해의 필요성이 강조되었습니다.[181,189]

충돌하는 책임감은 '수의학적 딜레마(veterinary dilemma)'를 일으키게 됩니다.[188,190-196] 엄밀히 말하면, 도덕적 딜레마(moral dilemma)는 윤리성의 무게가 같을 때, 책임 또는 의무 사이의 충돌이 발생하는 것입니다. 좀 더 넓은 측면에서 보면, 도덕적 딜레마는 경중을 판가름할 수 없는 두 개의 책임감이 공존할 때 생기게 됩니다. 동물의 도덕적 지위는 사람이나 단체에 따라서 다르게 반영되고 있으므로, 동물에 대한 책임 또는 의무감의 도덕적 경중을 일치시키는 것은 어렵습니다.[197] 동물에 대해 도덕을 논하는 것 자체가 말이 안 된다는 의견을 가진 사람도 있습니다.[198,199] 하지만 이와는 상충하게 동물은 사회에서 중요한 도덕적 지위를 가진다는 주장도 있습니다.[181,189,200] 수의학에서 동물의 도덕적 지위는 유동적이고 모호합니다.[191,201,202] 그렇기에 수의사들이 동물에게 느끼는 책임감에 대한 차이도 분명히 발생하게 됩니다. 다른 직업과는 다르게, 수의사들은 고객들과 환자들(반려동물)과의 일상적 상호 작용에서 중요하게 제기되는 도덕적 주장과 동물의 도덕적 지위를 다루게 됩니다. (그림 11-1)

더 일반적인 관계에서는 '딜레마(delimma)'라는 용어는 고객이 가지는 잠재적인 부정적 반응이나 소득의 손실과 같은 상황적 요인으로 인해 도덕적으로 선택하기 어려운 경우에 사용할 수 있습니다. 그러나 이러한 상황들은 엄격하게 말해서 도덕적 딜레마가 아닌데, 그 이유는 윤리적으로 정확한 해결책은 명백하나 결정하기가 어렵기 때문입니다. 예를 들어, 수의사는 고객이 투견 대회에 참가시킨 것을 알지

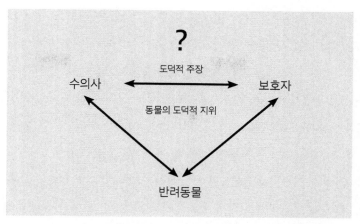

[그림 11-1. 수의사와 보호자의 도덕적 주장, 동물의 도덕적 지휘의 관계]

만, 관계 당국에 고객(보호자)을 신고하지 않은 경우인데, 잠재적으로 이러한 행동을 한 이유를 살펴보면 해당 수의사는 고객이 그들의 일을 보복하거나 법 이외의 행동으로 협박할 수 있기 때문입니다. 윤리적으로 바라보면 수의사는 투견 대회는 동물 학대로 여겨지고 대부분 법률상으로 불법적 상황과 관련될 가능성이 있으므로 고객을 신고해야 합니다. 법률적인 것을 떠나서, 수의사들은 윤리적으로 동물의 고통을 덜어줄 책임이 있습니다. 그런데도, 현실적으로, 수의사들은 고객 이탈과 심지어 보복에 대한 두려움으로 관계 당국에 신고해서 발생할 수 있는 실제 결과나 피해에 대해 생각하게 됩니다. 이러한 경우들은 기록하기 어렵고, 신고한다고 하더라도 종종 좋은 결과를 보일 확률이 낮다는 것 또한 사실입니다.

　때로는 윤리적으로 뚜렷한 올바른 행동들이 존재하지만, 수의사들은 다른 대안을 찾고 있는 경우도 있습니다. 이러한 어려운 상황들을 올바른 행동이 실행되기 어려우므로 현실적 딜레마라고도 합니다. 수의학에서, 현실적 딜레마와 도덕적 딜레마를 구분하기는 어렵습니다. 예를 들어, 일부 수의사들은 동물에게 도움이 되지 않고, 약간은 동물 스스로에게 해로울 수도 있으므로 개의 꼬리 절단 수술을 반대합니다. 하지만 꼬리 절단 수술을 반대하는 이러한 수의사들은 좋은 고객과 지속해서 좋은 관계를 위하여, 반강제적으로라도 이 수술을 해야 할 수도 있습니다. 이 상황이 현실적 딜레마입니다. 다른 수의사들은 꼬리 절단을 도덕적 딜레마로 보기도 하는데, 그 이유는 반려동물에 관해서 고객의 결정할 권리와 수의사로서 동물의 고통을 덜어줄 책임감 사이에서 무엇을 우선시해야 하는지 불확실하기 때문입니다. 수의 분야의 문헌에서 흔히 다루고 있는 '딜레마'들은 현실적 딜레마와 도덕적 딜레마가 섞여 있으며 불필요한 수술(성형 수술, 단미술) 요구, 동물에게 해롭거나 스트레스를 주는 수술 요구(마취 없이 하는 작은 수술), 건강한 동물의 안락사 요구, 동물 보호를 위해 고객의 비밀 발설, 그리고 고객의 환자 관리를 위해 필요한 자원(재정, 시간) 부재 등이 있습니다. 수의사들과 직원들은 일반적으로 그들의 고객들을 존중하며 윤리적으로 책임감 있게 이러한 상황들에 대해서 협의하려고 노력하지만, 윤리적 딜레마에서 완전히 벗어나는 것이 어렵습니다. 딜레마에 관한 의사소통은 수의사들이 환자, 고객, 동료 그리고 공공에 대한 수의사로서 전문적 책임감을 나타내는 중요한 능력이라고 할 수 있습니다.

수의학에서의 윤리적 긴장(갈등) 요소

수의사들이 보호자(고객) 또는 직원과 대화할 때, 몇 가지의 도덕적 딜레마의 요소들이 존재할 수 있다는 것을 이해해야 합니다. (1) 동물의 가치평가에 대한 차이, (2) 동물에 대한 책임감의 차이, (3) 동물의 이익에 대한 평가의 차이, (4) 수의사의 전문적 역할에 대한 이해 차이가 윤리적 대립 상태를 만들 수 있습니다.

동물의 가치평가에 대한 차이

이전에 앞서 언급했듯이, 수의학에서 중요한 차이가 생기는 요인은 동물 복지에서의 도덕적 중요성입니다. 동물이 반려동물의 가치를 지니고 있어도, 즉 동물들이 가족 구성원으로 여겨지는 곳에서도, 동물의 도덕적 가치 혹은 중요성은 사람마다 다양합니다. 동물의 이익이 그들 스스로 권리와 관련되어있는지, 아니면 단지 인간(주인들, 이웃들, 사회)의 이익에 얽매여 있는지의 따라서 가치가 다릅니다. 예를 들어, 사람들 중 일부는 반려동물이란 순전히 사람을 위한 존재이므로, 동물들에게는 도덕적으로 관련된 권리가 없거나 미비하다고 이야기합니다.[198,199,203] 이러한 인간중심주의(anthropocentric, human-centered)의 관점은 동물들이 사람에게 중요할 때만 필요성을 가진다고 주장합니다. 이러한 관점에서는, 반려동물들은 그들이 반려동물과 관련한 서비스

(치료 도움견, 맹인안내견 등) 또는 목적(양치기견, 사냥견 또는 경주견 등)을 통해 사람에게 필요성이 강조될 때만 가치를 지닌다고 생각할 수도 있습니다. 극단적인 인간중심주의에서는, 동물이 유용성이 없어지면 동물을 버리는 행위도 도덕적으로 받아들여질 수 있습니다. 반려동물을 사랑한다고 주장하는 고객들도, 움직이는데 이상이 없는 건강한 반려동물을 안락사시켜달라고 요청하는 사람들이 있습니다. 이들은 반려동물들을 인간 중심주의적으로 보고 있는 것입니다. 이 경우 반려동물은 고객에게 말 그대로 쓸모가 없어진 것입니다.

반대쪽 잣대에서 볼 때, 인간이 중심에 있기보단, 동물을 포함한 생물학적 생명 모두에 중요한 가치를 두는 생물중심주의(biocentrism)가 있습니다. 극단적인 경우, 인간에서부터 모든 생물까지 도덕적 범위를 확장할 수 있습니다. 특히 수의학에 관련된 기준에서 보면, 수의사들은 다른 이들에 비해 생명 존중에 대한 모든 동물의 삶을 포괄한 생물 주의적 관점을 가지고 있어서 높은 도덕 수준이 요구되고 있습니다.[204-206] 동물들은 개별적인 습성에 따라서 종 특이성으로 인해 특별한 필요 영역이 있지만, 사람들이 가지는 기본적인 음식, 행복 그리고 생존에 대한 욕구들이 있어서 동물이 사람과 비슷하게 다루어져야 한다고 주장합니다.[204,206] 이러한 의견을 가진 일부 수의사들, 직원들 그리고 고객들은 생물 중심적 혹은 동물들의 자체적인 권리를 고려하는 것이 가치가 있다는 합리적이고 과학적인 믿음을 가지고 있습니다. 일반적으로, 수의사와 보호자들은 각자 모두 강한 인간중심주의의 관점부터 강한 생물중심주의의 관점까지 넓은 스펙트럼을 가지고 있습니다. 보호자 중 "개일 뿐이야."라고 말하는 것과 수의사 중 '이것은 단지 야생 조류일 뿐이야.'라고 생각하는 것은 이러한 동물들의 가치를 순서(순위)로 평가하는 것입니다. 이러한 가치의 순서는 그들이 들여야 하는 돈과 시간이 기준이 되고 이보다 가치 있을 때 치료와 보호라는 개념이 적용되게 됩니다. 예를 들어 수의사들은 햄스터의 보호자들을 개 혹은 고양이 보다 햄스터를 덜 중요하게 여기는 경향이 있어 특수 동물의 고객들과 차이를 느낄 수 있습니다. 그뿐만 아니라, 수의사들과 고객들은 동물들을 상반되게 평가할 수 있으며, 이로 인해 혼란과 의견 불일치가 발생할 수 있습니다.

동물에 대한 책임감에 대한 차이

인간과 관련된 동물들의 도덕적 지위에 대한 질문은 논외로 두고, 수의사들, 직원, 그리고 고객들 사이에 또 다른 차이는 동물을 키우고 관리하는 데 관련된 책임감의 정도가 다르다는 것입니다.[207,208] 우리나라에서도 법적으로 동물보호법[13]이 시행 되고 있으며, 기본 원칙으로 갈증 및 굶주림을 겪거나 영양이 결핍되지 않도록 하며, 동물이 본래의 습성과 신체의 원형을 유지하면서 정상적으로 살 수 있도록 할 것과 동물이 고통, 상해 및 질병으로부터 자유롭도록 할 것을 명시하고 있습니다. 하지만 단순한 동물의 생명과 건강의 필요성을 넘어서

---

(13) https://www.law.go.kr/법령/동물보호법

면, 동물들에게 얼마나 권리를 해줘야 하는지의 기준에 대한 여전히 논쟁의 요소들이 존재합니다. 고객들에게 기본적인 예방적인 관리(면역, 기생충 관리)와 최소한의 치료에 대한 책임만 있다고 가정해 볼까요? 그들은 과연 반려동물의 복합접인 의료적 문제의 치료(당뇨, 부신피질호르몬 증가증, 갑상선 저하증)와 의학적으로 복합적인 손상의 치료에 책임이 있을까요? 이것은 고객의 경제적 능력에 따라 허용할 수 있는 수준의 책임인지 아니면 단지 고객의 지급하려는 의지와 관련이 있는지를 따져 보도록 하겠습니다. 전자라면, 고객들은 그들의 이익 혹은 가족 구성원들의 이익을 희생하면서 수의학적 치료에 대한 비용을 내야 하는지도 고려해야 합니다. 보호자가 자신들의 반려동물들에게 가져야 할 책임감에 대해 논하기에 앞서, 수의사들과 고객들은 동물들 향한 책임감 자체에 동의하지 않을 수도 있습니다. 어떤 고객들은 '버려진' 길고양이라고 데리고 와서 최소한의 치료 비용을 청구해주길 원하지만, 알고 보니 이미 10년 전부터 고객의 집에서 자란 고양이로 밝혀지는 경우도 있습니다. 이처럼 일부 고객들은 스스로의 반려동물을 키우는 경우와 비교해서 '얼떨결에 얻어진' 동물들에 대해 느끼는 책임감은 다른 것으로 판단됩니다. 수의사들은 실제로 고객 중 윤리적으로 '그것이 옳은 일이기' 때문에 유기된 강아지를 치료하는 것에 동의하고 회복되면 입양을 보낼 계획이 있는 고객들도 마주하게 될 수 있습니다.

일부 수의사들은 길에서 발견된 동물에 대한 의료적 행위를 실시하는 것을 거부하는데, 동물을 데려온 사람이 실제 책임을 져야 하는 보호자라고 생각하지 않기 때문입니다. 이럴 경우, 비용 청구 및 치료 후 동물의 거처에 대해 갈등이 발생할 가능성이 큽니다. 수의학적 관점에서 반려동물을 치료할 때는, 옳고 그름도 중요하지만, 보호자의 책임감도 중요합니다. 그러나 반려동물 주인들이 어느 정도 수준으로 수의학적 관리에 대한 책임감을 가져야 하는지에 대해 논쟁의 여지가 있고, 이러한 책임감을 불러일으키는 상황 또한 명확한 답을 찾기 어렵습니다.

동물들의 이익에 대한 평가의 차이

세 번째로 윤리적 불일치 원인은 동물들에게 이익이 '최우선'적으로 되는지의 유무 평가에서 비롯됩니다. 수의사들과 고객들이 동물의 중요성과 동물에 대한 책임에 관해서 비슷한 관점을 가지고 있더라도, 무엇이 환자에게 가장 좋은지 혹은 나쁜지 그리고 무엇이 가장 중요한지 결정하는 것에서 차이가 생길 수도 있습니다.[209] 수의 임상 의료 윤리적 상황은, 반려동물의 보호자가 대신해서 반려동물에게 어떠한 결과가 적합한지 결정하고 그 수단과 방법이 무엇인지를 확인하며 발생합니다.[210] 윤리적 문제는 누가 결정을 내릴 것인지 그리고 이러한 결정들이 어떻게 이루어질지를 포함하고 있습니다.[211] 이때, 도덕적인 사람들은 가족들과 함께 환자에게 무엇이 우선순위가 되어야 할지와 의료적 개입이 좋은 결과로 이끌어질지에 대해 결정할 수 있습니다.

최근 수의학에서 이러한 종류의 대화는 동물 복지에 목적을 두어 반려동물의 삶의 질을 평가하는 데 초점을 맞추면서 언급되기 시작하였습니다.[212-215] 예를 들어, 수의사는 만성 관절염이 있는 개에게 장기간 진통제 사용하여 고통을 줄여주면 좋을 것으로 생각하지만, 보호자는 부작용 발생에 대해 더 걱정하여 동물의 약물복용을 거절할 수도 있습니다. 이처럼 수의사와 고객 모두 동물에게 최적의 결과를 만들려고 하지만 그들 각자의 이익 혹은 관심 사이 어디에 있는지에 따라 다른 결정을 내릴 수 있습니다.

수의사의 전문적 역할의 이해의 차이

마지막으로, 고객들과 수의사들(수의학 직원)은 수의사가 고객과 환자에게 제공하는 윤리적 역할에 대해 다른 생각을 하고 있을 수도 있습니다. 일부 사람들은 수의사를 자신들의 동물을 도와주는 사람으로 보지만, 몇몇 사람들은 수의사를 고객의 가장 큰 고민을 해결해 주는 사람으로 봅니다. 후자의 경우, 수의사의 역할은 단지 정보를 제공하는 것이고 고객들은 그들이 원하는 서비스 중 어떤 것을 받을지 결정하는 위치에 있습니다.[216]

수의사의 역할에 대한 이러한 관점 차이로 인해 수의사들은 고객들에게 정보를 줄 때, 고객들이 선택과 결정을 하는 과정을 염두 하는 경우도 있습니다. 예를 들어, 일부 보호자들은 수의사들이 질병을 가진 반려동물을 도와주는 사람이라는 기본적인 믿음을 가지고 있지만, 수의사들은 최적의 이익을 낼 수 있는 정보만을 고객에게 제공할 수도 있습니다. 수의사는 고객에게 모든 가능한 선택사항을 말하지 않고 특정한 범위의 치료를 제시하면서 마치 고객들이 자신이 원하는 서비스를 능동적으로 선택하는 느낌을 받게끔 합니다. 이전에 말했던 예시에서, 수의사는 관절염이 있는 개를 진통제로 치료하면서 부작용의 위험을 최소화 또는 저평가하여, 수의사의 이익을 더욱 우선시할 수 있다는 것입니다. 하지만 많은 고객은 수의사들이 정보를 제공해서 자신들이 결정을 내리는 것을 선호합니다.[216]

진료와 치료의 주도적인 선택을 원하는 고객들은 반려동물의 중요성, 반려동물에 대한 그들의 책임과 관심을 기반으로 결정을 내릴 때 수의사가 그들에게 필요한 정보를 정직하게 제공하기를 바랍니다. 수의사들, 고객들과 직원들 사이에 이러한 도덕적 책임감의 개념에 대해 차이와 인식이 충돌하면 의사소통 오류가 발생할 가능성이 높습니다.

윤리적 충돌을 피하거나 극복하기 위한 전략

의료 상황에서 의사들과 환자들은 (1) 정보 수집 (2) 교육, 그리고 상담 (3) 관계 쌓기와 활성화 (4) 파트너십을 포함한 네 가지 다른 유형의 상호작용을 사용하며 의사소통합니다.[217] 윤리적 문제에 대한 대화는 의료적 문제에 대해서 고객과 의사소통하는 것과 비슷한 면들을 가지고 있습니다.

수의학에서 윤리적 문제에 대해서 해결하기 위한 핵심은 윤리적 갈등의 요소를 정의하거나 혹은 평가하는 것입니다. 수의사들은 이전에 언급되었던 갈등의 요소들을 통해 윤리적 충돌의 이유가 무엇인지 확인하는 노력을 지속해서 해야 합니다.

정보 수집

윤리적 가치들의 차이에 대한 정보 수집을 위한 필수적인 첫 번째 단계는 수의사 자신의 믿음, 인지, 그리고 가치를 점검하는 것입니다.[218] 수의사들과 동물병원 직원들은 동물들의 입장, 동물병원 종사자의 역할과 책임, 그리고 보호자들의 반려동물들에 대해 느끼는 책임감을 잘 모를 수 있습니다. 보호자 혹은 동물병원 종사자들이 동물에 관해서 비슷한 관점을 가지고 있더라도 기본적으로 윤리적 문제를 논의할 때 차이가 생기는 것이 당연하며, 오해와 과실로 이어질 수 있습니다. 수의사들은 고객들과 대화하기 전에, 자아 성찰을 하면서 동물에 대한 그들 스스로 가치관을 명확하게 파악하는 과정이 필요합니다. 이러한 논의들은 진료와 관련된 회의 또는 '휴식 시간' 동안에 하는 것이 바람직합니다.

교육, 그리고 상담

인의학에서의 환자들은 그들 스스로 가치관을 잘 모를뿐더러 가치관은 시간이 지남에 따라 달라진다고 하였습니다.[219] 의사는 환자들이 어떠한 가치관을 지니고 있는지 살펴보면서 치료를 위한 조언이나 권유를 하는 것이 도움 됩니다. 이러한 연구자들은 '가치 표현(value articulation)'이 환자들에게 현재 가지고 있는 가치관보다는 어떤 종류의 가치관을 그들이 가져야 하는지 생각하게 독려하는 것을 포함할 수 있다고 제시하였습니다. 풀포드(Fulford)[220]는 의학이 증거-기반뿐만 아니라 가치관-기반이어야 한다고 제안하였습니다. 사실과 과학적인 정보들이 의사 결정 과정에서 중요하지만, 환자들이 선호하는 가치들도 치료 계획에 중요한 역할을 합니다. 가치관 표현과 가치-기반 의학을 통해 환자들이 의료 제공자로부터 적합한 지원과 정보를 받을 수 있는 것이 인의학에서는 매우 중요합니다. 수의학에서는 도덕적인 유동성, 상대성과 모호성이 훨씬 더 크기 때문에 더욱 중요하게 여겨져야 합니다. 동물병원의 수의사들은 반려동물에 대한 보호자의 도덕적 가치관 등을 고려하여 그들이 반려동물을 더욱 소중히 여기는 방법에 대한 것을 대화에 참여시키는 것이 중요합니다. 예를 들어, 그들이 어떻게 동물을 얻게 되었는지, 왜 얻었는지, 어떤 방식으로 그리고 누구한테 관리받았는지에 대해 열린 질문을 하는 것은 보호자가 어떻게 반려동물의 가치를 인식하는지 알아볼 수 있게 도와줍니다. 여기서 중요한 것은 가치관이란 시간이 지남에 따라 변하기 때문에 이러한 가치관을 대화를 통해 지속해서 재검토해야 한다는 것입니다.

윤리적으로 문제인 상황이라고 판단될 수 있는 새로운 가치가 나타났을 때, 수의사들은 자신의 역할과 책임을 고객들과 논의하는 것이 필요합니다. 예를 들어, 고객들은 (의도치 않게) 수의사들이 그들의 바람이나 지시를 맹목적으로 따라야 한다고 생각할 수 있습니다. 수의사의 의학적·윤리적 가치관과 상충하는 행위임에도 불구하고 고객들이 요구하는 경우가 있습니다. 예를 들어, 마취 없이 발치를 요구한다면 돈을 내는 고객의 입장과 충돌하게 되고 이는 고객들과 갈등으로 이어질 수 있습니다. 도덕적인 수의사들은 자신들의 책임감과 의무에 대해서 고객들을 교육해야 하는 중요성을 인지하고 있습니다. 고객들을 공평히 다루는 의무에 더해서, 수의사들은 동물의 고통과 아픔을 덜어주고 적절한 동물 관리를 통해 공공의 믿음을 유지할 책임이 있습니다. 고객의 요청에도 불구하고 동물에게 해로운 행위를 하는 수의사는 환자의 복지에 부정적인 영향을 미칠 뿐만 아니라 수의사에 대한 대중의 신뢰를 악화시킬 수 있습니다. 그러한 상황에서 개업의는 수의사에게 고객에 대한 의무 이상의 전문적인 의무가 있음을 고객에게 상기시키고 본인도 명심해야 합니다.

수의사와 직원의 역할과 책임감을 명확히 하는 것에 더하여, 수의사들은 반려동물 주인의식과 관련된 책임감에 대해서 교육할 필요가 있습니다. 수의사들이 보기에 보호자들이 동물에게 적절한 관리를 해주지 못한 상황이라면 수의사는 그러한 책임감들에 초점을 맞춰 대화를 시작해야 합니다. 대부분 법률에서, 주인들은 반려동물에게 기초적 필수품을 제공하는 것을 의무화하고 있습니다. 수의사는 이런 동물보호법과 같은 내용을 충분히 숙지하고 있어야 합니다. 이러한 단순한 삶을 유지할 수 있는 최소한 조건들을 넘어서, 수의사들은 동물 건강 전문가로서 반려동물의 권리에 책임감을 느끼고 고객과 상담해야 합니다. 하지만 반려동물의 보호자들이 어떤 정도의 책임감을 느껴야 하며, 어떤 유형이 바람직한지는 명확하게 구분하기 어려우며, 임상수의사들은 고객들과 존중하는 대화를 해야 하고 섣불리 결론짓거나 도출해서는 안 됩니다.

관계 쌓기와 활성화

초기의 수의사-고객 관계에서 가치, 역할 그리고 책임감에 관한 대화를 시작하는 것이 이상적입니다. 동물병원 직원들은 '관계 쌓기 단계'에서 역할과 책임, 고객의 기대에 대한 자신의 가치관을 보여주거나 분명히 표현하는 방법을 찾고 싶어 할 수 있습니다. 실질적인 의료 문제에 대해 대화하기 전에, 이러한 종류의 대화를 시작하는 것은 이후의 진료에서 윤리적 논의와 가치관 표현을 더 쉽게 할 수 있도록 만들어줄 것입니다. 예를 들어, 수의사는 불독 분양업자와 첫 만남에서 암컷 개의 선택적인 제왕절개를 할 의향이 있는지 물어볼 수 있습니다. 수의사는 열린 마음으로 솔직하게, 순종의 유전적 문제의 관리에 관해 이야기를 시작해서 대화에 고객을 참여시키면서 고객의 선택적 관점이나 견해에서 들을 기회를 가질 수 있습니다. 동물의 이용과 책임감에 관한 고객의 신념을 이야기 나누면서, 수의사들은 윤리적 문제가 일어날 수 있는 상황을 예측할 수 있습니다. 첫 만남이 응급이 아닌 상황에서 이러한 관계 쌓기는 위기관리에 더 나은 상황을 만들어 줄 수 있습니다.

동반자적 관계

동반자적 관계 형성은 의료적 상황에서 어려운 선택을 논의할 때 유용한 도구로 쓰일 수 있습니다. 예를 들어, 수의사들은 건강한 동물을 안락사시키는 문제에 직면했을 때, 단지 두 가지 대안밖에 없다고 생각할 수도 있습니다. 고객의 의사를 존중하고 안락사를 허용하거나 고객을 돌려보내 반려동물 안락사를 거절하는 대안입니다. 이 두 가지 이외에 고객은 반려동물의 생사에 사실상 관심이 없다고 여겨져, 몇몇 수의사들은 안락사를 허용한 척한 이후에 은밀히 반려동물에게 새로운 집을 찾아주는 도덕적으로 모호한 대안을 선택하는 경우도 있습니다. 많은 수의사에게 이것은 중요한 도덕적 딜레마입니다. 이럴 경우, 수의사는 고객들에게 반려동물이 지닌 가치와 반려동물에 대한 수의사의 책임을 먼저 설명한 뒤, 고객에게 모두가 수긍할 수 있는 방식으로 상황을 해결할 방법을 물색할 수 있습니다. 예를 들어, 고객에게 반려동물의 새로운 집을 찾는 데 도움을 주는 단체에 대해 언급해 주거나 수의사에게 반려동물의 소유권을 넘기는 대안들도 있습니다. 즉, 앞선 가치관 표현과 책임을 명확하게 하는 과정들을 통해 지금껏 강조한 윤리적 문제에 대한 대안적 해결책을 찾을 수 있도록 고객들을 설득하면 문제 상황을 완화해서 서로에게 더욱 나은 결과를 가져오게 될 것입니다.

도덕적 경계선을 만들기

윤리적 문제들을 해결할 수 있는 매우 효과적인 의사소통에도 불구하고, 수의사들과 고객들은 가끔 문제 해결 방식에 대하여 심각하게 매우 다른 관점을 가질 때가 있습니다. 때때로, 고객들은 치료 여부에 대한 자기 생각을 고집해 다른 모든 대안을 거절할 수도 있습니다. 수의사들은 문제에 대해 부적절하게 생각되는 해결책들을 분명히 얘기하면서 경계선을 긋는 것에 대해 자연스러워져야 합니다. 이러한 경계선들에 대해 분명히 말하는 몇 가지 방법들이 있습니다. 예를 들어, 자주 일어나는 문제에 대한 병원 정책들을 만드는 것인데, 수술 전·후 진통제 사용, 행동 교정을 위한 수술(못 짖게 하기, 발톱 빼기), 성형 수술, 안락사 그리고 학대나 유기가 의심되는 동물의 관리에 관한 것이 있을 수 있습니다. 흔한 문제 상황들에 대하여 의료 진료에서 논의되어야 의료팀이 감당할 수 있으며 세밀한 기준들을 만들 수 있습니다. 수의사들과 직원들은 이러한 기준들의 목적을 이해하고 관련된 정보를 찾는 고객들에게 이유를 잘 설명해줄 수 있어야 합니다.

수의사들은 수의사-고객 관계를 지속하지 못할 것으로 판단하여 관계를 끝내기를 고려하는 경우도 존재합니다. 하지만 이러한 극단적인 방식은 환자(반려동물)에게 부정적인 결과를 가져오게 됩니다. 게다가, 수의사-고객 관계를 끝내는 것은 몇 가지 상황에서 불가능할 수 있습니다. 예를 들어, 수의사는 고양이전염성복막염 말기인 고양이의 안락사를 지속해서 권유하였으나, 보호자는 계속해서 병원에서 치료와 관리를 요구할 수도 있습니다. 고객은 종교적 믿음으로 안락사를 반대하거나 그 혹은 그녀의 반려동물이 말기의 질병을 가지고 있다는 것을 인정하지 않기 때문입니다. 때로는 보호자가 심지어 죽을 수도 있다는 두려움 때문에 수의사가 환자의 고통을 덜기 위해 마취하거나 진통제를 쓰는 것을 허락하지 않을 수도 있습니다. 하지만 이러한 상황들에서, 수의사들은 고객 요구를 들어주어서는 안 됩니다. 수의사는 고객들에게 본인의 역할과 책임을 명확히 인지시키고 고객이 요구한 동기를 이해하려고 노력하면서, 고객에게 말기 상태에서 고통과 걱정을 주는 진통제 사용이 필요하다는 것을 알려 주어야 합니다.

유사한 경우로, 수의사는 고객의 반려동물 치료가 제대로 되지 않고 고객과의 의사소통 자체가 환자에게 아무런 도움이 안 되는 상황에 마주할 수도 있습니다. 이때는, 수의사들은 수의사-고객 환자 관계를 유지하면서 인도적 서비스들을 찾아야 합니다. 단순하게 고객과의 관계를 끊기보단, 다른 수의사의 의견이 고객에게 영향을 미칠 것을 기대하면서 믿음이 가는 동료를 소개해줄 수도 있습니다. 수의사는 이러한 본인만의 경계선을 확립해야만 고객에게 환자 관리의 중요성을 솔직하게 알려줄 수 있으며 도덕적 스트레스를 최소화시킬 수 있습니다.

흐름이 복잡한 상황에서 윤리적 문제를 해결할 때, 경계선을 명확하게 하기 위해, 수의사들은 의사 결정 과정을 적용할 수도 있습니다.[221,222] 이러한 과정들은 도덕적 질문들을 통해 실제 수의사들과 고객들에게 도움을 줄 수 있습니다. 더 큰 병원 혹은 위탁 기관, 윤리위원회 혹은 임상적 윤리학자들이 가진 형식적 체계들은 직원 사이의 대화, 직원과 고객들의 대화, 고객의 가족 간의 대화를 쉽게 만들어 줍니다. 형식적 체계를 통한 동물병원에서 윤리적 대화의 형태를 잡고, 의사 결정의 명확성을 높이는 데 필요한 적절한 객관성과 일관성을 제공합니다.

기타 중요한 고려 사항들

윤리적 문제를 논의할 때 수의사가 고려해야 할 몇 가지 중요한 사항들이 있습니다. 전문가로서, 수의사들은 수의사-고객 관계에서 그들의 지식과 전문성뿐만 아니라 고객과 환자들에게 의료 행위와 치료를 가능하게 할 수도 있고 제한할 수도 있어서 특정한 지위와 힘을 지니게 됩니다. 공식적으로 수의적 윤리와 법률적 구조에서 보면 고객들의 자발성을 보장하고 스스로 결정들을 내릴 권리를 보장하는 데 초점을 맞추어야 합니다. 사전 동의서에는 수의사가 고객들이 이해할 수 있는 방식으로, 고객의 수준에 맞는 적절한 정보를 제공해야 합니다. 그러나 수의사는 자신의 편리성 또는 고객의 성향에 따라 제한되고 편향 또는 생략된 정보를 제공할 수도 있습니다. 비록 정보를 제한하거나 편향하려는 것은 문제를 일으킬만한 상황들을 피할 수 있어서 끌릴지 몰라도, 이 '해결책 제시'는 고객의 자발성을 감소시키고, 신뢰의 상실로 수의사와 전문가에게 장기적으로는 안 좋은 영향을 끼치게 됩니다. 이러한 이유로 인해서, 수의사들의 입장에서는 치료를 위해 다른 도덕적 접근이 가능한지를 논의하는 것이 중요합니다. 일부 문제들은 수의 공동체 내에서 논쟁의 여지가 있고, 때로는 특정 대안들이 도덕적으로 적용 가능한지 아닌지도 알기 힘든 경우가 있습니다. 예를 들어, 안락사는 심각한 병적인 상태에서 적용할 수 있는 대안이지만, 가벼운 질병의 상태는 적용 불가능한 경우로 보입니다. 전문가 집단 내에서 그리고 수의사와 공공 집단 사이에서 해당하는 영역과 경계를 명확히 하기 위해서 더 많은 대화가 필요합니다.

정보를 숨기거나 제한해서 전달하는 것 대신 일부 수의사들은 전문성이 나타내는 강한 설득력을 사용할 수 있습니다. 즉, 수의사의 전문적 지위가 가지고 있는 권위는 고객에게 상당한 영향을 줄 수 있습니다. 이러한 권위는 보호자에게 수용할 수 있는 치료를 결정하도록 설득하는 데 도움을 주지만, 이 권위는 잠재적으로 남용될 우려가 있습니다. 수의사들은 고객 및 직원과 윤리적 선택에 대해 이야기를 할 때, 이러한 힘의 차이를 인식하고, 고객의 고유한 가치와 신념을 자신의 가치와 신념으로 바꾸려 하면 안 됩니다. 비록, 수의사들은 동물에게 무엇이 '나은지' 혹은 동물에게 어떤 수준의 치료가 적절한지 알고 있다고 믿을 수 있지만, 이러한 믿음과 결정은 수의사만의 영역이 아니라 반려동물의 보호자와 다른 이들과 공유되어 여러 요소를 고려해서 함께 결정해야 합니다. 전문성이 가진 설득력이 아니라, 적절한 의사소통을 통해 고객의 신뢰를 얻을 수 있도록 주의를 기울여야 합니다. 반대로, 고객의 입장에서 수의사가 아픈 반려동물에 대한 책임을 다하지 못한다고 판단되면, 수의사들은 이러한 사실에 대해 해당 고객에게 진단, 치료와 환자의 관리가 되고 있다는 것을 빈번하게 알려 주어야 합니다.

동물과 관련한 도덕적 결정들은 자주 감정적으로 결정됩니다. 따라서 수의사들과 고객들은 길어지는 진료나 근무 시간에서 오는 스트레스와 불안들이 그들이 객관적으로 생각할 수 있는 능력에 영향을 끼칠 수 있습니다. 관련한 모든 사람이 각자 자신의 신념, 상황 그리고 문제에 대한 잠재적 대안들을 돌아볼 충분한 시간을 갖는 것은 중요합니다. 응급상황에서는 실제로 어렵지만, 보통 진료 과정은 합리적이고 만족할 만한 결정을 내릴 시간 동안 환자의 고통, 아픔, 걱정을 완화하는 것이 가능합니다. 도덕적으로 책임이 있는 상황에서 성급하게 결정을 내릴 경우, 환자, 고객, 수의사 및 관련된 전문 집단의 인식에 대한 단기 또는 장기적으로 부정적 변화 등을 가져올 수 있습니다.

요약

수의학은 빠르게 발전하고 있고, 환자에게 제공할 수 있는 관리의 수준이 급속도로 증가하고 있습니다. 반려동물을 가족으로 여기는 사람이 많아지면서 반려동물의 중요성에 대한 인지가 변하고 있음에도 불구하고 여전히 사람과 문화에 따라 동물들의 도덕적 지위에 관련한 생각이 일치되지 않는 부분이 있습니다. 수의사들과 고객들은 동물의 중요성, 동물에 대한 책임감, 환자에게 무엇이 최선인지, 그리고 수의사들의 책임감들에 대한 의견은 다를 수 있습니다. 이러한 분야에 대한 고객들의 믿음과 인식을 짐작하는 것보다는, 수의사들은 고객들과 근본적인 가치에 대해 논의하는 것에 익숙해져야 합니다. (부록 참고)

반려동물의 보호자들은 전문가들이 아니므로, 수의사들의 책임 범위와 대중의 신뢰를 유지해야 하는 이유의 중요성을 알지 못할 수 있습니다. 수의사들은 고객들에게 수의사의 책임감을 알려 주어야 하며 상호 간의 이해를 기반으로 하는 관계를 쌓기 위해서 노력해야 합니다. 수의사들의 딜레마를 이해할 수 있게 됨으로써, 고객들은 수의사와 함께 자신의 반려동물을 위한 적절한 해결책을 찾고자 함께 할 것입니다. 그런데도 의사소통 과정이 도덕적 또는 실제적 딜레마를 해결하지 못하는 상황들이 있을 수 있습니다. 이러한 상황에서는, 수의사들은 도덕적으로 부적합한 행동을 피하기 위한 범위와 경계선을 만들어 내는 것에 익숙해져야 합니다. 수의사들이 경계선을 만드는 데 도움을 주는 요소에는 의료 정책, 의사 결정 과정의 사용 그리고 윤리위원회에 자문하는 방법 등이 있을 수 있습니다.

이번 장의 대부분은 보호자들과 환자의 치료에 대해 의사소통하며 발생할 수 있는 윤리적 문제들에 초점을 맞추고 있습니다. 앞서 언급한 많은 원칙은 수의사, 직원, 동료들 그리고 법률적 규제의 상호작용을 포함하여, 수의사에게 영향을 끼치는 기타 윤리적 문제들을 둘러싼 의사소통에 사용될 수 있습니다. 예를 들어, 수의사는 동료가 수술하기로 되어 있는데, 그 수술에 대한 경험이나 지식 없는 상태라는 것을 알아차린 경우가 있습니다. 문제를 무시하거나 법률적으로 문제로 다루기 전에 담당 수의사의 능력에 대한 전문적 책임감을 상기시키고 동료들과 문제를 해결하기 방안을 마련하기 위한 방안을 토의할 수 있습니다.

윤리적 문제의 중요성과 도덕적으로 문제시되는 상황들을 해결할 수 있다면, 인식 높은 수준의 치료를 제공할 가능성이 커집니다.

부록

역할극 연습 1

대한민국의 대형 도시에서는 24시간 동물병원의 발전으로 야간이나 새벽에 응급 방문이 많습니다. 이번 사례는 야간에 응급으로 내원했던 대발이의 후속 방문 이야기입니다.

대발이는 응급 내원 이전 기존의 병원 환자였습니다. 후속 내원이 예정된 날, 당신은 대발이의 진료 차트를 보았고, 1년 전 대발이와 보호자를 만났던 기억을 회상했습니다. 과거에 당신은 15살의 중성화된 남아 코카스파니엘인 대발이를 검사하였고 대발이가 전혀 보호자로부터 관리를 받지 못한 상태라고 적어 두었습니다. 그 당시에, 보호자에게 미용과 주기적인 검진을 권하였지만, 보호자는 대발이의 상태를 직시하지 못하고 분개하는 모습을 보였던 기억만 당신에게 남아있습니다.

최근 2주 전, 대발이는 후지 마비로 응급으로 내원하였습니다. 야간 응급 진료를 담당하던 당신의 동료는 척추 골절과 척추염이 의심된다고 차트를 작성하였으며, 대발이는 항생제, 경구 진통제, 프레드니손과 함께 귀가하게 되었습니다. 3일 후 내원하여 당신의 재진을 추천받았으나 보호자는 이를 무시하였습니다. 응급으로 내원하였던 날로부터 2주가량이 흐른 다음에서야, 보호자는 대발이를 데리고 재검을 받으러 병원에 왔습니다.

보호자는 병원에 도착해서 담요에 대발이를 감싸서 진료실로 들어갔습니다. 그녀는 당신과 당신의 접수대의 직원들에게 대발이는 밥도 잘 먹고, 마비 증상도 사라지고 잘 지내기에 처방받은 진통제 등의 약을 먹이지 않았다고 했습니다. 당신은 대발이를 검사했고 대발이는 횡와 자세에서, 뒷다리가 통증이 느껴지지 않는 상태였으며 체중도 감소하였고, 털이 뒤엉켜 있었으며 소변 냄새가 온몸에서 났습니다. 여전히 관리받지 못한 모습을 보이는 대발이와 달리, 검사 내내 보호자는 대발이를 안아주는 등 대발이를 안심시키려는 모습을 보여주었습니다.

당신은 몇 번의 내원 당시의 대발이 모습을 토대로 보호자에게 "우리는 대발이의 삶의 질에 대해 생각을 해 볼 필요가 있습니다."라고 이야기를 시작했습니다. 그러나 보호자는 아무런 망설임 없이, 대발이는 지금 좋은 상태이며 행복하다고 말했습니다. 결국, 그녀는 마지막에 "우리는 대발이의 엄마가 늙었을 때까지 그녀를 죽이지 않고 돌봤으며 대발이 역시 죽을 때까지 내가 돌볼 겁니다."라고 화를 내며 1년 전, 당신의 진료 태도를 기억한다고 하였습니다. "대발이가 매력적이지 않아서 당신은 우리 대발이를 공격적으로 대했으며, 수의사는 귀여운 개가 아니라 모든 동물을 사랑해야죠!"라고 당신을 몰아붙였습니다.

역할극 연습 2

F 동물병원에서 당신은 수의사이며, 다리 종양으로 수술을 준비하기 위해 마약성 약제 금고를 열었을 때 오피오이드 마약 패치가 없어졌다는 사실을 알게 되었습니다. 어제까지만 해도 금고에는 최소한 두 개가 있었다고 확인했기에 동물 간호사들에게 마약 패치가 어디로 갔는지 물어보았습니다. 동물보건사 박○○는 6개월 동안 그 병원에서 근무했고, 업무를 매우 잘하고 있었습니다. 박○○ 동물보건사는 전날 중성화를 한 고양이 두 마리에게 그 패치를 사용했다고 말하였습니다. 고양이들의 고통을 덜어주고 싶었다고 했습니다. 하지만 수의사인 당신은 그 동물보건사에게 고양이들한테 패치를 붙여달라고 부탁한 적이 없으므로 놀랄 수밖에 없습니다. 해당 병원에서는 수술을 위해 고양이를 데려다줄 때 동의서에 서명하도록 보호자에게 요청하는데, 동

의서에는 수술 후 진통제를 투여할 경우 10만 원의 추가 비용이 발생한다는 내용이 있습니다. 이 두 고양이의 경우 보호자가 비용적인 문제로 마약 패치 사용을 거절한 상태입니다. 주인들이 고양이들을 데리러 왔는데, 두 고양이 모두 아직 마약 패치를 붙이고 있습니다.

연습

역할극을 통해 한 사람은 수의사, 다른 사람은 간호사, 그리고 세 번째는 의뢰인 역할을 합니다.

이 상황에서 윤리적인 문제는 무엇일까요?

간호사와 수의사의 윤리적 불일치의 근원은 무엇일까요?

수의사는 간호사에게 이 상황에 대해 어떻게 이야기해야 할까요?

수의사는 다리 종양 환자의 보호자와 고양이 보호자에게 뭐라고 말해야 할까요?

만약 고객이 수술 후 진통 관리가 왜 선택 사항이냐고 묻는다면 수의사는 어떻게 반응해야 할까요?

어떻게 이런 상황을 피할 수 있을까요?

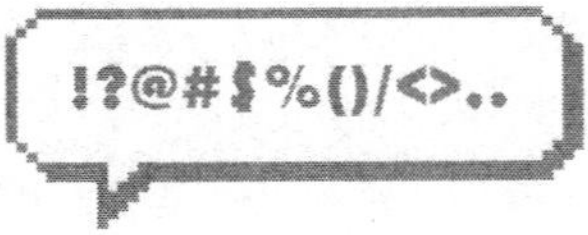

12장

특수 집단과의 커뮤니케이션: 어린이와 노인

수의학 전문가들은 수의학 분야에서 성공을 지속하기 위해 고객들의 높아가는 기대를 충족시켜야 합니다. 이를 위해 동물 건강관리를 위한 정보가 시기적절하게 잘 전달될 필요가 있습니다.[223] 그러나 특히 어린이와 노인과 같은 특별한 개체군 고객과 효과적으로 의사소통하기 위해 종합적인 기술 훈련을 받는 수의사는 거의 없습니다. 많은 수의사는 경험만으로 반려동물의 중병, 부상, 사망 등 어려운 수의학적 문제를 반려동물 소유의 자녀나 노인과 토론하는 데 필요한 기술이 생긴다고 믿습니다. 하지만 반려동물 가족과의 효율적인 교류를 위해 필요한 기술을 습득해야 한다는 인식을 지닌 수의사들도 늘고 있습니다.[224] 어린이와 노년층과의 의사소통에 관한 이번 장은 두 부분으로 나누어집니다. 첫 번째는 어린이와 동물 간의 유대감의 발달적 이점을 강조하고, 반려동물의 죽음에 대한 아동의 대처에 도움이 되는 도구 등 아동 친화적 실천을 발전시키기 위한 실질적인 제안사항을 제시합니다. 두 번째는 노인들을 위한 세션으로써, 노인들이 경험하는 발달적 변화가 수의학 전문가들과의 만남에 어떻게 영향을 미칠 수 있는지를 논의합니다. 저자들은 동물과 노인들 사이의 유대감, 반려동물의 죽음, 그리고 노인들의 의사소통 요구를 충족시키기 위한 제안의 개요를 다루도록 하겠습니다.

어린이

도롱뇽에서 조랑말까지, 아이들이 동물들과 함께 배우는 것은 우리를 인간으로 정의하는 태도, 가치, 그리고 감정에 지속적인 영향을 미치게 됩니다.[225]

미국 수의사 협회(America Veterinary Medical Association)에서 실시한 조사에 의하면 부모와 아이가 같이 사는 인구 중 68.9%가 반려동물을 키운다고 보고하였습니다.[226] 사실상, 아이가 없는 젊은 커플 집은 (45살 이하) 유일하게 반려동물 키우는 비율이 높은 세대 유형이었습니다. 동물들과 상호작용하는 것은 물리적 건강, 사회성 그리고 심리적 안정감, 학업적인 성취를 포함하는 긍정적인 이익들을 아이들에게 줍니다.[227] 아이들은 반려동물에게 강한 애착을 형성하고 반려동물이 죽으면, 삶과 죽음에 대한 중요한 배움의 경험을 얻는 매우 중대한 슬픔을 경험하게 됩니다.[228,229]

어린이들은 미래의 수의학 전문가들이고 반려동물 보호자입니다. 반려동물을 키우는 부모들이 아이들과 효과적으로 의사소통하는 방법을 배우는 것은, 결국 공중보건 교육의 필수적인 부분이 될 수 있습니다. 반려동물을 키우는 자녀를 가진 가족들은 사회적 계층, 문화적 배경, 의학적 지식이 광범위하게 다르므로, 반려동물을 키우는 부모와 아이들이 좀 더 효과적으로 상호작용하기 위해 필요한 의사소통 기술을 훈련하기 위해 노력하는 것이 수의사들에게 필수적입니다.

사회화, 감정적 발달 및 치료

자녀가 있는 미국 가정의 거의 70%가 반려동물을 기르고 있으며, 대부분의 부모는 반려동물 입양이 자녀에게 유익하다고 보고하고 있습니다.[230] 동물에 대한 평생의 행동과 태도가 이러한 조기 경험으로 부터 발달한다고 제안되었습니다.[231]

수의사의 서약에서 '수의사들은 반드시 그들의 기술을 사회의 이익을 위해 써야 합니다.'라고 말하고, 수의학적 전문가들이 동물과 공중 보건과 관련된 문제들에 대해 그들의 고객들을 교육해야 한다는 것에 대해 명시하고 있습니다.[(14)] 많은 수의사는 반려동물을 키우는 부모와 아이들이 직접적으로 반려동물에 대한 문제들을 논의할 수 있도록 하는 기회를 제공할 수 있습니다. 하지만 수의사들은 만성적이거나 영구적인 질병 혹은 안락사와 같은 좀 더 민감한 수의학적 건강 문제들을 아이들이 있는 곳에서 이야기하는 것을 꺼릴 수도 있습니다.

반려동물 가족 구성원 중 특히 아이들이 있는 곳에서 일하는 것은 수의학적 전문가들에게 많은 어려움을 줄 수 있습니다. 사람의 의료에서 보면, 부모와 그들의 아픈 아이들과 상호작용하는 의사들의 연구에서 의학적 면담 과정에 아이들을 포함하는 것이 부모와 아이 상호 작용과 아이들의 활동적인 참여 그리고 그들의 건강관리 이해도를 증진시키는 것으로 나타났습니다.[232] 따라서 아이들과 그들의 부모들을 그러한 중요한 수의학적 건강관리 문제들에 대해서 교육하는 것 또한

---

(14)   http://www.avma.org/on/news/javma/jun04/040601t.asp2

몇 가지 중요한 이점을 가져다줄 것으로 생각합니다.

예를 들어, 여러 연구는 교육에 반려동물을 이용하는 것이 아이들의 사회적 적응, 감정 발달을 도움을 준다고 보고하였습니다.[230,233] 7~10살 아이들 집단은 그들의 형제들만큼이나 반려동물에게 그들의 감정과 사적인 경험들을 말하는 것을 좋아한다는 것을 알 수 있었습니다. 부모, 친구, 그리고 반려동물을 비교했을 때, 초등학교 아이들은 반려동물과 '어떤 일이 있어도' 그리고 '서로 화났을 때라도' 좋은 관계를 지속하고 싶은 마음이 다른 사람들과 같다고 여겨졌습니다.[230]

다른 연구들은 반려동물을 키우는 가정의 아이들은 반려동물로부터 감정적으로 중요한 의미를 가진다는 것을 보여주기도 했습니다.[234] 예를 들어, 미국의 미시간주(Michigan)의 10~14살 아이들 집단 중 75%가 그들이 기분이 나쁠 때 반려동물로부터 위로받는다고 하였습니다. 미국에서 이루어진 한 연구에서, 5살 아이들 68명 연구에서 42%가 "네가 슬프거나, 화나거나, 기쁘거나, 비밀을 공유하고 싶을 때 누구에게 가니?"라는 질문을 받았을 때 아무런 거리낌 없이 자신들의 반려동물이라고 말했다고 합니다.[235]

아이들은 또한 반려동물을 키워 봄으로써 다른 이를 보살피는 방법을 배울 기회를 갖기도 합니다.[234] 부모들의 말에 따르면, 5~12살의 남·여 아이들은 자신의 어린 동생을 돌보는 시간을 줄이고 반려동물을 돌보는 시간이 증가했다고 합니다. 연구자들은 8~10살 아이들이 동물들을 관리하는 데에 있어 책임감을 지니고 있었으며, 92%가 그들이 반려동물을 관리하는 일이 동물과의 관계에서 중요하거나 매우 중요한 부분이라고 느낀다고 조사 결과를 내놓았습니다.[236,237]

아동 친화적 유대 중심의 진료 시스템

사람과 동물의 유대감이 유년 시기 발달에 중요한 역할을 하므로, 일부 수의사들과 부모들은 반려동물의 수의사가 또 '다른 가족 의사'로서 자리 잡도록 노력하고 있습니다. 수의사 단체들은 어린 시기의 교육자들, 카운슬러, 사회복지사와 같은 전문가들과 상의할 수 있도록 하고, 가족 중심의 상호작용을 위한 직원 미팅이나 다른 포럼들을 만들 수도 있습니다. 다음 제안들은 진료 설정에서의 이러한 과정을 쉽게 만들어 줄 것입니다.[238,239]

대기실에 아이들을 위한 놀이터 공간을 제공합니다. 밝은색을 사용하고, 조그마한 집, 장난감, 책, 어린이 전용의 기구 등을 고려해봅니다. 아이와 동물들에게 안전한 청진기와 같은 수의학 기구들 또한 고려해봅니다.

수의사 조직(팀)의 의상이나 외모는 수의학적 환경에서 좀 더 편안함을 느낄 수 있게 해 줄 수 있습니다. 하얀 연구실 가운이나 평상복 혹은 밝은색의 옷을 입는 것, 색이 화려한 청진기를 사용하는 것, 조그만 동물 모형으로 시범을 보이는 것, 혹은 의학적 절차를 설명해주는 것이 좀 더 친근하고 덜 불편한 분위기를 만들어 줄 것입니다.

수의사들은 아이들에게 그들의 반려동물, 취미, 학교, 혹은 친구들과 좋아하는 활동을 물어보면서 아이들과 친밀한 관계를 쌓을 수 있습니다.

6세 또는 7세 이상의 어린이는 의학교육에 더욱 공식적인 접근을 선

호할 수 있으며 연령에 맞는 언어와 안심할 수 있는 어조에 잘 반응할
수 있습니다.

반려동물의 죽음과 아이들

2001년 반려동물 죽음과 관련하여 보호자와의 450통의 전화 통화
분석에서, 전화를 건 사람들의 거의 25%가 전화한 주요 이유가 그들
의 아이들과 반려동물의 질병, 죽음 또는 안락사에 관해서 어떻게 얘
기해야 할지에 대한 정보 때문이라고 하였습니다.[240] 그들의 아이들과
효과적으로 의사소통하기 위해 정보를 얻기 위한 발신자 중 3분의 1
은 수의사들이었고, 나머지 3분의 2는 반려동물을 키우는 아이들의
부모들이었습니다. 일반적 질문들은 "안락사 과정에 아이들이 있어야
하나요?", "안락사 결정 과정에 아이들이 있어야 하나요?", "그들의 반
려동물 죽음에 관해서 아이들에게 거짓말하는 것이 괜찮나요?", 그리
고 "죽음에 관해서 어느 정도 나이 정도가 됐을 때 아이들에게 얘기
하는 게 적절할까요?" 등이었습니다. 전화를 걸어온 사람들은 반려동
물이 심각하거나 만성적인 질병을 진단받은 후, 반려동물에게 증상이
나타나거나, '명백히 아플 때', 그리고 반려동물의 죽음 그 직전, 동안,
그리고 후 반려동물에 대해 아이들과 의사소통하는 것이 가장 힘든
시간이라고 이야기하였습니다.

반려동물이 아프거나 죽으면, 부모들이나 전문가들은 그들의 감정

을 아이들로부터 종종 숨기려고 합니다. 부모들은 자녀가 멀리 있을 때 반려동물 안락사 계획을 세워 그러한 문제를 피할 수 있게 할 수도 있습니다. 대신에, 아이들은 "반려동물이 도망가 버렸다."라는 등의 이야기를 듣게 될 수도 있습니다. 아이들이 정확한 정보를 위해 질문을 하거나, 그리고 거절당했을 때, 아이들은 자신들의 상상력과 다른 사람으로부터 얻은 정보를 근거로 그들만의 답을 만들어 냅니다. 잘못된 정보가 계속 지속될수록, 그 정보는 점점 더 강력해지고 설득력 있게 변하게 됩니다. 아이들과 어떻게 얘기해야 할지에 대하여 부모들을 교육할 때, 그들에게 질병, 아픔, 혹은 죽음을 받아들이는 것을 배우는 것이 삶에서 자연스러운 경험이라는 것을 조언하는 것이 좋습니다. 아이들이 진실로부터 멀어지도록 하면 안 된다는 것과 이러한 문제에 대한 것을 가족 논의에서 제외해서는 안 된다는 것은 중요합니다. 비록 모든 아이와 가족은 각기 다르지만, 아이들과 죽음에 관해 얘기하는 적절한 시기에 관해 결정했을 때, 아이들은 죽음에 대해 인식하게 되고, 이는 다양한 나이와 성장 단계에 따라 도움 될 수도 있습니다.[241]

유아기

갓 걸음마를 하는 아기나 유아도 슬퍼할 수 있습니다. 아이들에게는 가까운 어떤 이의 죽음은 분리와 버려짐과 관련한 문제를 일으킬 수 있습니다. 아이들은 수면 장애, 퇴행 행동, 불안한 감정들을 경험하게 될 수도 있습니다. 부모들은 안심시키는 목소리와 행동으로 그들을 사랑하고 돌봐줄 사람이 있다는 것을 보여주는 것이 좋습니다.

3~5살 나이

3~5살 아이는 죽음이 끝이라는 것을 이해하지 못합니다. 그들은 반려동물이 떠났다는 것을 알지만, 그들은 이것이 일시적인 상황이라고 믿는 경향이 있습니다. 유아나 걸음마 아기처럼 취학 전의 아동은 그들이 안전하다는 것과 누군가 그들을 돌봐줄 것이라는 안정감이 필요합니다. 이 시기의 아이들에게는 부모들이 반려동물 죽음에 관하여 간단하고 직접적인 대답을 해 주어야 합니다. 반려동물 죽음에 관한 나이에 적합한 책을 아이들에게 읽어주는 것과 놀기, 이야기하기, 그림 그리기를 통한 감정 표현을 장려해주는 것이 가족 전체를 위한 방법이 될 수 있습니다.

5~8살 나이

5~8살 사이의 아이들은 죽음이 끝이라는 것을 이해할 수 있습니다. 하지만 아이들의 개인적 차원에서의 죽음을 상상하기가 어렵습니다. 이 시기에 그들의 발달에서, 아이들은 죽음을 괴물 또는 천사로 등의 특정한 의미로 받아들일 수도 있으며, 부모들에게 죽음의 직접적인 대한 질문들을 할 수도 있습니다. 이 시기의 아이들이 죽음으로 떠나는 반려동물에 분노를 표출하려 한다고 해도 놀라서는 안 됩니다. 부모들은 질문들에 대해 즉시 대답하는 것이 좋으며, 아이들이 반려동물에게 많은 사랑을 받았고 화가 나는 기분이 괜찮다는 것을 알게 해주어야 합니다. 가장 좋았던 추억들을 공유하는 것, 사진 앨범이나 추억책을 만드는 것, 반려동물을 위한 추억 활동에 참여시키는 것과 같은, 강렬한 감정들의 표출할 수 있는 건강한 수단을 이용하도록 합니다.

다시 말하자면, 비록 모든 아이와 가족들의 상황이 같을 수는 없지만, 반려동물에 대한 계획 논의에 가족으로써 이 시기의 아이들을 포함하는 것이 바람직합니다. 부모들은 아이들에게 적절한 선택사항을 제공하여 그들이 결정 과정에 참가할 수 있게 할 수 있습니다. 예를 들어 "'당근이'가 아파서 곧 죽을 수 있어. '당근이'가 죽으면, 우리 모두 사진첩에 담아, 기억하기 좋게 하면 좋겠어. 사진첩을 만들 수 있게 엄마를 도와줄 수 있겠니?"

9~12살 나이

9~12살 사이의 아이들은 일반적으로 죽음이 끝이라는 것, 개인적이라는 것, 모두에게 일어나는 것이라는 것을 이해합니다. 부모들은 이 나이의 아이들에게 많은 질문을 받을 것이고, 아이들은 죽음에 관한 '질병에 관련된' 호기심을 가질 것입니다. 비록 아이들이 잘 대처해나가는 것으로 보일 수 있어도, 사춘기 직전의 아이들은 그들의 감정을 숨기려는 경향이 있습니다. 부모들은 아이들에게 감정을 표현하고 질문을 할 시간과 기회를 주어야 합니다. 부모들은 이 나이의 아이들에게 그들의 반려동물 유품을 갖게 하고, 그들의 가장 좋았던 기억에 관해 이야기를 쓰게 하고, 그들의 감정에 대해 글을 적는 것 등을 할 수 있습니다. 치료에 관한 결정 참여하게 하고, 사후 보호, 장례식 계획을 권유하되, 강요하지는 않도록 합니다.

13~16살 나이

사춘기 아이들은 언어로 그들의 감정의 강도를 표현하지 않기 때문에 그들은 종종 슬픔에 대한 행동적 반응으로 잘못 판단할 수 있습니다. 사춘기 아이들은 자신들의 가장 친한 친구들을 제외하고 감정을 드러내지 않으려고 노력합니다. 비록 이 시기의 아이들은 자신들의 감정에 대해 잘 말하려고 하지 않지만, 임상적 연구는 십 대들이 다른 어떤 나이보다 종종 더 강한 슬픔을 보일 수 있다고 합니다. 부모들은 이 나이의 아이들에게 의학적 결정과 추도식 계획에 참여를 권장함으로써 도움을 줄 수 있습니다. 십 대 아이들은 자신들이 어른처럼 보이기를 원하기 때문에, 그들의 의견이나 제안을 존중하고 격려하는 것이 중요합니다.

의사 결정과 논의에 대한 가이드라인

심각하게 아프거나 다친 반려동물에 대해 치료 과정에 참여하고 결정하는 것은 아이에게 책임감, 동정심 그리고 헌신에 관하여 귀중한 경험을 줄 수 있습니다. 모든 아이는 특별합니다. 따라서 죽음으로 이별하는 과정에 영향을 주는 나이, 개성, 문화적, 사회적, 종교적 배경을 포함하는 다양한 요인들이 고려되어야 합니다. 다음 내용은 반려동물의 죽음에 슬퍼하는 아이들의 부모들과 공유할 수 있는 일반적인 방법입니다.[229,241,242]

아이들에게 반려동물의 질병, 아픔, 죽음에 대해서 말합니다. 만약 아이들이 왜 부모님이나 보호자가 슬픈지 모르면, 아이들은 자기 잘못이라고 느끼게 됩니다. 종종, 아이들은 잘못된 상황을 받아들일 수도 있습니다. "내가 '하찌'를 죽게 뭘 잘못한 거야?"

부모들한테 질문에 대한 답변을 솔직하게 하게 조언합니다. 모든 삶이 있는 생명은 아프거나 다칠 수 있으며 어떠한 생명도 영원히 살 수 없다는 것을 설명해줘야 합니다.

만약 아이의 부모들이 반려동물을 위해 안락사를 고려하고 있다면, 부모들은 안락사의 목적을 설명해주는 것이 중요합니다. 안락사는 죄책감과 불안감을 느끼게 하는 '그만두기' 또는 '치료를 그만두기'로 말하기보다 안락사는 평화롭게 죽을 수 있게 해준다는 것을 설명해주도록 합니다. "'사랑이'가 고통스러워하니까, 우리는 그 애를 편안하게 죽을 수 있게 도와줄 수 있어. 우리가 '사랑이'를 매우 사랑하기 때문에 아주 슬픈 선택이지만, 우리가 '사랑이'를 위해 무엇을 해 줬으면 하는지에 대해 생각하는 것이 도움 될 것 같아."

만약 아이들이 안락사 과정에 대해 궁금한 것이 있다면, 부모들은 그들에게 즉시 답해줘야 합니다. 예를 들어 "'백설기'가 많이 아픈데 약이 나아지게 할 수 없을 것 같구나. 우리는 '백설기'를 아주 많이 사랑하고 더는 아프지 않았으면 좋겠구나. 우리가 '백설기'를 동물 의사-수의사-에게 데려가면 그 애가 편하게 죽을 수 있는 약을 받을 수 있어. '백설기'가 죽으면 심장은 다시는 뛰지 않을 거야. 그 애는 더는 냄새를 맡거나, 보거나, 걷거나 어떠한 고통도 느끼지 못할 거야. 아빠도 우실 거야 왜냐하면 아빠도 '백설기'의 죽음에 매우 슬퍼하신단다. 너도 울어도 괜찮단다.

부모들이 아이들에게 반려동물이 "잠이 들었다."라고 말하는 것을 피하는 것이 좋습니다. 어른들이 아이들의 잠을 재우기 때문에, 죽음과 잠을 연관시키는 것은 불필요한 걱정을 만들고 잠자는 일상과 행동에 방해될 수도 있기 때문입니다.

다른 완곡어법은 피합니다. 아이들은 꽤 문자 그대로로 알아들어서 만약 어른들이 죽음에 대해 '세상을 떠났다', '좀 더 나은 곳' 또는 '하나님과 함께'와 같은 불분명한 단어를 쓰면 헷갈릴 수 있습니다. 부모들에게 죽음, 그리고 죽는다는 단어를 쓰게 해야 합니다. "'백설기'는 몸이 아파서 죽었어. '백설기'의 심장은 뛰지 않아."라고 설명할 수 있습니다.

부모들에게 아이가 집에서 떨어져 있을 때 반려동물 안락사 계획을 세우는 것이 바람직하지 않다고 이야기해야 합니다. 의학적 이유로 이것이 불가능하면, 부모들은 솔직해야 합니다. 진실이 아닌 한 반려동물이 도망갔다고 말하고 싶은 생각이 있을 수도 있지만 그렇게 하지 않도록 합니다. 부모들은 반려동물이 평온함에 죽을 수 있도록 도움을 받았고 결정의 시간에 대한 명백한 이유를 말해 주어야 합니다.

일반적으로, 부모들은 그들의 아이가 안락사 과정에 계속 조용하게 꾸준히 앉아 있을 수 있는지에 대해서 가장 잘 알고 있습니다. 수의사들은 아이들의 존재에 대한 그들의 선호에 따라 변화된 행동을 위한 부모들의 요구에 아이들이 무반응적인 것을 보면 그것에 대해 논의해야 합니다. 만약 아이가 수의사 팀 혹은 안락사 과정에 방해되지 않은 행동들을 하고 있으면, 부모들은 반려동물이 안락사 과정에 있을 때, 아이가 그 방에 있어도 되는지를 물어봐도 좋습니다. 부모들은 아이가 어떤 선택을 했든 간에, 그 결정이 지지 되리라는 것을 알게 해주어야 합니다. 부모들은 다른 어른과 같은 사람을 더 데려와, 부모들이 반려동물과 있을 때, 아이가 만약 마음을 바꾸면 적절하게 감독 될 수 있게 하는 것이 좋습니다.

그들의 감정을 부모나 수의 직원들에게 보이는 것이 괜찮다는 것을 알아야 합니다. 솔직한 감정을 보이고 기분에 대해 말하면서 아이들은 이러한 기분이나 행동들이 받아들여질 수 있다는 것을 배우게 됩니다. 가족 구성원들은 그들의 감정을 보이거나 말하는 것에 대해 아이를 비난하는 것을 피해야 합니다. (예 "다 큰 남자는 울지 않아.", "엄마를 위해 씩씩해야지.")

그들의 방식대로 슬픔을 표현하게 아이들을 두어야 합니다. 아이들은 죽음에 대해 웃음 혹은 공격성의 폭발로 혹은 어른들이 받아들이기 어렵거나 불편한 다른 방식으로 반응할 수 있습니다. 인내심을 가지고 지지해주어야 합니다.

부모들은 죄, 벌, 그리고 종교와 죽음과 고통 등을 연결하는 것을 피하는 것이 중요합니다. 어른들처럼 아이들도 종종 누군가 죽으면 죄책감 같은 기분을 느끼게 됩니다. 게다가 아이들은 '마술적 생각'을 할 수 있고 자신들의 생각들이 반려동물을 죽음에 이르게 했다고 믿을 수 있습니다. "만약 내가 ~했다면 '사랑이'는 여전히 여기 있을 텐데…" 긍정적 어른 역할은 적절한 안심을 부여해 이러한 죄책감의 부담을 덜어 주는 데 도움을 줄 수 있습니다. "너는 '행복이'의 죽음과 아무 관련이 없단다. 그 애는 매우 아팠고, 폐와 심장은 더는 움직이지 않아. 어느 시점에선 모든 동물은 죽는단다."

안락사에 가족 존재

죽음에 대한 현실은 죽은 형체를 보면서 시각적으로 표현됩니다. 아이나 어른들은 그들이 실제로 반려동물이 '그냥 잠이 든 것'이 아니라는 것을 보기 전까진 반려동물의 영구적인 죽음을 이해하거나 받아들이기가 어려울 수 있습니다. 안락사 과정을 지켜보는 것은 죽음이 어떨지에 대한 것과 죽음 이후에 형체가 어떻게 될지에 대한 두려움을 완화해 줍니다. 어른들은 죽은 반려동물과 말하는 것 또는 반려동물의 몸을 만지는 것이 가능하다는 것을 아이들에게 직접 보여 줄 수 있습니다. 부모나 아이들은 털을 깎아 가지거나 발바닥 점토를 만들어 그들의 특별한 반려동물의 영구적 유품으로 갖게 하기 할 수도 있습니다. 나이가 좀 찬 아이들인 경우 그들의 죽은 반려동물 곁에 혼자 있을 기회를 주어 사적인 그들의 감정을 표현할 수 있게 합니다.

더 도움 될 만한 구절
- "사람이 사는 만큼 많은 동물은 오래 살지 못한다."
- "'사랑이'를 돌보면서 네가 실수했어도 괜찮단다. 아무도 완벽하지 않단다."
- "'하찌'와의 좋아하는 추억에 대해서 웃어도 괜찮아. 웃는 것이 '하찌'를 아꼈다는 의미니까."
- "너의 좋은 추억에 대해 편지를 쓰거나, 이야기하거나, 그림을 그려보는 것은 어떠니?"
- "너의 지금 기분에 대해서 편지를 쓰거나, 이야기하거나, 그림을

그려보는 것은 어떠니?"

- "새로운 반려동물을 원하든 원하지 않든 상관없단다."

새로운 반려동물 입양에 대해서 가족들에게 하는 조언들

슬픔은 극적으로 위아래로 왔다 갔다 하는 극단적인 감정 변화를 가져올 수도 있습니다. 가족들에게 이 슬픈 시기 동안 조심스럽게 나아가는 것이 중요하다고 조언해야 합니다. 입양이 잃어버림의 고통을 줄이기 위한 단순한 수단으로 여겨지면 안 됩니다. 입양을 다시 하는 것에 대해 각자의 생각에 대해서 가족 구성원끼리 대화하는 데 시간을 쓰는 것이 아이들에게 관계라는 것이 특별하고 대체 불가능하다는 강력한 메시지를 줄 수 있습니다. 새로운 반려동물 입양해야 하는지 고려해야 할 때는 모든 가족 구성원이 각자의 감정을 충분히 받아들이고 난 후가 되어야 합니다. 입양을 너무 빨리하는 것은 반려동물이 죽은 것을 대신해 줄 수 없는 새로운 가족 구성원에게 원한의 감정을 느끼게 할 수도 있습니다.

노인들

반려동물과의 공유된 유대감은 노인들에게 중요한 가치를 지닐 수 있습니다. 반려동물은 삶의 이유가 될 수 있고 사회적 그리고 촉각적 자극, 그리고 심지어 그의 눈과 귀로 작동해줄 수 있는 주인의 물리적 기능을 대신 해 줄 수도 있습니다. 반려동물은 또한 노인들의 지금은 곁을 떠난 가족과 친구들과 공유한 과거 시간을 이어주기도 합니다.[137]

한국 경제 연구소의 연구(http://www.keri.org/)에 따르면, 우리나라는 2000년 '고령화 사회'(고령 인구 비중 7% 이상)로 진입한 이후 18년만인 2018년 '고령사회'(고령 인구 비중 14% 이상)로 진입했습니다. 이러한 추세대로라면 고령사회 진입 8년만인 2026년에 '초고령사회'(고령 인구 비중 20% 이상)로 진입할 것으로 OECD는 예측했습니다. 노인과 관련한 의사소통 문제가 점점 커질 수밖에 없는 이유입니다.

비록, 젊은 사람보다 나이 든 사람이 반려동물을 덜 키우려고 하지만[243], 수의사들은 이러한 연령대의 수가 증가함으로써 노년층 고객들을 응대해야 할 경향이 증가하고 있습니다.[242] 인의학 분야에서의 연구에 따르면 의사와 노인 환자들 사이의 의사소통 방식이 젊은 환자들과의 방식과 다르다고 나타났습니다.[244] 성공적인 수의사들은 수의적 의사소통을 통해 건강관리에 영향을 미칠 노인 고객들의 특별한 요구에 대한 향상된 인식에서 도움을 줄 수 있습니다.[245]

연령 차별 주의, 혹은 노인에 대한 부정적인 태도는 의학적 설정을 포함에서 서구 사회에 전반적으로 있었습니다.[244,246,247] 인의학에서의 연령 차별 주의에 대한 연구에서, 의사들은 젊은 고객보다 노인 고객한테 덜 평등하고, 덜 인내심이 있으며, 그리고 덜 개입하고 덜 존중한다는 것을 보여줬습니다.[247] 또한, 의학적 서비스를 제공하는 쪽에서 노인 고객들을 대할 때 환자와-서비스 공급자 관계를 타협하며, 잘난 척하거나, 거들먹거리는 경향이 더 있다고 나타났습니다.[248] 수의 전문가들은 노인에 대한 그들의 개인적 편견을 인지하고 의사소통과 수의적 치료를 방해할 수 있는 태도들에 주의할 필요가 있습니다. 그렇지 않으면, 이러한 부정적인 메시지가 의도하지 않게 노인 고객들이 수의 전문가들과 잘 공감되지 않는 기분이 들게 할 수 있습니다. 태도의 차이점과 더불어, 경험과 지식에 대한 일반적인 차이점들이 수의 의료직 서비스 공급자와 노인 고객들 사이의 분리를 만들어 낼 수 있습니다. 예를 들어, 전자 결제가 흔하지 않은 시절에 자란 노인이라면 수의 서비스에서 전자 결제 지급을 제안받았을 경우 당황할 수 있습니다. 세대 격차를 '다리 역할'을 돕기 위해서는 수의직 서비스 제공자들이 고객들의 삶 경험에 대해 더 많이 배우고 차이점들이 문제라고 생각하는 것보다 차이에서 오는 풍부함을 감사히 여기는 것이 좋습니다.

노인 고객들은 동행자와 수의 진료에 오는 경향이 있는데, 이는 건강관리 서비스 공급자와 고객과 동행자 사이에 독특한 상황을 만들어질 수 있습니다. 인의학에서는 60살 이상의 사람은 진료 방문 시 자기보다 젊은 사람을 데리고 오는 경향이 있으며, 이런 동행자는 정보를 제공하거나, 치료 계획을 도와주거나, 고객의 스트레스 상황 혹은 강한 감정이 들 때 감정적 도움을 주게 됩니다. 게다가, 동행자는 상호작용을 지배해, 건강관리 방문 동안에 고객의 확인하고 싶은 경향이나 그들의 요구에 대해 목소리를 내리는 것을 흐리게 합니다. 몇몇 연구들은 혼재된 결과를 보여줬는데, 동행자의 존재는 의사와 노인 환자의 상호작용의 양을 감소시킨다는 것과 반면에 다른 연구들은 의사와 환자 관계에 동행자의 존재는 아무런 부정적인 결과가 없다는 것이었습니다. 수의학에서, 동행자의 영향은 아직 연구되지 않았지만, 잠재적 경향이 존재한다고 생각해야 합니다. 수의사들은 노인 고객들과의 그들의 상호작용을 살펴어, 고객의 동행자가 수의사와 고객의 관계에 부정적인 영향을 가지지 않게 하는 것이 필요합니다. 대신에, 수의 전문가들은 의사소통과 수의 건강관리 전달 내용을 향상하기 위해 동행자 요청을 위한 고객의 허가도 필요로 할 수 있습니다.

 '건강 이해력(Health literacy)'이라는 용어는 개인이 건강 관련 정보를 효과적으로 이해하고 사용할 수 있는 정도를 뜻합니다.[249] 인의학 분야에서의 일을 보면 노인 개인들은 중요한 의학적 결정을 내리거나 따를 때 그들의 활동에 영향을 미치는 건강 이해력이 낮은 경향을 보이는 것으로 나타났습니다.[249] 대부분 경우에서, 낮은 건강이해력을 가진 개인들은 의학적 서비스를 제공하는 자들에게 그들의 결함을 공유하기를 꺼리는 경향이 있었습니다.[249] 이러한 이유로, 건강 서비스 공급자들은 이러한 낮은 건강이해력을 사전에 인지해서 각각의 고객들 요구에 맞게 의학적 정보를 잘 다듬어 줄 수 있게 하는 것이 중요합니다. 비록, 건강이해력이 수의학 분야에서는 연구되지 않았지만, 많은 같은 트렌드가 수의학 임상에 영향을 미칠 수 있습니다. 수의 종사자들은 고객들의 문맹 가능성을 인식하고 고객들이 필요할 때 추가적인 도움을 줘야 합니다. 문맹 가능성의 신호들은 진료에 그들의 가족 구성원을 데리고 온다는 것, 부정확하거나 불완전한 형태로 돌리는 것, 그들의 확대경을 가져오는 것을 잊어버렸다는 이야기들을 할 수 있습니다.[249]

 비록 인터넷, 휴대폰 기술이 수의학 서비스를 포함해 건강관리에 점점 더 널리 퍼지고 있지만, 노인들은 젊은 고객보다 전형적으로 인터넷, 휴대폰을 사용하는 비율이 낮습니다. 비록 나이가 든 사람들의 컴퓨터와 인터넷 접근의 수가 가파르게 오르고 있지만, 수의 전문가들은 기술 종류 선호와 의사소통의 수단 선호에 대해서 고객에게 물어볼 것을 권장합니다. 예를 들어, 고객들에게 알림을 전할 때 문서가 나을지, 전화 형태가 나을지, 이메일 형식으로 받는 것이 나을지를 물어보는 것이 도움될 수 있습니다. 고객들에게 다양한 의사소통 선택지들을 주는 것이 각 개인에게 가장 선호되는 방식으로 공급자가 건강관리 내용을 전달하게 해줍니다.

나이가 들어서 생기는 건강상의 문제

나이가 드신 어른들에게 일어나는 것과 수의 종사자들과의 상호작용에 영향을 미치는 많은 물리적, 인지적, 사회적 변화들이 있습니다. 인의학에서 물리적, 청각, 시각적 결함이 있는 개인들은 이러한 결함들이 없는 사람들보다 의학적 관리에 대해 덜 만족스러워하는 경향을 보였습니다.[250] 젊은 사람들보다 나이 관련된 혹은 질병 관련된 결함들이 나이가 많은 어른들이 더 있을 경향을 고려한다면, 수의사들은 나이가 든 고객들의 요구를 만족하게 하기 위해서는 특별한 문제에 직면하게 됩니다.[251,252]

노인분들에게는 수의학적 관리에 영향을 미칠 전형적인 나이 관련된 시각적 변화가 있을 수 있습니다. 가까이 있는 물체에 시각적으로 초점을 맞추는 데 어려움이 있는 노안은 65년 이상의 개인들에게는 흔합니다.[251,252] 결과적으로, 나이가 드신 고객들은 쓰여 있는 것을 보는 데 어려움이 있기에, 읽어야 하는 의학적 형식이나 퇴원 지시서에 어려움을 느낄 수 있습니다. 시각적 문제를 도와주기 위해서는, 수의사들은 시각적 문제가 있는 고객들을 위해 글자가 큰 양식을 준비해두는 것을 고려해 볼 수 있습니다. 수의학적 관리를 위한 방문 시 어떤 일이 일어나는 데 볼 수 있게 적절한 빛 또한 중요합니다.

시각적 변화뿐만 아니라, 청각 손실은 노인들에게 흔하게 나타납니다. 65살 이상의 사람 중 대략 30% 정도는 어느 정도의 청각 손실이 있고 나이 듦에 따라 청각 문제는 증가합니다.[251] 대부분의 청각 문제가 있는 나이 든 사람들은 보청기를 사용하지 않습니다.[253] 청각 문제가 있는 나이 드신 어른들은 높은 주파수의 소리를 듣기 더 어려워하고 대화마다 소리를 헷갈릴 수 있습니다.[254] 여자들의 목소리가 남자들보다 일반적으로 더 높은 주파수를 가지고 있어서 여성의 경우 나이 든 고객들을 이해시키는 데 더 어려움이 있을 수 있습니다. 청각 손실은 사회적 상호작용을 어렵게 하는데 특히, 수의 서비스 공급자가 나이가 많으신 새로운 고객을 대할 때 두드러질 수 있습니다. 나이가 많으신 사람 연구에서, 잘 듣지 못하는 사람일수록 적절히 들을 수 있는 사람들보다 의사와의 의사소통에 덜 만족스러워했습니다.[255] 노인 고객들과 얘기할 때, 수의 전문가들은 또박또박하고 크게 말을 하여, 소리 지르는 것이 아닌, 청각 결함이 있는 사람들이 이해하는데 더 편할 수 있게 하는 것이 중요합니다. 고객들과 눈을 맞추어 그들이

입 모양을 읽고 비언어적 단서들을 파악하여 의사소통을 향상하는 것 또한 도움을 줄 수 있습니다. 게다가, 수의사는 검사실 문을 닫고 전체적 음악을 끄거나 해서 청각적 분산을 줄여 외부 소음을 최소화하는 것이 필요합니다.

노인들은 보행에 물리적 변화 또한 있을 수 있기에 휠체어나 보행 보조기를 이용하거나 의료 검사 시 앉아 있어야 할 수도 있습니다. 앉아 있는 사람들과 의사소통할 때, 다소의 수직 높이 차이는 무의식적으로 바람직한 경우보다 의사소통에 덜 도움을 주는 환경이라는 것을 인식하는 것이 중요합니다. 이러한 비언어적인 내용은 갈등, 실수, 비보, 죽음의 문제들과 같은 어려운 문제들을 논의할 때 더 잘 인지할 수 있게 됩니다. 그렇게 하는 것보다 수의사들은 고객의 높이를 맞추기 위해 앉거나 무릎을 꿇어 고객과 수직적 높이를 맞추는 것이 좋습니다. 수의학 진료에서 병원과 진료재료들을 그들에게 접근할 수 있게 함으로써 노인들을 환영하는 환경을 만들 수 있습니다. 이것은 검사실을 휠체어에 탄 사람들이 접근할 수 있게 만드는 것이 좋습니다. 게다가, 반려동물이 의학적 처치와 검사가 진행되는 동안 검사실 책상을 적절하게 이용하여 앉은 고객들이 그들의 반려동물을 보고 관리에 참여할 수 있게 합니다. 나이가 든 개인은 '정상적인' 노화와 치매에 의해서 기억과 인지 능력의 변화가 나타나는 경우는 흔합니다.[256] 의사소통 효과를 증가시키고 의료 계획을 진행하기 위해선, 수의사들은 분명하고 단순하고 쉽게 알아들을 수(literacy-sensitive) 있는 언어를 사용해 정보를 전달하고 의학 전문 용어를 피해야 합니다. 수의사들은 몇몇의 이러한 기억 결함의 고객들을 도울 수 있게 큰 글자의 퇴원 지시서를 제공하는 것이 도움 됩니다.[242] 수의사들이 노인고객들과 같이 치료 계획을 짤 때, 그분들이 쉽게 기억하고 실행할 수 있게 하는 것이 중요합니다. 예를 들어, 만약 하루에 약이 3번 필요하다면, 수의사는 언제 약을 먹이는 것이 좋은지 고객과 상의할 수 있습니다. 이러한 문제들에 집중하면서, 수의학적 의사소통을 향상하도록 합니다.

개인이 나이가 들면서, 그들은 사회적 그리고 경제적 변화를 경험하게 됩니다. 노인들은 그들의 인생에서 중요한 사람들의 죽음과 그들의 친구들과 자녀들이 멀리 이사 가는 현상에 의해서 사회적 격리의 위험을 느끼게 됩니다. 그러므로 반려동물은 노인들의 사회적 삶에서 친구로서, 자녀로서, 혹은 다른 사람과 연결점으로 아주 중요한 역할을 합니다.[137] 반려동물 소유권 자체가 노인들에게는 특별한 문제를 만들기도 합니다. 예를 들어, 노인 고객들은 은퇴, 또는 반려동물을 허용하지 않는 가족 구성원, 간호 시설로 가야 하는 필요가 있을 수 있습니다.[137] 게다가, 노인들은 젊은 사람들보다 직업을 가질 가능성이 작으므로, 그들은 '고정된' 수입을 받을 경향이 많습니다. 결과적으로, 노인에게는 수의학적 관리에 대한 비용이 부담될 수 있고 감정적 스트레스를 받을 수 있습니다. 비록 수의사들은 비용과 상관없이 모든 가능한 치료 선택지들을 여전히 고려해야 하겠지만, 고객의 선택에 민감하며 존중하는 것이 특히 중요합니다. 효율적인 수의사들은 고객들의 관심, 여력, 한계에 대한 대화를 통해 그들의 반려동물의 요구에 대한 계획의 문제 해결을 도와줄 수 있습니다.

인간-동물 결합

과거 수십 년 동안, 반려동물 소유권과 인간 사이의 물리적, 감정적, 사회적 관계를 보여주는 상당한 양의 연구가 있습니다.[229,257] 반려동물과 심혈관계 문제, 부정적 스트레스 반응, 혈압의 감소와 같은 다양한 긍정적 건강 결과들과 연관이 있다고 보고되었습니다.[258] 반려동물을 키우는 사람들은 반려동물이 없는 사람들보다 병원을 덜 찾는다는 것을 발견했습니다.[259] 다른 연구에 따르면, 노인들의 반려동물에 대한 강한 유대감은 우울증과 반비례 관계가 있다는 것을 확인하였습니다.[260] 반려동물은 노인들의 삶에서 많은 긍정적인 역할을 합니다.[261] 동행 관계뿐만 아니라 반려동물은 노인들에게, 특히 혼자 사는 개인들에 있어서 물리적 그리고 감정적 위로를 주고 안정감을 줄 수 있습니다.

반려동물 소유권은 노인들에게 사회적 연결의 수단이 될 수 있습니다. 반려동물 자체가 사회적 활동의 수단이지만, 반려동물은 또한 다른 사람과 접촉 할 수 있는 수단이 되기도 합니다. 노인들의 연구에서, 개 주인들은 개를 키우지 않는 사람보다 좀 더 많은 사회적 접촉을 하는 경향이 있다고 하였습니다.[262] 같은 연구에서, 나이 든 반려동물 주인들은 이웃들과 반려동물이 같이 있든 없든 더 많은 대화를 한다는 것이 확인되었습니다.[262]

나이가 드신 반려동물 주인은 그들의 변화하는 건강과 가정의 요구를 직면하면서, 몇몇은 그들이 죽거나 그들을 더는 관리할 수 없을 때 그들의 반려동물이 어떻게 관리되어야 하는지에 대해서 걱정을 가질 수 있습니다.[263] 노인들과 얘기하는 수의사들은 그들의 요구를 통해 고객들이 생각할 수 있게 하는 훌륭한 기회를 제공할 수 있습니다. 수의사들은 반려동물이 허용되는 노인주택, 노인 생활 보조 주거지, 양로원 시설에 대해 알 필요가 있습니다. 수의사들은 노인 고객들에게 이러한 걱정에 대해 반려동물을 위한 양육 관리나 다른 단기간, 장기간 관리에 대해 생각하게끔 도와줄 수 있습니다. 그들의 반려동물의 행복을 걱정하는 노인 고객들은 수의학적 관리나 동물들의 먹이를 지급하기로 하는 것을 포함한 후견인 계획을 포함하길 원할 수도 있습니다.[263] 수의사들은 그들의 걱정을 들어주거나, 그들을 인정하고 적절한 위탁시설을 제공해주면서 노인 고객들을 지지하며 의사소통할 수 있습니다.

반려동물 죽음과 노인들

반려동물의 죽음이 주인에게 영향을 준다는 것은 잘 알려져 있습니다. 자신의 개나 고양이가 죽은 수의학 고객들을 조사한 결과 대부분의 고객은 반려동물의 죽음으로 영향을 받았다 했고, 30%의 고객들은 심각한 슬픔을 보였습니다.[264] 고객들은 수의사들에게 그들의 반려동물이 죽었을 때 공감과 지지를 보여주길 바랐습니다.[265] 젊은 사람보다 노인들이 반려동물 죽음에 대한 슬픔이 더 심각하다고 생각되지만, 몇몇 연구들은 나이는 슬픔의 단계와 반비례한다고 알려져 있습니다.[264,265] 아마도, 주인의 나이로 슬픔의 반응을 예견하기보다는, 반려동물 죽음을 대처하는 노인들의 방법에 영향을 주는 다른 요인들이 존재하는 것으로 보입니다. 노인 고객들의 특별한 요구에 대해 민감한 수의사들은 노인들의 단어와 행동을 통해 공감하면서 의사소통하는 경향이 있습니다.[242,266]

노인들에게 반려동물의 죽음은 사회관계에 중대한 영향을 미치게 됩니다. 동물에 대한 애착의 강도가 동물의 죽음 이후 슬픔의 단계와 양의 상관관계를 갖는다는 것을 이전 연구에서 보여 주었습니다.[264] 노인들은 다른 사람들보다 더 강한 애착을 보이는 것으로 나타났습니다.[267] 노인 중 다른 사람과 살거나 적절한 사회적 부양을 받는 경우보다 사회적으로 고립된 사람들이 죽음을 대처하는 데 더 어려움을 겪는다고 하였습니다.[266,268] 또한, 몇몇 노인들은 반려동물의 죽음이 그들의 주된 사회적 부양과 사회적 접촉의 상실을 의미하기도 합니다.

반려동물의 죽음을 예상하거나 실제로 겪는 것을 직면하는 사람들은 추억들과 그전 죽음들의 반응들이 유발될 수 있습니다.[242] 젊은 사람들과 달리, 노인분들은 그들의 인생의 과정에서 더 많은 죽음을 마주했을 경향이 있습니다.[137] 게다가, 근래에 다수의 죽음을 겪은 사람들에게는 반려동물의 죽음은 슬픔의 감정이 복합적으로 밀려오게 할 수 있습니다. 노인들이 과거에 반려동물을 키웠을 가능성이 있다는 것을 고려하면, 반려동물의 죽음 그리고 안락사로 인한 또 다른 경험을 겪게 되는 것입니다.[137,229] 안락사와 같은 결정들이 지시되면, 수의사들은 치료 계획들을 구상할 때, 노인들과 그전의 경험들에 관해서 얘기해보는 것이 필요합니다. 그럼으로써, 수의사들은 고객들의 기대와 요구가 적절히 전달되는지에 대해 확신할 수 있게 됩니다.

노인들에게, 반려동물의 예정된 혹은 실제 죽음이 그들 자신의 죽음에 대해서 생각하게 할 수 있습니다. 비록 수의사들도 이러한 슬픔과 죽음의 문제에 대해서 전달하기 불편할 수 있지만, 이러한 걱정에 주의를 기울이는 것이 고객들에게 큰 영향을 끼칠 수 있습니다. 수의사들은 노인 고객들이 슬픔과 죽음의 문제에 대해 대처할 때, 이러한 것이 정상적인 느낌이라는 것을 알고 있어야 합니다. 노인들은 특히, 슬픔과 죽음을 대함에 따라 우울과 자살의 위험에 있을 수도 있습니다.[269,270] 죽음에 대한 고객의 반응이 심각하거나 오래 지속되거나 자살에 대한 걱정이 있다면 정신 건강 전문가들의 상담을 받게 하는 것이 필수적입니다.

노인의 숫자가 많아지면서, 수의사들은 이러한 범주에 있는 사람들에게 수의학적 치료를 할 기회들이 점점 증가하고 있습니다. 비록 수의학에서 몇몇 사람들이 노인 고객들에 대한 의사소통 필요성을 논의하기 시작했지만,[242,245] 대부분 인의학 분야에서부터 나온 경험주의적인 것이 있습니다. 비록 이 문제에 통해서 논의된 많은 의사소통 전략들이 노인들에게 적용할 수 있지만, 노인들은 수의학적 관리에 영향을 주는 특별한 요소들을 가지고 있습니다.

노인들과 일하기 위한 세부적 조언들

노인에 대한 당신의 편견을 자각하고 연령 차별 주의적 언어를 자제합니다. 예를 들면, 노인들이 나약하고, 어린애 같고 무력함을 암시하는 깔보는 듯한 단어를 사용하지 말아야 합니다.

노인들이 직면한 나이와 관련된 가능한 물리적 변화(시력, 청력 등)를 염두에 두도록 합니다.

진료 예약을 잡을 때 더 유연하게 잡습니다. 노인 고객들은 이동에 관해 다른 사람에 의존적이고 더 긴 진료 시간이 필요할 수 있습니다.

진료와 자료에 접근할 수 있게 돕고 모든 고객에게 호의적이어야 합니다. (예 신체적 장애가 있는 사람들에게 병원은 쉽게 접근할 수 있어야 하며, 큰 글자 서류들이 좋다.)

문서 자료들과 시각적 보조, 말로 하는 의사소통을 보완합니다. 퇴원서류자료는 간단하게 쓰게 하고 안경 등의 보조품을 공급합니다. 개인적 전화 통화 수단으로 고객과 진료 후에 추적 관찰을 합니다. "'사랑이'에게 약을 먹일 때 어떻게 하고 계실까요?"

진료가 끝났을 때, 고객이 추가적 질문이 없는지를 반드시 물어야 합니다. 이것은 이전의 생각 나지 않았던 질문이나 걱정에 대해서 말할 기회를 줄 수 있습니다. 예를 들어 "오늘 진료에서 많은 이야기를 나누었습니다. '사랑이' 치료에서 다른 질문은 무엇이 있나요?"

안락사를 논의할 때 고객의 이전 경험들과 기대에 관해서 물어보도록 합니다. 그래서 무엇이 가장 좋은 방식으로 고객의 요구를 맞출 수 있을지 확인합니다. "보호자님의 삶에서 과거에 반려동물을 안락사를 고려했을 때에 대해서 말씀해 주실래요?"

　반려동물이 죽었을 경우, 노인들의 정상적인 슬픔 반응과 특별한 위험들에 대해서 알고 있어야 합니다. 필요하다면, 정신 건강 전문가들에게 도움을 요청하도록 합니다.

전체적 요약

　수의사들은 넘쳐나는 의학적 테크닉, 기술들, 그리고 지식을 이용해 그들의 고객들과 사회 전반에 영향을 줄 수 있습니다. 이러한 영향 중에는, 성공적인 소동물 치료에 있어서 의사소통 기법들은 필수적이라 하겠습니다. 수의사들이 환자들과 일할 때, 그들은 의심의 여지 없이 남은 수명의 모든 면에 대해 직면하게 됩니다. 이번 장에서는 어린이와 노인과 소통하면서 일어날 수 있는 몇몇의 문제와 요인을 설명하였습니다. 전반적으로 공감대 있고, 존경심 있고, 진솔한 의사소통은 수의사와 고객의 관계를 향상하며, 수의학 분야 전체의 이익에 이바지할 수 있게 됩니다.

참고 문헌

1. Morrisey JK, Voiland B: Difficult interactions with veterinary clients: working in the challenge zone. The Veterinary clinics of North America Small animal practice 37:65-77; abstract viii, 2007.

2. Shaw JR, Adams CL, Bonnett BN, et al: Use of the Roter interaction analysis system to analyze veterinarian-client-patient communication in companion animal practice. Journal of the American Veterinary Medical Association 225:222-229, 2004.

3. Brown JP, Silverman JD: The current and future market for veterinarians and veterinary medical services in the United States. Journal of the American Veterinary Medical Association 215:161-183, 1999.

4. Cron WL, Slocum Jr JV, Goodnight DB, et al: Executive summary of the Brakke management and behavior study. Journal of the American Veterinary Medical Association 217:332-338, 2000.

5. 한국수의학교육인증원: 2020 OIE권고 수의학교육 졸업역량의 직무실기와 수행항목(http://www.abovek.or.kr/board/list.asp?tablename=tblBoardAbovekData), 2020.

6. Lloyd JW, Walsh DA: Template for a recommended curriculum in "Veterinary Professional Development and Career Success". Journal of Veterinary Medical Education 29:84-93, 2002.

7. Lloyd JW, King LJ: What are the veterinary schools and colleges doing to improve the nontechnical skills, knowledge, aptitudes, and attitudes of veterinary students? Journal of the American Veterinary Medical Association 224:1923-1924, 2004.

8. Frankel R, Stein T: The four habits of highly effective clinicians. The Permanente Journal 3:79-88, 1999.

9. Beach M: Relationship-centered care: A constructive reframing/M. Beach, T. Inui, Relationship-Centered Care Research Team. Journal of General Internal Medicine:53-58, 2006.

10. Frankel R, Stein T: The four habits of highly effective clinicians: a practical guide. Physical Education and Development 31:78-91, 1996.

11. Frankel R, Stein T, Krupat E: The four habits approach to effective clinical communication. Oakland, CA: Kaiser Permanente, 2003.

12. Stein T, Frankel RM, Krupat E: Enhancing clinician communication skills in a large healthcare organization: a longitudinal case study. Patient education and counseling 58:4-12, 2005.

13. Adams CL, Frankel RM: It may be a dog's life but the relationship with her owners is also key to her health and well being: communication in veterinary medicine. Veterinary Clinics: Small Animal Practice 37:1-17, 2007.

14. Arborelius E, Bremberg S: What can doctors do to achieve a successful consultation? Videotaped interviews analysed by the 'consultation map'method. Family Practice 9:61-67, 1992.

15. Ambady N, LaPlante D, Nguyen T, et al: Surgeons' tone of voice: a clue to malpractice history. Surgery 132:5-9, 2002.

16. Levinson W, Roter DL, Mullooly JP, et al: Physician-patient communication: the relationship with malpractice claims among primary care physicians and surgeons. Jama 277:553-559, 1997.

17. Kurtz S, Silverman J, Draper J, et al: Teaching and learning communication skills in medicine, CRC press, 2017.

18. Henbest RJ, Stewart M: Patient-centredness in the consultation. 2: Does it really make a difference? Family Practice 7:28-33, 1990.

19. Silverman J, Kurtz S, Draper J: Skills for communicating with patients, crc press, 2016.

20. Frankel RM, Stein T: Getting the most out of the clinical encounter: the four habits model. Perm J 3:79-88, 1999.

21. Henbest RJ, Stewart MA: Patient-centredness in the consultation. 1: A method for measurement. Family practice 6:249-253, 1989.

22. Stewart M, Brown JB, Weston WW: Patient-centred interviewing part III: five provocative questions. Canadian Family Physician 35:159, 1989.

23. Ontario HSGotUoW: Predictors of Outcome in Headache Patients Presenting to Family Physicians-a One Year Prospective Study. Headache: The Journal of Head and Face Pain 26:285-294, 1986.

24. Aspden P, Aspden P: Preventing medication errors, National

Acad. Press, 2007.

25. Braddock III CH, Edwards KA, Hasenberg NM, et al: Informed decision making in outpatient practice: time to get back to basics. Jama 282:2313-2320, 1999.

26. Pantell RH, Stewart TJ, Dias JK, et al: Physician communication with children and parents. Pediatrics 70:396-402, 1982.

27. Staiger TO, Jarvik JG, Deyo RA, et al: Patient-Physician Agreement as a Predictor of Outcomes in Patients with Back Pain. Journal of General Internal Medicine 18:233-234, 2003.

28. Tuckett D, Boulton M, Olson C, et al: Meetings between experts: An approach to sharing ideas among medical experts. London: Tavistock, 1985.

29. Suchman AL, Markakis K, Beckman HB, et al: A model of empathic communication in the medical interview. Jama 277:678-682, 1997.

30. Lester GW, Smith SG: Listening and talking to patients. A remedy for malpractice suits? Western Journal of Medicine 158:268, 1993.

31. Branch WT, Malik TK: Using'windows of opportunities' in brief interviews to understand patients' concerns. Jama 269:1667-1668, 1993.

32. Horowitz CR, Suchman AL, Branch Jr WT, et al: What do doctors find meaningful about their work?, in, Vol American College of Physicians, 2003.

33. DiMatteo MR, Taranta A, Friedman HS, et al: Predicting patient satisfaction from physicians' nonverbal communication skills. Medical care:376-387, 1980.

34. Milmoe S, Rosenthal R, Blane HT, et al: The doctor's voice: postdictor of successful referral of alcoholic patients. Journal of abnormal psychology 72:78, 1967.

35. Cole SA, Bird J: The Medical Interview E-Book: The Three Function Approach, Elsevier Health Sciences, 2013.

36. Hardee JT, Platt FW, Kasper IK: Discussing health care costs with patients. Journal of general internal medicine 20:666-669, 2005.

37. Grueninger UJ, Duffy FD, Goldstein MG: Patient education in the medical encounter: how to facilitate learning, behavior change, and coping, in The medical interview, Vol Springer, 1995, pp 122-133.

38. Covey S: The seven habits of highly successful people. Fireside/Simon & Schuster, 1989.

39. Donaldson MS, Corrigan JM, Kohn LT: To err is human: building a safer health system. 2000.

40. Coiera E, Tombs V: Communication behaviours in a hospital setting: an observational study. Bmj 316:673-676, 1998.

41. Sutcliffe KM, Lewton E, Rosenthal MM: Communication failures: an insidious contributor to medical mishaps. Academic medicine 79:186-194, 2004.

42. Lewis RE, Klausner JS: Nontechnical competencies underlying career success as a veterinarian. Journal of the American Veterinary Medical Association 222:1690-1696, 2003.

43. Luecke R: Creating teams with an edge: The complete skill set to build powerful and influential teams, Harvard Business School Press, 2004.

44. Hackman JR, Hackman RJ: Leading teams: Setting the stage for great performances, Harvard Business Press, 2002.

45. Lencioni P: Overcoming the Five Dysfunctions of a Team: A Field Guide for Leaders. Managers and, 2005.

46. Wolfe T: The Electric Kool-Aid Acid Test. 1968. London: Picador, 2008.

47. Collins J: Good to Great-(Why some companies make the leap and others don't), in, Vol SAGE Publications Sage India: New Delhi, India, 2009.

48. Goleman D: Emotional intelligence: Why it can matter more than IQ, Bantam, 2012.

49. Drath W: Leading together: Complex challenges require a new approach, Center for Creative Leadership, 2003.

50. Pendleton D, King J: Values and leadership. Bmj 325:1352-1355, 2002.

51. Lencioni P: The five dysfunctions of a team. Pfeiffer, a Wiley Imprint, San Francisco, 2012.

52. Katzenbach JR, Smith DK: The discipline of teams: A mindbook-workbook for delivering small group performance, John Wiley & Sons, 2001.

53. Cloke K, Goldsmith J: Understanding the culture and context of conflict: resolving conflicts at work. 2001.

54. Sharpe D, Johnson E: Managing conflict with your boss, John Wiley & Sons, 2011.

55. Grumbach K, Bodenheimer T: Can health care teams improve primary care practice? Jama 291:1246-1251, 2004.

56. Roter DL, Stewart M, Putnam SM, et al: Communication patterns of primary care physicians. Jama 277:350-356, 1997.

57. Hall JA, Dornan MC: Meta-analysis of satisfaction with medical care: description of research domain and analysis of overall satisfaction levels. Social science & medicine 27:637-644, 1988.

58. Stewart MA: Effective physician-patient communication and health outcomes: a review. CMAJ: Canadian medical association journal 152:1423, 1995.

59. Levinson W: Physician-patient communication: a key to malpractice prevention. Jama 272:1619-1620, 1994.

60. Hobma S, Ram P, Muijtjens A, et al: Effective improvement of doctor-patient communication: a randomised controlled trial. British Journal of General Practice 56:580-586, 2006.

61. Charles C, Gafni A, Whelan T: Decision-making in the physician-patient encounter: revisiting the shared treatment decision-making model. Social science & medicine 49:651-661, 1999.

62. Levinson W, Kao A, Kuby A, et al: Not all patients want to partici-pate in decision making: a national study of public preferences. Journal of general internal medicine 20:531-535, 2005.

63. Shaw J, Adams C, Bonnett B, et al: A description of veterinarian-client-patient communication using the Roter Method of Interac-tion Analysis. J Am Vet Med Assoc 225:222-229, 2004.

64. Shaw JR, Bonnett BN, Adams CL, et al: Veterinarian-client-patient communication patterns used during clinical appointments in companion animal practice. Journal of the American Veterinary Medical Association 228:714-721, 2006.

65. Keller VF, Carroll JG: A new model for physician-patient commu-nication. Patient Education and Counseling 23:131-140, 1994.

66. Cornell KK, Kopcha M: Client-veterinarian communication: skills for client centered dialogue and shared decision making. Veteri-nary clinics: small animal practice 37:37-47, 2007.

67. Bonvicini K, Keller VF: Academic faculty development: the art and practice of effective communication in veterinary medicine. Jour-nal of Veterinary Medical Education 33:50-57, 2006.

68. Spiro HM, Curnen MGM, Peschel E, et al: Empathy and the prac-tice of medicine: beyond pills and the scalpel, Yale University Press, 1993.

69. Carson CA: Nonverbal communication in veterinary practice. Veterinary Clinics: Small Animal Practice 37:49-63, 2007.

70. Lagoni L, Morehead D, Brannan J, et al: Guidelines for a bond-centered practice. Argus Institute: Colorado State University, Fort Collins, CO Bond-Centered Animal Hospice and Palliative Care 55, 2001.

71. Lagoni L, Durrance D: Connecting with clients: Practical communication techniques for 15 common situations, Amer Animal Hospital Assn, 1998.

72. Ambady N, Rosenthal R: Thin slices of expressive behavior as predictors of interpersonal consequences: A meta-analysis. Psychological bulletin 111:256, 1992.

73. Beckman HB, Markakis KM, Suchman AL, et al: The doctor-patient relationship and malpractice: lessons from plaintiff depositions. Archives of internal medicine 154:1365-1370, 1994.

74. Argyle M: Bodily communication, Routledge, 2013.

75. Hall ET, Hall T: The silent language, Anchor books, 1959.

76. Clark PA: Medical practices' sensitivity to patients' needs: opportunities and practices for improvement. The Journal of ambulatory care management 26:110-123, 2003.

77. Carson CA: Nonverbal communication in veterinary practice. The Veterinary clinics of North America Small animal practice 37:49-63; abstract viii, 2007.

78. Coakley CG, Halone KK, Wolvin AD: Perceptions of listening ability across the life-span: Implications for understanding listening competence. International Journal of Listening 10:21-48, 1996.

79. Brownell J: Listening: Attitudes, principles, and skills, Routledge, 2017.

80. Kirwan M: Basic communication skills. Handbook of veterinary communication skills:1-24, 2010.

81. Boggs KU: Interpersonal relationships: professional communication skills for nurses, Saunders, 2003.

82. Pichert JW, Miller CS, Hollo AH, et al: What health professionals can do to identify and resolve patient dissatisfaction. The Joint Commission journal on quality improvement 24:303-312, 1998.

83. White MK, Keller VF: Difficult clinician-patient relationships. JCOM-WAYNE PA- 5:32-38, 1998.

84. Argyris C: Teaching smart people how to learn. Harvard business review 69, 1991.

85. Switankowsky IS: The Intelligent Patient's Guide to the Doctor-Patient Relationship: Learning How to Talk So Your Doctor Will Listen, by Barbara M. Korsch and Caroline Harding. Humane Health Care International 6:1p, 2006.

86. Sanders B: Fabled service: Ordinary acts, extraordinary outcomes, Jossey-Bass, 1995.

87. Klingborg DJ, Klingborg J: Talking with veterinary clients about money. Veterinary Clinics: Small Animal Practice 37:79-93, 2007.

88. Holloway J: Talking dollars. Money Matters 1:1-2, 2003.

89. Borglum K: Talking patients about costs. Sonoma Medicine 55:1-5, 2004.

90. Getz M: Veterinary medicine in economic transition, Iowa State University Press., 1997.

91. Milani MM: The art of veterinary practice: a guide to client communication, University of Pennsylvania Press, 1995.

92. Brem J: Women make the best salesmen. New York: Currency Doubleday:131, 2004.

93. Association AAH: The path to high-quality care: practical tips for improving compliance, American Animal Hospital Association, 2003.

94. Kapral MK, Devon J, Winter A-L, et al: Gender differences in stroke care decision-making. Medical care:70-80, 2006.

95. Gardner D: Ten lessons in collaboration. Online journal of issues in nursing 10, 2005.

96. Gladwell M: Blink: The power of thinking without thinking. 2006.

97. Fogarty LA, Curbow BA, Wingard JR, et al: Can 40 seconds of compassion reduce patient anxiety? Journal of Clinical Oncology

17:371-371, 1999.

98. Venette SJ: Special section introduction: Best practices in risk and crisis communication. Journal of Applied Communication Research 34:229-231, 2006.

99. Sibbald B: Adrenaline junkies. Cmaj 169:942-943, 2003.

100. Fettman MJ, Rollin BE: Modern elements of informed consent for general veterinary practitioners. Journal of the American Veterinary Medical Association 221:1386-1393, 2002.

101. Ptacek J, Eberhardt TL: Breaking bad news: a review of the literature. Jama 276:496-502, 1996.

102. Ptacek J, Leonard K, McKee TL: "I've Got Some Bad News···": Veterinarians' Recollections of Communicating Bad News to Clients 1. Journal of Applied Social Psychology 34:366-390, 2004.

103. Fallowfield L, Jenkins V: Communicating sad, bad, and difficult news in medicine. The Lancet 363:312-319, 2004.

104. Brewin TB: Three ways of giving bad news. The Lancet 337:1207-1209, 1991.

105. Baile WF, Buckman R, Lenzi R, et al: SPIKES—a six–step protocol for delivering bad news: application to the patient with cancer. The oncologist 5:302-311, 2000.

106. Hobgood C, Harward D, Newton K, et al: The educational intervention "GRIEV_ING" improves the death notification skills of residents. Academic Emergency Medicine 12:296-301, 2005.

107. Keller VF, Goldstein MG, Runkle C: Strangers in crisis: communication skills for the emergency department clinician and hospitalist. JCOM 9, 2002.

108. Mast MS, Kindlimann A, Langewitz W: Recipients' perspective on breaking bad news: How you put it really makes a difference. Patient education and counseling 58:244-251, 2005.

109. Buckman R, Lipkin Jr M, Sourkes BM, et al: Strategies and skills for breaking bad news. Patient Care 31:61-69, 1997.

110. Byock I: The Four Things That Matter Most-: A Book About Living, Simon and Schuster, 2014.

111. Volk JO, Schimmack U, Strand EB, et al: Executive summary of the Merck Animal Health Veterinarian Wellbeing Study II. Journal of the American Veterinary Medical Association 256:1237-1244, 2020.

112. Cohen SP: Compassion fatigue and the veterinary health team. Veterinary Clinics: Small Animal Practice 37:123-134, 2007.

113. Lev-Wiesel R, Amir M: Secondary traumatic stress, psychological distress, sharing of traumatic reminisces, and marital quality among spouses of Holocaust child survivors. Journal of Marital and Family Therapy 27:433-444, 2001.

114. Follette VM, Polusny MM, Milbeck K: Mental health and law enforcement professionals: Trauma history, psychological symptoms, and impact of providing services to child sexual abuse survivors. Professional psychology: Research and practice 25:275, 1994.

115. Figley C: Strangers at home: Comment on Dirkzwager. Bramsen, Ader, and, 2005.

116. Chung MC, Chung MC, Farmer S, et al: Traumatic stress and ways of coping of community residents exposed to a train disaster. Australian & New Zealand Journal of Psychiatry 35:528-534, 2001.

117. Pfefferbaum B, Seale TW, McDonald NB, et al: Posttraumatic stress two years after the Oklahoma City bombing in youths geographically distant from the explosion. Psychiatry 63:358-370, 2000.

118. Figley C, Kiser L: Helping traumatized families, Routledge, 2013.

119. Figley CR: Compassion fatigue: Toward a new understanding of the costs of caring. 1995.

120. Melamed S, Ugarten U, Shirom A, et al: Chronic burnout, somatic arousal and elevated salivary cortisol levels. Journal of psychosomatic research 46:591-598, 1999.

121. Bakker AB, Killmer CH, Siegrist J, et al: Effort-reward imbalance and burnout among nurses. Journal of advanced nursing 31:884-891, 2000.

122. Whippen DA, Canellos GP: Burnout syndrome in the practice of oncology: results of a random survey of 1,000 oncologists. Journal of Clinical Oncology 9:1916-1920, 1991.

123. Yehuda R: Biology of posttraumatic stress disorder. Journal of Clinical Psychiatry 62:41-46, 2001.

124. Gilbertson MW, Shenton ME, Ciszewski A, et al: Smaller hippocampal volume predicts pathologic vulnerability to psychological trauma. Nature neuroscience 5:1242-1247, 2002.

125. Seedat S, Stein MB: Post-traumatic stress disorder: A review of recent findings. Current psychiatry reports 3:288-294, 2001.

126. Breslau N: Epidemiologic studies of trauma, posttraumatic stress disorder, and other psychiatric disorders. The Canadian Journal of Psychiatry 47:923-929, 2002.

127. Silverman GK, Johnson JG, Prigerson HG: Preliminary explorations of the effects of prior trauma and loss on risk for psychiatric disorders in recently widowed people. Israel Journal of Psychiatry 38:202, 2001.

128. Green B: Post-traumatic stress disorder: symptom profiles in men and women. Current Medical Research and Opinion 19:200-204, 2003.

129. Flannelly KJ, Roberts RSB, Weaver AJ: Correlates of compassion fatigue and burnout in chaplains and other clergy who responded to the September 11th attacks in New York City. Journal of Pastoral Care & Counseling 59:213-224, 2005.

130. Goleman D: Those who stay calm in disasters face psychological risk, studies say. The New York Times:20, 1994.

131. Bellini LM, Shea JA: Mood change and empathy decline persist during three years of internal medicine training. Academic Medicine 80:164-167, 2005.

132. Rollin BE: Euthanasia and moral stress. Loss, Grief & Care 1:115-126, 1987.

133. Bartholomew JB, Morrison D, Ciccolo JT: Effects of acute exercise on mood and well-being in patients with major depressive disorder. Medicine and science in sports and exercise 37:2032, 2005.

134. Babyak M, Blumenthal JA, Herman S, et al: Exercise treatment for major depression: maintenance of therapeutic benefit at 10 months. Psychosomatic medicine 62:633-638, 2000.

135. Harp D, Smiley N: The Three Minute Meditator, Mind's i Press, 2007.

136. AVMA: US pet ownership and demographics sourcebook, in, Vol AVMA Schaumburg, Ill, 2007.

137. Ross CB, Baron-Sorensen J: Pet loss and human emotion: Guiding clients through grief, Taylor & Francis, 1998.

138. Gibson R, Singh JP: Wall of silence: the untold story of the medical mistakes that kill and injure millions of Americans, Regnery Publishing, 2003.

139. Russell R: Preparing veterinary students with the interactive skills to effectively work with clients and staff. J Vet Med Educ 21:1-5, 1994.

140. Shaw JR, Adams CL, Bonnett BN: What can veterinarians learn from studies of physician-patient communication about veteri-

narian-client-patient communication? Journal of the American Veterinary Medical Association 224:676-684, 2004.

141. Stobbs C: Communication–a key skill in practice. In Practice 21:341-342, 1999.

142. Osborne CA: Client confidence in veterinarians: how can it be sustained? Journal of the American Veterinary Medical Association 221:936-938, 2002.

143. O'Connell D, Reifsteck SW: Disclosing unexpected outcomes and medical error. The Journal of medical practice management: MPM 19:317-323, 2004.

144. Leape LL: Errors in medicine. Clinica chimica acta 404:2-5, 2009.

145. Charles SC: Coping with a medical malpractice suit. Western Journal of Medicine 174:55, 2001.

146. Wilson J: Limited legal liability in zoonotic cases. NAVC Clin Brief, 2005.

147. Schneider B, Bowen DE: Understanding customer delight and outrage. Sloan management review 41:35-45, 1999.

148. Gorman C: Clients, pets and vets: communication and management, Threshold Press Ltd, 2000.

149. O'Connell D, Keller VF: Communication: A risk management tool. JCOM-WAYNE PA- 6:35-38, 1999.

150. Witman AB, Park DM, Hardin SB: How do patients want physi-

cians to handle mistakes?: A survey of internal medicine patients in an academic setting. Archives of internal medicine 156:2565-2569, 1996.

151. Cupp Jr RL, Dean AE: Veterinarians in the Doghouse-Are Pet Suits Economically Viable. Brief 31:43, 2001.

152. Lazare A: On apology, Oxford University Press, 2005.

153. Baker LH, O'connell D, Platt FW: "What else?" Setting the agenda for the clinical interview. Annals of internal medicine 143:766-770, 2005.

154. Vincent C: Understanding and responding to adverse events. N Engl J Med 348:1051-1056, 2003.

155. Kraman SS, Hamm G: Risk management: extreme honesty may be the best policy. Annals of internal medicine 131:963-967, 1999.

156. Gallagher TH, Lucas MH: Should we disclose harmful medical errors to patients? If so, how. J Clin Outcomes Manag 12:253-259, 2005.

157. Vincent C, Phillips A, Young M: Why do people sue doctors? A study of patients and relatives taking legal action. The Lancet 343:1609-1613, 1994.

158. Mazor KM, Simon SR, Yood RA, et al: Health plan members' views about disclosure of medical errors. Annals of internal medicine 140:409-418, 2004.

159. Webster's I: new riverside dictionary (Rev. ed.).(1996), in, Vol Boston: Houghton Mifflin.

160. Organization WH: Adherence to long-term therapies: evidence for action, World Health Organization, 2003.

161. Roter D, Hall JA: Doctors talking with patients/patients talking with doctors: improving communication in medical visits, Greenwood Publishing Group, 2006.

162. Vermeire E, Hearnshaw H, Van Royen P, et al: Patient adherence to treatment: three decades of research. A comprehensive review. Journal of clinical pharmacy and therapeutics 26:331-342, 2001.

163. DiMatteo MR, Giordani PJ, Lepper HS, et al: Patient adherence and medical treatment outcomes a meta-analysis. Medical care:794-811, 2002.

164. Adams VJ, Campbell JR, Waldner CL, et al: Evaluation of client compliance with short-term administration of antimicrobials to dogs. Journal of the American Veterinary Medical Association 226:567-574, 2005.

165. Grave K, Tanem H: Compliance with short-term oral antibacterial drug treatment in dogs. Journal of Small Animal Practice 40:158-162, 1999.

166. Nelson R, Mshar P, Cartter M, et al: Public awareness of rabies and compliance with pet vaccination laws in Connecticut, 1993. Journal of the American Veterinary Medical Association 212:1552-

1555, 1998.

167. Barter LS, Watson A, Maddison J: Owner compliance with short term antimicrobial medication in dogs. Australian Veterinary Journal 74:277-280, 1996.

168. Barter LS, Maddison J, Watson A: Comparison of methods to assess dog owners' therapeutic compliance. Australian veterinary journal 74:443-446, 1996.

169. Miller BR, Harvey CE: Compliance with oral hygiene recommendations following periodontal treatment in client-owned dogs. Journal of veterinary dentistry 11:18-19, 1994.

170. Cleemput I, Kesteloot K, DeGeest S: A review of the literature on the economics of noncompliance. Room for methodological improvement. Health policy 59:65-94, 2002.

171. Abood SK: Increasing adherence in practice: making your clients partners in care. Veterinary Clinics: Small Animal Practice 37:151-164, 2007.

172. Wayner CJ, Heinke ML: Compliance: crafting quality care. Veterinary Clinics: Small Animal Practice 36:419-436, 2006.

173. Frankel RM: Pets, vets, and frets: What relationship-centered care research has to offer veterinary medicine. Journal of veterinary medical education 33:20-27, 2006.

174. Krupat E, Frankel R, Stein T, et al: The Four Habits Coding Scheme: validation of an instrument to assess clinicians' commu-

nication behavior. Patient education and counseling 62:38-45, 2006.

175. Prevention OoD, Promotion H: US Department of Health and Human Services: Healthy People 2010. http://www/health/gov/ healthypeople/, 2000.

176. Baker DW, Gazmararian JA, Sudano J, et al: The association between age and health literacy among elderly persons. The Journals of Gerontology Series B: Psychological Sciences and Social Sciences 55:S368-S374, 2000.

177. Safeer RS, Keenan J: Health literacy: the gap between physicians and patients. American family physician 72:463-468, 2005.

178. Zagaria M: Raising Awareness for Optimal Health Communication. US PHARMACIST 29:41-49, 2004.

179. Haidt J: The emotional dog and its rational tail: a social intuitionist approach to moral judgment. Psychological review 108:814, 2001.

180. Rollin B: An Introduction to veterinary ethics: theory and cases. Ames, IA: Iowa State University Press [Google Scholar], 1999.

181. Koehn D: The ground of professional ethics, Routledge, 2006.

182. Wasserstrom R: Lawyers as professionals: Some moral issues. Human Rights:1-24, 1975.

183. Wilson JF, Nemoy JD, Fishman AJ: Contracts, benefits, and prac-

tice management for the veterinary profession, Priority Press, 2006.

184. Bayles MD: Professional ethics, Wadsworth, 1989.

185. Association AVM: Veterinarian's oath. Schaumburg (IL): American Veterinary Medical Association, 2004.

186. Association AVM: Principles of veterinary medical ethics of the American Veterinary Medical Association. Schaumburg (IL): American Veterinary Medical Association:5, 2009.

187. Tannenbaum J: Veterinary medical ethics: a focus of conflicting interests. Journal of Social Issues 49:143-156, 1993.

188. Rollin BE: Updating veterinary medical ethics. Journal of the American Veterinary Medical Association, 1978.

189. Tannenbaum J: Veterinary medical ethics: animal welfare, client relations, competition and collegiality, in, Vol St. Louis: Mosby-Year Book, 1995.

190. SWABE A: Veterinary dilemmas: ambiguity and. Companion animals and us: Exploring the relationships between people and pets:292, 2000.

191. Paterson DA, Palmer M: The status of animals: ethics, education and welfare. 1989.

192. Odendaal J: The practicing veterinarian and animal welfare as a human endeavour. Applied Animal Behaviour Science 59:85-91, 1998.

193. Legood G: Veterinary ethics, Bloomsbury Publishing, 2000.

194. Williams V: Conflicts of interest affecting the role of veterinarians in animal welfare. ANZCCART News 15:1-3, 2002.

195. McCullough LB, Morris JP: Implications of History and Ethics to Medicine--veterinary and Human. 1978.

196. Taylor A: Animals and ethics, broadview Press, 2009.

197. Carruthers P: The animals issue: Moral theory in practice, Cambridge University Press, 1992.

198. Narueson J: Animal rights revisited, in Ethics and animals, Vol Springer, 1983, pp 45-59.

199. Rollin BE: Animal rights & human morality, Prometheus Books, 2010.

200. Atwood-Harvey D: Death or declaw: dealing with moral ambiguity in a veterinary hospital. Society & Animals 13:315-342, 2005.

201. Swabe J: Animals, disease and human society: human-animal relations and the rise of veterinary medicine, Routledge, 2002.

202. Patronek GJ: Issues for veterinarians in recognizing and reporting animal neglect and abuse. Society & Animals 5:267-280, 1997.

203. Singer P: Practical ethics, Cambridge university press, 2011.

204. Singer P: Animal liberation, in Animal rights, Vol Springer, 1973, pp 7-18.

205. Regan T: The case for animal rights, in Advances in animal welfare science 1986/87, Vol Springer, 1987, pp 179-189.

206. Burgess-Jackson K: Doing right by our companion animals. The Journal of Ethics 2, 1998.

207. Varner G: Pets, companion animals, and domesticated partners. Ethics for everyday:450-475, 2002.

208. Rollin BE: The concept of illness in veterinary medicine. Journal of the American Veterinary Medical Association 182:122-125, 1983.

209. Tonelli MR: Substituted judgment in medical practice: evidentiary standards on a sliding scale. Journal of law, medicine & ethics 25:22-29, 1997.

210. Brock DW: Good decisionmaking for incompetent patients. The Hastings Center Report 24:S8-S11, 1994.

211. McMillan FD: Quality of life in animals. Journal of the American Veterinary Medical Association 216:1904-1910, 2000.

212. Hewson CJ: Why the theme animal welfare? Journal of veterinary medical education 32:416-418, 2005.

213. Hewson CJ: Can we assess welfare? The Canadian Veterinary Journal 44:749, 2003.

214. Hewson CJ: Focus on animal welfare. The Canadian Veterinary Journal 44:335, 2003.

215. Wojciechowska JI, Hewson CJ: Quality-of-life assessment in pet dogs. Journal of the American Veterinary Medical Association 226:722-728, 2005.

216. Morgan CA: Stepping up to the plate: animal welfare, veterinarians, and ethical conflicts. University of British Columbia, 2009.

217. McDonald M: Medical research and ethnic minorities, in, Vol The Fellowship of Postgraduate Medicine, 2003.

218. Emanuel EJ, Emanuel LL: Four models of the physician-patient relationship. Jama 267:2221-2226, 1992.

219. Fulford K: Facts/values: ten principles of values-based medicine. The philosophy of psychiatry: a companion (e-book), in, Vol Oxford University Press, New York, 2004.

220. Rollin BE: The use and abuse of Aesculapian authority in veterinary medicine. Journal of the American Veterinary Medical Association 220:1144-1149, 2002.

221. McDonald M, Rodney P, Starzomski R: A framework for ethical decisionmaking: version 6.0 ethics shareware. January,[On-line] Available: www ethics ubc ca/people/mcdonald/decisions htm, 2001.

222. Mullan S, Main D: Principles of ethical decision-making in veterinary practice. In Practice 23:394-401, 2001.

223. Pritchard W: Future directions for veterinary medicine. Durham, NC: PEW National Veterinary Medical Education Program. Insti-

tute for Policy Sciences and Public Affairs, Duke University, 1988.

224. Bristol DG: Using alumni research to assess a veterinary curriculum and alumni employment and reward patterns. Journal of Veterinary Medical Education 29:20-27, 2002.

225. Jalongo MR: On behalf of children, in, Vol Springer, 1995.

226. Association AVM: Veterinary economic statistics, 1987.

227. Jalongo MR, Astorino T, Bomboy N: Canine visitors: The influence of therapy dogs on young children's learning and well-being in classrooms and hospitals. Early Childhood Education Journal 32:9-16, 2004.

228. McNicholas J, Collis GM: Children's representations of pets in their social networks. Child: care, health and development 27:279-294, 2001.

229. Sharkin BS, Knox D: Pet loss: Issues and implications for the psychologist. Professional Psychology: Research and Practice 34:414, 2003.

230. Melson GF: Child development and the human-companion animal bond. American behavioral scientist 47:31-39, 2003.

231. Kidd AH, Kidd RM: Developmental factors leading to positive attitudes toward wildlife and conservation. Applied Animal Behaviour Science 47:119-125, 1996.

232. Lipkin Jr M, Putnam SM, Lazare A: The medical interview: clinical care, education, and research. 1995.

233. Belle D: Children's social networks and social supports, John Wiley & Sons, 1989.

234. Fogel A, Melson GF, Melson LG: Origins of nurturance: Developmental, biological, and cultural perspectives on caregiving, psychology press, 1986.

235. Melson GF, Schwarz R: Pets as social supports for families of young children, Proceedings, annual meeting of the Delta Society, New York, 1994 (available from

236. Melson GF, Fogel AF: Parental perceptions of their children's involvement with household pets: A test of a specificity model of nurturance. Anthrozoös 9:95-106, 1996.

237. Rost DH, Hartmann AH: Children and their pets. Anthrozoös 7:242-254, 1994.

238. Lloyd M, Bor R: Communication skills for medicine E-book, Elsevier Health Sciences, 2009.

239. Myerscough PR: Talking with patients: a basic clinical skill, Oxford University Press, USA, 1992.

240. Brandt J: The Ohio State University pet loss support and information line: a summary of calls. The Hotliner Newsletter:1-2, 2001.

241. Brandt JC, Grabill CM: Communicating with special populations: children and older adults. Veterinary Clinics: Small Animal Practice 37:181-198, 2007.

242. Lagoni L, Butler C, Hetts S: The human-animal bond and grief, WB Saunders Company, 1994.

243. Association AVM: US Pet Ownership and Demographics Source Book. Schaumberg, Ill. Center for Information Management, American Veterinary Medical Association, 2002.

244. Adelman RD, Greene MG, Ory MG: Communication between older patients and their physicians. Clinics in geriatric medicine 16:1-24, 2000.

245. Turnwald G, Baskett J: Effective communication with older clients. Journal of the American Veterinary Medical Association 209:725-726, 1996.

246. Greene MG, Adelman RD: Physician-older patient communication about cancer. Patient Education and Counseling 50:55-60, 2003.

247. Greene MG, Adelman R, Charon R, et al: Ageism in the medical encounter: An exploratory study of the doctor-elderly patient relationship. Language & Communication 6:113-124, 1986.

248. Ryan EB, Maclean M, Orange J: Inappropriate accommodation in communication to elders: Inferences about nonverbal correlates. The International Journal of Aging and Human Development 39:273-291, 1994.

249. ILLITERATE AF: Recognizing and overcoming inadequate health literacy, a barrier to care. Cleveland Clinic Journal of Medicine 69:415, 2002.

250. Iezzoni LI, Davis RB, Soukup J, et al: Quality dimensions that most concern people with physical and sensory disabilities. Archives of internal medicine 163:2085-2092, 2003.

251. Brock A: Vision, hearing problems in the elderly. Provider (Washington, DC) 25:101-105, 1999.

252. Raina P, Wong M, Dukeshire S, et al: Prevalence, risk factors and self-reported medical causes of seeing and hearing-related disabilities among older adults. Canadian Journal on Aging/La Revue canadienne du vieillissement 19:260-278, 2000.

253. Bade P: Hearing impairment and the elderly patient. Wisconsin medical journal 90:516-519, 1991.

254. Gates GA, Mills JH: Presbycusis. The lancet 366:1111-1120, 2005.

255. Fook L, Morgan R, Sharma P, et al: The impact of hearing on communication. Postgraduate medical journal 76:92-95, 2000.

256. Park HL, O'Connell JE, Thomson RG: A systematic review of cognitive decline in the general elderly population. International journal of geriatric psychiatry 18:1121-1134, 2003.

257. Sable P: Pets, attachment, and well-being across the life cycle. Social work 40:334-341, 1995.

258. Friedmann E, Thomas SA, Eddy TJ: Companion animals and human health: Physical and cardiovascular influences. Companion animals and us: Exploring the relationships between people and pets:125-142, 2000.

259. Siegel JM: Stressful life events and use of physician services among the elderly: the moderating role of pet ownership. Journal of personality and social psychology 58:1081, 1990.

260. Garrity TF, Stallones LF, Marx MB, et al: Pet ownership and attachment as supportive factors in the health of the elderly. Anthrozoös 3:35-44, 1989.

261. Enders-Slegers M-J: The meaning of companion animals: Qualitative analysis of the life histories of elderly cat and dog owners. Companion animals and us: Exploring the relationships between people and pets:237-256, 2000.

262. Rogers J, Hart LA, Boltz RP: The role of pet dogs in casual conversations of elderly adults. The Journal of social psychology 133:265-277, 1993.

263. Greene LA, Landis J: Saying good-bye to the pet you love: A complete resource to help you heal, New Harbinger Publications Incorporated, 2003.

264. Adams CL, Bonnett BN, Meek AH: Predictors of owner response to companion animal death in 177 clients from 14 practices in Ontario. Journal of the American Veterinary Medical Association 217:1303-1309, 2000.

265. Stutts J: Veterinarians and their human clients. Journal of the American Veterinary Medical Association, 1997.

266. Quackenbush JE: Pet bereavement in older owners. Pet connection: its influence on our health and quality of life/editors, Robert K Anderson, Benjamin L Hart, Lynette A Hart, 1984.

267. Carmack BJ: Pet loss and the elderly. Holistic nursing practice 5:80-87, 1991.

268. Anderson RK, Hart B, Hart LA: The pet connection: Its influence on our health and quality of life. 1984.

269. Mulsant BH, Ganguli M: Epidemiology and diagnosis of depression in late life. Journal of Clinical Psychiatry 60:9-15, 1999.

270. Bruce ML, Ten Have TR, Reynolds III CF, et al: Reducing suicidal ideation and depressive symptoms in depressed older primary care patients: a randomized controlled trial. Jama 291:1081-1091, 2004.